行水云课数字教材

特色高水平骨干专业建设系列教材

水利工程施工

（活页式）

主　编　杨建民

副主编　张辰希

中国水利水电出版社
www.waterpub.com.cn
·北京·

内 容 提 要

本教材为校企合作开发教材，按照水利工程施工内容编写，主要包括施工组织设计、导截流工程、土石方工程、地基与基础工程、堤防工程、混凝土工程施工、地下工程开挖、水工建筑物施工、施工现场管理九个项目，以项目为主线，突出工作任务。

本教材可供中职技校、高职高专水利水电工程施工专业、技术专业教学使用，也可供水利类相关专业教学使用及相关专业工程技术人员学习培训使用。

图书在版编目（CIP）数据

水利工程施工 / 杨建民主编. -- 北京 : 中国水利水电出版社, 2024.4
特色高水平骨干专业建设系列教材
ISBN 978-7-5226-2377-1

Ⅰ. ①水… Ⅱ. ①杨… Ⅲ. ①水利工程－工程施工－高等职业教育－教材 Ⅳ. ①TV5

中国国家版本馆CIP数据核字(2024)第042203号

书　名	特色高水平骨干专业建设系列教材 **水利工程施工** SHUILI GONGCHENG SHIGONG
作　者	主　编　杨建民 副主编　张辰希
出版发行	中国水利水电出版社 （北京市海淀区玉渊潭南路 1 号 D 座　100038） 网址：www.waterpub.com.cn E-mail：sales@mwr.gov.cn 电话：（010）68545888（营销中心）
经　售	北京科水图书销售有限公司 电话：（010）68545874、63202643 全国各地新华书店和相关出版物销售网点
排　版	中国水利水电出版社微机排版中心
印　刷	北京市密东印刷有限公司
规　格	184mm×260mm　16 开本　20 印张　487 千字
版　次	2024 年 4 月第 1 版　2024 年 4 月第 1 次印刷
印　数	0001—3000 册
定　价	**59.00** 元

凡购买我社图书，如有缺页、倒页、脱页的，本社营销中心负责调换

“行水云课”数字教材使用说明

“行水云课”水利职业教育服务平台是中国水利水电出版社立足水电、整合行业优质资源全力打造的“内容”＋“平台”的一体化数字教学产品。平台包含高等教育、职业教育、职工教育、专题培训、行水讲堂五大版块，旨在提供一套与传统教学紧密衔接、可扩展、智能化的学习教育解决方案。

本套教材是整合传统纸质教材内容和富媒体数字资源的新型教材，将大量图片、音频、视频、3D动画等教学素材与纸质教材内容相结合，用以辅助教学。读者可通过扫描纸质教材二维码查看与纸质内容相对应的知识点多媒体资源，完整数字教材及其配套数字资源可通过移动终端App“行水云课”微信公众号或中国水利水电出版社“行水云课”平台查看。

本书课程思政元素

页码	知识点导引	思 考 问 题	课程思政元素
P1、P5	建设程序、工程类型和项目划分	1. 工程项目可划分为哪几个阶段？ 2. 建设项目一般划分为几个等级？	全局意识、 严谨规范
P7、P9	施工组织设计概述、施工组织设计内容	1. 施工组织设计的概念。 2. 施工组织设计的内容包括哪些方面？	认真严谨、 诚实守信
P15	流水作业法技术	1. 流水施工的参数包括哪些？ 2. 流水施工工期具体计算。	准确计算、 科学严谨
P32	施工总体布置	1. 施工总体布置图设计的原则是什么？ 2. 施工总体布置图的设计步骤。	整体意识、 全局意识、 严谨规范
P39、P40、P41	施工导流标准、导流时段、施工导流方式	1. 为什么要施工导流？ 2. 导流时段如何划分？ 3. 施工导流各个方案的优缺点有哪些？	规范、 专业自信
P49、P51	截流方法、龙口位置和宽度	1. 为什么要截流？ 2. 截流的方式有哪些？各有什么优缺点？ 3. 截流龙口要注意哪些事项？	法律意识、 自主学习
P58、P62	围堰的基本形式和构造、围堰防渗及基础处理	1. 什么是围堰？ 2. 导流围堰的种类有哪些？各有什么优缺点？ 3. 围堰防渗如何处理？	职业精神、 专业能力、 自主学习
P66	度汛标准及措施	1. 施工期度汛的意义是什么？ 2. 度汛措施有哪些？	安全意识、 规范
P72	初期排水、经常性排水	1. 基坑为什么要排水？ 2. 基坑排水方式有哪些？各有什么优缺点？ 3. 如何计算基坑排水量？	职业精神、 规范
P82、P90	土石方开挖、土方运输	1. 土方开挖常用的机械有哪些？ 2. 土方运输机械可分为哪几种？	科学严谨、 规范操作
P93	土石料回填压实	1. 我国碾压式土石坝发展历程如何？ 2. 土石料回填压实的方法有哪些？ 3. 土石料压实指标是什么？	科学严谨、 安全意识、 奋斗精神

续表

页码	知识点导引	思考问题	课程思政元素
P100	干砌石施工	造成干砌石施工缺陷的主要原因有哪些？	专业严谨、规范认真
P108	土工膜施工	土工膜每天焊接开始前，现场试焊应做哪些操作？	规范操作、细致认真
P114	灌浆施工	1. 对于帷幕灌浆、固结灌浆，灌浆结束的原则是什么？ 2. 若未按规范要求结束灌浆将会导致什么后果？	严谨规范、质量意识、成本意识
P120	防渗墙的施工工艺	1. 成槽过程中，为什么需要及时清除沉积在槽底部的残留物？ 2. 钢筋笼吊放应注意哪些问题？	规范意识、认真负责、安全意识
P129	钻孔灌注桩施工	1. 为什么要准确控制钻孔机位置、钻孔深度？ 2. 浇筑混凝土前进行射水清底的目的是什么？	工匠精神、专业精神、规范意识
P133	振冲法基本规定	振冲法地基处理的适用范围是什么？	细致规范、严谨求实
P139	堤防工程施工一般流程	堤防工程质量控制一般规定是什么？	严谨认真、诚实守信
P148	堤身与建筑物结合部填筑	1. 土堤斜坡结合面填筑施工要求是什么？ 2. 土堤与刚性建筑物相接施工要求是什么？	严谨认真、一丝不苟
P150	护脚施工要求	各种护脚方式施工要求。	质量意识、安全意识
P155、P157	石砌体护砌、预制混凝土块护砌	1. 石砌体护砌要求。 2. 预制混凝土块护砌要求。	质量意识、安全意识
P161、P164	生态袋植被护坡、生态砖护坡	生态护坡施工主要作用、效益有哪些？	生态环保意识、开拓创新精神
P169	疏浚工程施工	环保疏浚工程与普通疏浚工程在目的、生态要求、疏浚范围、疏浚设备、底泥处置、余水排放方面的区别是什么？	生态环保意识、精益求精精神
P180	模板的安装与拆除	模板未按要求进行拆除，可能会出现什么后果？	严谨认真、安全意识
P184、P186	钢筋验收、钢筋加工	1. 钢筋在选用的过程中如果没有按照验收要求进行验收，使用中会出现什么现象？ 2. 在钢筋配料中如何进行计算？	规范严谨

续表

页码	知识点导引	思考问题	课程思政元素
P193	混凝土入仓	混凝土浇筑可以间断吗?	严谨认真、规范操作
P204	碾压混凝土施工	常态与碾压混凝土结合部施工应注意哪些问题?	耐心细致、严谨认真
P210	自密实混凝土施工	1. 应综合考虑哪些因素进行自密实混凝土的配合比设计? 2. 自密实混凝土拌和前测定粗细骨料的含水率及其变化的目的是什么?	爱岗敬业、求真务实、严谨规范
P219、P220	高性能混凝土原材料、高性能混凝土施工	1. 对于高性能混凝土原材料的进场、存放、使用等应注意哪些问题? 2. 高性能混凝土的养护有哪些要点?	规则意识、吃苦耐劳、精益求精
P225	顶管施工相关设施	工作坑开挖过程应遵循的原则有哪些?	严谨认真
P229～P231	浅埋暗挖施工	浅埋暗挖的施工原则是什么?	规范操作
P234	盾构法施工过程	盾构是如何组装工作的?	团结合作
P239	TBM 的掘进与支护	始发掘进时,刀盘开始转动前需要做好哪些准备?	安全意识
P245	钻孔爆破施工过程	钻孔爆破施工过程的哪些环节存在危险性?	安全意识
P249、P250	渠道开挖、渠堤填筑、渠道衬护	1. 渠道开挖方法有哪些?各有什么优缺点? 2. 渠堤填筑要注意哪些事项? 3. 渠道衬砌冬季施工要求是什么?	严谨认真、团队协作
P253～P259	水闸施工	1. 水闸浇筑块的浇筑顺序是什么? 2. 水闸施工有哪些施工工序?各有什么要求? 3. 混凝土浇筑顺序及注意事项?	大局意识、抗洪精神
P264、P265	渡槽的类型、装配式渡槽施工	1. 渡槽有哪几种?各有什么优缺点? 2. 装配式渡槽施工过程有哪些?	规范、爱岗敬业、团结协作精神
P271、P273	泵房底板施工、泵房楼层结构	1. 泵站由哪些部分组成? 2. 泵房施工工艺顺序是什么?	爱岗敬业、团结合作
P275、P276	倒虹吸的特点及使用条件、倒虹吸管的类型、倒虹吸管的布置与构造	1. 什么是倒虹吸?何时采用倒虹吸技术? 2. 倒虹吸管有哪几种?各有什么优缺点? 3. 倒虹吸管如何布置?	创新意识、工匠精神
P284	环境保护管理	水利水电工程建设施工现场环境保护的主要目的是什么?	安全意识、环保意识
P291	水利工程施工质量评定基本要求	水利工程施工质量评定基本要求有哪些?	追求卓越、精益求精

续表

页码	知识点导引	思 考 问 题	课程思政元素
P294～P299	现场绿色施工	1. 何为绿色施工？ 2. 为什么要进行绿色施工？	专业能力、社会主义核心价值观
P302	体验式安全教育	体验式安全教育有哪些？	安全意识、科技创新

资 源 索 引

前言

PREFACE

2019年1月，《国务院关于印发国家职业教育改革实施方案的通知》（国发〔2019〕4号）提出，建设一大批校企"双元"合作开发的国家规划教材，倡导使用新型活页式、工作手册式教材并配套开发信息化资源。2019年12月，教育部牵头制定的《职业院校教材管理办法》倡导开发"活页式、工作手册式新形态教材"。2020年9月，教育部等九个部门联合印发的《职业教育提质培优行动计划（2020—2023年）》推行"科学严谨、深入浅出、图文并茂、形式多样的活页式、工作手册式、融媒体教材"。

现阶段，面向水利工程施工专业工作岗位，更加需要具备专业操作与应用能力的高素质技术技能人才。本教材坚持以习近平新时代中国特色社会主义思想为指导，全面贯彻落实党的二十大精神，紧跟水利工程施工新技术、新方法、新材料、新工艺，在夯实基础知识、锻炼基本技能的基础上，注重激发学生开拓创新、攻坚克难的精神品质，逐步培养学生绿色生态、数字智慧施工的意识素养。

通过校企合作开发活页式教材，解决了传统教材组织方式与工作实际契合度不高、教材内容更新不及时、重组不灵活等弊端，提升教师教学理念，提高教材使用实效，促进教学方法改革，有效推动"三教"改革。本教材内容以项目为导向，以任务为驱动，结合水利工程施工内容，划分为施工组织设计、主要工种施工工艺、主要水工建筑物施工技术、河道生态整治工程施工技术、施工现场管理等项目，每个项目下划分为具体任务，每个任务包含案例背景、学习目标、任务分组、任务准备、任务实施、评价反馈六个环节，发挥活页式教材"教、学、做、评"多功能，提升学生职业能力、自主学习能力，促进学生可持续发展。

本教材由北京水利水电学校杨建民担任主编，拟定了编写大纲，编写具体内容，并进行了全书的统稿。教材编写分工如下：项目一由吴海波编写；项目二由张喆编写；项目三由吴海波编写；项目四由张辰希编写；项目五由李良会编写；项目六任务1～3由柳月婷编写，任务4～6由张辰希编写；项目七由柳月婷编写；项目八由张喆编写；项目九任务1由李良会编写，任务2由张辰希编写，任务3由张喆编写，任务4由杨建民编写。

本教材在编写过程中，得到了中国农业大学李淑琴、北京市水利规划设计研究院杨进新、北京市水务规划研究院付帮磊、北京市南水北调干线管理处赵绍华、北京市南水北调大宁管理处赵明雷、北京清河水利建设集团有限公司叶春雨等多位专家的大力支持与指导，并得到了各位专家提供的大量实际工程案例，在此表示感谢！

由于编者水平有限，教材中难免存在不足之处，敬请读者批评指正。

编者

2023 年 7 月

目录

CONTENTS

项目一　施 工 组 织 设 计

任务1　建设程序及项目划分

【案例背景】

隔河岩水利枢纽大坝为混凝土重力拱坝，右岸岸边布置电站厂房，左岸布置升船机。隔河岩工程主体建筑物土石方开挖580.55万m^3，混凝土337.30万m^3。总工期7年（升船机等缓建项目除外）。

该水利水电建设项目是建设单位向国家提出建设项目建议书后，经过充分的可行性研究，经相关部门批准后修建的重点水利工程。

【学习目标】

1. 理解水利工程建设程序。
2. 能够准确进行项目划分。
3. 培养学生对知识层次划分的思维意识。

【任务分组】

学生任务分配表

班级		姓名		学号	
组号		本人任务		指导老师	
其他小组成员					
姓名	学号	任务分工	姓名	学号	任务分工

【任务准备】

相关知识点1：建设程序

建设程序就是建设项目在整个建设过程中各项工作必须遵循的先后顺序，是经过大量实践工作总结出来的工程建设过程的客观规律，也是拟建建设项目在整个建设过程中必须遵循的客观规律。

根据水利部《水利工程建设项目管理规定（试行）》（水建〔1995〕128号）和有关规定，水利工程建设项目的实施，必须执行工程建设程序。水利工程建设程序一般分为：项目建议书、可行性研究报告、施工准备、初步设计、建设实施、生产准备、竣工验收、后评价等阶段，各阶段工作实际开展时间可以重叠（图1-1-1）。

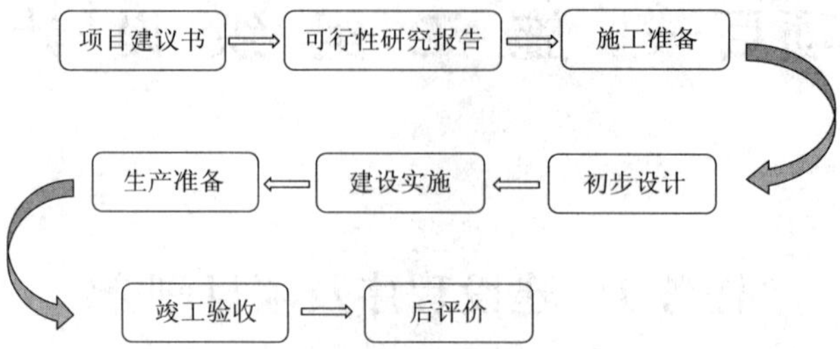

图1-1-1　水利工程建设程序

一般情况下，项目建议书、可行性研究报告、初步设计称为前期工作。立项过程包括项目建议书和可行性研究报告阶段。根据管理现状，项目建议书、可行性研究报告、初步设计由水行政主管部门或项目法人组织编制。

1. 水利工程（基本）建设项目的分类

水利工程建设项目按其功能和作用分为公益性、准公益性和经营性三类。

水利工程建设项目按其对社会和国民经济发展的影响分为中央水利基本建设项目（简称中央项目）和地方水利基本建设项目（简称地方项目）。

水利基本建设项目根据其建设规模和投资额分为大中型项目和小型项目。

2. 水利工程建设项目的管理

根据《水利工程建设项目管理规定（试行）》（水建〔1995〕128号），水利工程建设项目管理实行统一管理、分级管理和目标管理。实行水利部、流域机构和地方水行政主管部门以及项目法人分级、分层次管理的管理体系。其中：

（1）水利部是国务院水行政主管部门，对全国水利工程建设实行宏观管理。

（2）流域机构是水利部的派出机构，对其所在流域行使水行政主管部门的职责，负责本流域水利工程建设的行业管理。

（3）省（自治区、直辖市）水利（水电）厅（局）是本地区的水行政主管部门，负责本地区水利工程建设的行业管理。

（4）水利工程项目法人对建设项目的立项、筹资、建设、生产经营、还本付息以及资产保值增值的全过程负责，并承担投资风险。代表项目法人对建设项目进行管理的建设单位是项目建设的直接组织者和实施者，负责按项目的建设规模、投资总额、建设工期、工程质量，实行项目建设的全过程管理，对国家或投资各方负责。

3. 水利工程建设程序中准备阶段的工作要求

根据《水利工程建设项目管理规定（试行）》（水建〔1995〕128号），水利工程建设程序中准备阶段的工作要求如下。

（1）项目建议书阶段。项目建议书应根据国民经济和社会发展规划、流域综合规划、区域综合规划、专业规划，按照国家产业政策和国家有关投资建设方针进行编制，是对拟进行建设项目提出的初步说明，解决项目建设的必要性问题。

项目建议书应按照《水利水电工程项目建议书编制规程》（SL/T 617—2021）

编制。

项目建议书编制一般委托有相应资格的工程咨询或设计单位承担。

（2）可行性研究报告阶段。根据批准的项目建议书，可行性研究报告应对项目进行方案比较，对技术上是否可行、经济上是否合理和环境以及社会影响是否可控进行充分的科学分析和论证，解决项目建设技术、经济、环境、社会可行性问题。经过批准的可行性研究报告，是项目决策和进行初步设计的依据。

水利工程可行性研究报告应按照《水利水电工程可行性研究报告编制规程》（SL/T 618—2021）编制。水力发电工程可行性研究报告应按照《水电工程可行性研究报告编制规程》（DL/T 5020—2007）编制。

可行性研究报告编制一般委托有相应资格的工程咨询或设计单位承担。可行性研究报告经批准后，不得随意修改或变更。如在主要内容上有重要变动，应经过原批准机关复审同意。

根据2017年12月《水利部关于废止和修改部分规章的决定》（水利部令第49号），可行性研究报告，按国家现行规定的审批权限报批。申报项目可行性研究报告，必须同时提出项目法人组建方案及运行机制、资金筹措方案、资金结构及回收资金的办法。

（3）施工准备阶段。施工准备阶段（包括招标设计）是指建设项目的主体工程开工前，必须完成的各项准备工作。其中，招标设计指为施工以及设备材料招标而进行的设计工作。

（4）初步设计阶段。初步设计是根据批准的可行性研究报告和必要而准确的勘察设计资料，对设计对象进行通盘研究，进一步阐明拟建工程在技术上的可行性和经济上的合理性，确定项目的各项基本技术参数，编制项目的总概算。其中概算静态总投资原则上不得突破已批准的可行性研究报告估算的静态总投资。工程项目基本条件发生变化，引起工程规模、工程标准、设计方案、工程量的改变，其静态总投资超过可行性研究报告相应估算静态总投资15%以下时，要对工程变化内容和增加投资提出专题分析报告。超过15%（含15%）时，必须重新编制可行性研究报告并按原程序报批。

初步设计报告应按照《水利水电工程初步设计报告编制规程》（SL/T 619—2021）编制。

初步设计报告经批准后，主要内容不得随意修改或变更，并作为项目建设实施的技术文件基础。在工程项目建设标准和概算投资范围内，依据批准的初步设计原则，一般非重大设计变更、生产性子项目之间的调整，由主管部门批准。在主要内容上有重要变动或修改（包括工程项目设计变更、子项目调整、建设标准调整、概算调整）等，应按程序上报原批准机关复审同意。

初步设计报告编制应选择具有相应资质的设计单位承担。初步设计文件报批前，一般须由项目法人对初步设计中的重大问题组织论证。设计单位根据论证意见，对初步设计文件进行补充、修改、优化。初步设计由项目法人组织审查后，按国家现行规定权限向主管部门申报审批。

(5) 建设实施阶段。建设实施阶段是指主体工程的建设实施，项目法人按照批准的建设文件，组织工程建设，保证项目建设目标的实现。

(6) 生产准备（运行准备）阶段。生产准备（运行准备）指为工程建设项目投入运行前所进行的准备工作，完成生产准备（运行准备）是工程由建设转入生产（运行）的必要条件。项目法人应按照建设为管理创造条件和项目法人责任制的要求，适时做好有关生产准备（运行准备）工作。生产准备（运行准备）一般包括以下主要工作内容：

1) 生产（运行）组织准备。建立生产（运行）经营的管理机构及相应管理制度。

2) 招收和培训人员。按照生产（运行）的要求，配套生产（运行）管理人员，并通过多种形式的培训，提高人员的素质，使之能满足生产（运行）要求。生产（运行）管理人员宜尽早介入工程的施工建设，参加设备的安装调试工作，熟悉有关情况，掌握生产（运行）技术，为顺利衔接建设实施和生产（运行）阶段作好准备。

3) 生产（运行）技术准备。其主要包括技术资料的汇总、生产（运行）技术方案的制定、岗位操作规程制定。

4) 生产（运行）物资准备。其主要是落实生产（运行）所需的材料、工器具、备品备件和其他协作配合条件的准备。

5) 正常的生活福利设施准备。

(7) 竣工验收阶段。竣工验收是工程完成建设目标的标志，是全面考核建设成果、检验设计和工程质量的重要步骤。

竣工验收按照《水利工程建设项目验收管理规定》（水利部令第30号）和《水利水电建设工程验收规程》（SL 223—2008）进行。

(8) 后评价阶段。根据《水利建设项目后评价管理办法（试行）》（水规计〔2010〕51号），水利建设项目后评价是水利建设投资管理程序的重要环节，是在项目竣工验收且投入使用后，或未进行竣工验收但主体工程已建成投产多年后，对照项目立项及建设相关文件资料，与项目建成后所达到的实际效果进行对比分析，总结经验教训，提出对策建议。也可针对项目的某一问题进行专题评价。

项目后评价工作必须遵循独立、公正、客观、科学的原则，做到分析合理、评价公正。

水利部或项目主管部门通过项目后评价工作，认真总结同类项目的经验教训，将后评价成果作为规划制定、项目审批、投资决策、项目建设和管理的重要参考依据。

相关知识点2：水利工程建设程序的特点

水利工程具有公益性或准公益性，为防洪抗旱等社会公共安全提供保障条件，承担社会所需水资源、水环境、水生态等方面的公共服务。

水利工程建设程序的特点表现在以下几个方面：

1. 建设项目单一性

水利水电建设项目有特定的目的和用途，须单独设计和单独建设。即使为相同规模的同类项目，由于工程地点、地区条件和自然条件（如水文、气象等）不同，其设计和施工也会有一定差异。

2. 建设地点固定，工期长，耗资较大

项目施工中消耗的人力、物力和财力，在工程费用中占有较大的比例。同时，由于工程复杂和艰巨性，建设周期长。小型工程短则 2～3 年，大型工程长则十几年，如龙羊峡、李家峡、长江三峡工程。

3. 涉及面广，问题复杂

项目一般为多目标综合开发利用，具有防洪、灌溉、供水、航运等综合效益，需要科学组织和编写施工组织设计，优质、高速地完成预期目标。

相关知识点 3：工程类型和项目划分

水利工程按照建设形式或建设目的分为新建、扩建、改建、续建、修复工程和除险、加固、消隐工程；按照工程规模划分为大中型工程和小型工程；按照质量评定和验收规定，划分为单项工程、单位工程、分部工程和单元工程。

1. 单项工程

单项工程是指由几个单位工程联合发挥同一效益与作用，或具有同一性质和用途的工程。

大型水利水电枢纽工程，将具有独立设计文件，可独立发挥生产能力或效益的发电工程、拦河坝工程、航运工程、引水工程划分为单项工程。

南水北调东、中线工程作为特大型线性工程，将具有独立设计文件的工程段划分为单项工程，也称为设计单元工程。

2. 单位工程

单位工程是指具有独立的施工条件或有独立作用的工程，由若干个分部工程组成。如溢流坝、泄洪洞，水电站引水工程中的进水口、调压井、隧洞工程等。

3. 分部工程

分部工程是指组成单位工程的各个部分。如隧洞工程可分为开挖工程、衬砌工程等。

4. 单元工程

单元工程是组成分部工程的由几个工种施工完成的最小综合体，也是建设项目最基本的组成单元和日常质量考核的基本单位。可依据设计结构、施工部署或质量考核要求把建筑物划分为层、块、区、段，如衬砌工程中混凝土浇筑仓等。

【任务实施】

(1) 建设程序。

引导问题 1：

一个工程项目可划分为__________、__________、__________、__________、__________、__________、__________、__________ 8 个阶段。

(2) 水利工程建设程序的特点。

引导问题 2：

水利工程建设程序的特点表现为几个方面？

(3) 工程类型和项目划分。

引导问题 3：

建设项目一般逐级划分为__________、__________、__________、__________。

【评价反馈】

综合评价表

项目（ ） 任务（ ）：______					
班级		姓名		组号	
评价项目	分值	自我评价得分	小组互评得分	教师评价得分	综合得分
按时出勤	10				
学习准备	10				
学习态度	10				
任务是否按时完成	15				
任务完成准确率	15				
参与讨论主动性	10				
沟通协调能力	10				
语言表达能力	10				
安全、文明、规范施工意识	10				
合 计	100				

任务2 施工组织设计

【案例背景】

隔河岩水利枢纽大坝为混凝土重力拱坝，右岸岸边布置电站厂房，左岸布置升船机。隔河岩工程主体建筑物土石方开挖580.55万m^3，混凝土337.30万m^3。总工期7年（升船机等缓建项目除外）。

施工场地条件：清江为山区河流，枢纽坝位于高山峡谷地区，下距长阳县城水路9km、公路12.5km。地方公路从坝址左岸通过，对外交通方便。坝址3km范围内的施工场地主要有：右岸下游西寺坪、刘家坪台地，高程85～130m，面积约40万m^2；覃家湾、曾家湾沟谷坡地，高程110～180m，面积约40万m^2；姜家湾坡地，高程130～160m，面积8万m^2；丁家湾坡地，高程240～280m，面积8万m^2；左岸下游晒谷坪台地，高程90～95m，面积约3万m^2；沿头溪、下渔口沟谷坡地，高程88～110m，面积15万m^2；刘家河以下沟谷坡地，高程90～120m，面积16万m^2；大坝上游左岸倒渔溪和右岸凶溪沟可布置弃渣场，面积约15万m^2。以上合计可利用的场地面积约145万m^2。

该水利水电工程建设项目的实施根据上述相关条件进行了详细合理的施工组织设计，为实现建设目标提供了技术和经济保证。

【学习目标】

1. 掌握施工组织设计的编制原则，理解施工组织设计的组成内容。
2. 能够区分施工组织各部分内容的关系。
3. 通过施工组织设计的编制，使学生具备分析数据、运用数据的素养。

【任务分组】

学生任务分配表

班级		姓名		学号	
组号		本人任务		指导老师	
其他小组成员					
姓名	学号	任务分工	姓名	学号	任务分工

【任务准备】

相关知识点1：施工组织设计概述

水利工程施工组织设计包括设计单位编制的可研施工组织设计和初设施工组织设

计、投标单位编制的投标施工组织设计、施工单位进场后编制的实施性施工组织设计。

可研施工组织设计要根据工程施工条件，从施工导流及度汛、对外交通、当地建材、施工厂区布置和施工进度等主要方面，对不同坝址的建设条件，进行技术经济综合论证，以便对工程投资作出合理的估计。

初设施工组织设计，主要是配合坝型选择和枢纽布置方案进行的。要求重点研究导截流（包括施工期度汛通航、过木、下闸蓄水及下游供水），当地建设材料料源，对外交通运输，主体工程的施工程序、施工方法、施工布置，混凝土温度控制设计与温控措施，施工工厂规模及临建工程量，施工总布置和施工总进度安排等。通过分析比较，选定技术先进、经济合理的设计方案，必要时，对某些重大技术问题提出专题报告。初设施工组织设计是编制工程概算的依据。

投标施工组织设计是从投标人角度分析施工条件，研究施工方案，提出满足招标文件要求、符合投标人自身资源条件的施工组织、施工方案及措施。

实施性施工组织设计是根据施工单位进场后的实际情况，在投标施工组织设计的基础上修改、完善和深化，使之切实可行、能够有效控制施工全过程。

下文中的施工组织设计均指实施性施工组织设计。

施工组织设计是工程施工的组织方案，是对施工总布置、劳动力、材料、机具和临时设施等具有指导性、全局性的技术经济文件。应以安全可靠、技术先进、经济合理、实用性强为原则，根据相关标准和施工合同要求，结合施工单位的资源、能力，针对工程特点和工地具体情况编制。

施工组织设计在每项建设工程中具有重要的规划作用、组织作用和指导作用，具体表现在以下几个方面：

（1）施工组织设计是施工准备工作的一项重要内容，同时又是指导各项施工准备工作的依据。

（2）施工组织设计为拟建工程确定施工方案、施工进度和施工顺序等，是指导开展紧凑、有秩序施工活动的技术依据。

（3）施工组织设计所提出的各项资源需要量计划，直接为物资供应工作提供依据。

（4）施工组织设计对现场所做的规划与布置，为现场的文明施工创造了条件，并为现场平面管理提供了依据。

（5）施工组织设计是施工单位从某项工程任务开始到竣工验收投入使用全部施工过程的控制性文件，也是施工单位内部统筹安排资源和有效控制质量、安全、成本、工期的依据性文件。

（6）通过编制施工组织设计，可以充分考虑施工中可能遇到的困难和障碍，主动调整施工中的薄弱环节，事先予以解决或排除，从而提高了施工的可预见性，降低了盲目性，使管理者和生产者做到心中有数，为实现建设目标提供了技术保证。

总之，一个科学的施工组织设计，如在工程施工中得到贯彻实施，必然能够统筹安排施工的各个环节，协调好各个方面的关系，使复杂的施工过程有序、合理地按科学程序顺利进行，从而保证建设项目的任务目标得以实现。

相关知识点2：施工组织设计任务与分类

1. 施工组织设计的任务

从施工的角度对建筑物的位置、形式及枢纽布置进行方案比较；选定施工方案并拟定施工方法；确定施工程序及施工进度；计算工程量及相应的建筑材料、施工设备、劳动力需用量及工程投资；确定项目部组织机构和工作分工，确定场地布置和临时设施等。

2. 施工组织设计的分类

根据编制的对象或范围不同，可将施工组织设计分为三类。

（1）施工组织总设计。这是针对整个水利水电枢纽工程编制的施工组织设计，一般在工程设计阶段编制，相对比较宏观、概况和粗略，对工程施工起指导作用。

（2）单项工程施工组织设计。这是按单项（单位）工程编制的施工组织设计（或施工计划）。

（3）分部（分项）工程施工组织设计或年度、季度施工的实施计划。这是以分部（分项）工程为编制对象，用以具体实施其施工全过程的各项施工活动的技术，经济和组织的综合性文件。它将单位工程施工组织设计进一步具体化，是专业工程的具体施工设计。

相关知识点3：编制依据及编制原则

1. 编制依据

水利水电工程进行施工组织设计工作编制的依据主要有以下几个：

（1）可行性研究报告及审批意见、设计任务书、上级单位对工程建设的要求和批件。

（2）工程所在地区有关基本建设法规或条例、地方政府对工程建设的要求。

（3）国民经济各有关部门如铁路、交通、灌溉、环保、城市供水、旅游等，对工程建设期间有关要求及协议。

（4）当前水利水电工程建设的施工装备、管理水平和技术特点。

（5）工程所在地区和河流的自然条件、施工电源、水源及水质、交通、环保、旅游、防洪、灌溉、航运、过木、供水等现状和近期发展规划。

（6）当地城镇现有修配、加工能力，生活、生产物资和劳动力供应条件，居民生活、卫生习惯等。

（7）施工导流及通航过木等水工模型试验、各种原材料试验、混凝土配合比试验、重要结构模型试验、岩土物理力学试验等成果。

（8）工程有关工艺试验或生产性试验成果。

（9）勘测、设计各专业有关成果。

2. 编制原则

尽管不同的阶段施工组织设计的内容和深度有所不同，但编制水利水电工程施工组织设计都应遵循以下原则：

（1）严格遵循国家有关工程建设的方针政策，贯彻施工技术规范和操作规程。

（2）保证工程按期完工并争取尽早投入使用。

（3）根据需要，尽可能采取机械化、工业化施工。

（4）分清主次，保证重点，尽可能节省人力、财力、物力。

（5）尽量利用已有建筑物和结合永久建筑物，减少临时设施工程。

（6）尽量不破坏植被，减少施工用地，不占用或少占用农田。

（7）尽可能使用和总结推广新材料、新技术、新方法。

（8）尽量采用流水作业，组织连续、均衡、有节奏的施工。

（9）充分掌握和利用自然条件，根据季节合理安排施工顺序与施工进度。

（10）创造良好的施工条件，做到文明生产和文明施工，保证施工安全。

相关知识点4：施工组织设计内容

施工组织设计的内容，是根据不同工程的特点和要求，结合现有的和可能创造的施工条件，从实际出发，决定各种生产要素（材料、机械、资金、劳动力和施工方法等）的结合方式。尽管在不同阶段编制的施工组织设计文件，内容和深度不尽相同，具体而言水利工程施工组织设计包括以下内容：

1. 施工条件分析

施工条件包括工程条件、自然条件、物质资源供应条件及社会经济条件等，主要有：工程所在地对外交通运输，枢纽建筑物及其特征；地形、地质、水文、气象条件；主要建筑材料来源和供应条件；当地水源、电源情况，施工期间通航、过木、过鱼、供水、环保等要求；国家对工期、分期投产的要求；施工用地、居民安置以及与工程施工有关的协作条件等。施工条件分析需在简要阐明上述条件的基础上，着重分析它们给工程施工可能带来的影响和后果。

2. 施工导流与截流

施工导流设计应在综合分析导流条件的基础上，确定导流标准和导流量，划分导流时段，明确施工分期，选择导流方案、导流方式和导流建筑物，进行导流建筑物的设计，提出导流建筑物的施工安排，拟定截流、拦洪度汛、基坑排水、通航过木、下闸封孔、供水、蓄水发电等措施。

3. 主体工程施工

主体工程包括挡水、泄水、引水、发电、通航等主要建筑物，应根据各自的施工条件，对施工程序、施工方法、施工强度、施工布置、施工进度和施工机械等问题进行分析比较和选择。必要时，对其中的关键技术问题，如特殊的基础处理、大体积混凝土温度控制、土石坝合龙、拦洪及光爆喷锚等问题，作出相应的设计和论证。

对于有机电设备和金属结构安装任务的工程项目，应对主要机电设备和金属结构的加工、制作、运输、预拼装、吊装以及土建工程与安装工程的施工顺序等问题，作出相应的设计和论证。

4. 施工交通运输

施工交通运输分为对外交通运输和场内交通运输。对外交通运输是在弄清现有对外水陆交通和发展规划的情况下，根据工程对外运输总量、运输强度和重大部件的运输要求，确定对外交通运输方式，选择线路和线路的标准，规划沿线重大设施和与国家干线的连接，并提出场外交通工程的施工进度安排。场内交通运输应根据施工场区的地形条件和分区规划要求，结合主体工程的施工运输，选定场内交通主干线路的布置和标准，提出相应的工程量。施工期间，若有船、木过坝问题，应作出专门的分析论证，提出解决方案。

5. 施工辅助企业和大型临建工程

根据工程的任务和要求，对主要施工辅助企业（如混凝土骨料开采加工系统、土石料场和土石料加工系统、混凝土拌和及制冷系统、钢筋加工厂、预制构件厂、木料加工厂、机械修配系统、汽车修配厂等），应分别确定各自的位置、规模、设备容量、生产工艺、占地面积、建筑面积和土建安装工程量，并提出土建安装进度和分期投产的计划；对大型临建工程（如导流设施，施工道路，施工栈桥、过河桥梁、缆机平台，风、水、电、通信系统等）要作出专门设计，确定其工程量和施工进度安排。

6. 施工总体布置

施工总体布置主要是根据工程规模、施工场区的地形地貌、枢纽主要建筑物的施工方案、各项临建设施的布置要求，研究解决主体工程施工期间所需的辅助企业、交通道路、仓库、施工动力、给排水管线等设施的总体布置问题，对施工场地进行分期分区规划，确定分期分区布置方案和各承包单位的场地范围，对土石方开挖、堆弃和填筑进行综合平衡，使整个工地形成一个统一的整体。

具体而言，施工总体布置主要有以下几点：

（1）结合对外运输方案、主体工程施工方案，选定场内运输方式和两岸交通联系方式。

（2）确定场内区域划分原则，布置各施工辅助设施、仓库站场、施工管理及生活福利设施。

（3）选择和布置给水、供电、供气和通信等系统及干管、干线。

（4）确定施工场地排水防洪标准，布置排水防洪沟涵、管道系统。

（5）规划弃渣、堆料场地，做好土石方平衡及开挖土石方调配方案。

（6）研究和确定环境保护和水土保持措施。

7. 施工总进度

施工总进度的任务是根据工程所在地区的自然条件、社会经济资源及工程建设目标、水工设计方案、工程施工方案、工程施工特性等，研究确定关键性工程的施工进度，从而选择合理的总工期及相应的总进度；在保证工程质量和施工安全的前提下，协调平衡和安排其他单项工程的施工进度，使工程各阶段、各单项工程、各工序间统筹兼顾，最大限度地合理使用建设资金、劳动力、机械设备和建筑材料。

施工总进度的安排必须符合国家对工程投产所提出的要求。为了合理安排施工进度，必须仔细分析工程规模、导流程序、对外交通、资源供应、临建准备等各项控制因素，拟定整个工程，包括准备工程、主体工程和结束工作在内的施工总进度，确定各项目的起讫日期和相互之间的衔接关系；对导流截流、拦洪度汛、封孔蓄水、供水发电等控制环节，工程应达到的形象面貌，需作出专门的论证；对土石方、混凝土等主要工序和施工强度，以及劳动力、主要建筑材料、主要机械设备的需用量，要进行综合平衡；要分析施工工期和工程费用的关系，提出合理工期的推荐意见。

8. 主要技术及物资供应计划

根据施工总进度的安排和定额资料的分析，对主要建筑材料（如钢材、钢筋、木材、水泥、粉煤灰、油料、炸药等）和主要施工机械设备，列出总需要量和分阶段需要量计划。必要时还需提出进行试验研究和补充勘测的建议，为进一步深入设计和研究提供依据。

9. 拆迁赔偿和移民安置计划

拆迁赔偿和移民安置计划主要包括拆迁数量、征占地面积、补偿标准以及生活生产安置等。

10. 现场组织机构、职责及分工

施工组织设计中应明确提出施工机构、管理方式、隶属关系和人员配备的建议等。

11. 附图及说明

在完成上述设计内容时，还应提交以下附图：

（1）施工场外交通图及施工转运站规划布置图。

（2）施工征地规划范围图及施工总布置图。

（3）施工导流方案综合比较图及施工导流分期布置图。

（4）导流建筑物结构布置图及导流建筑物施工方法示意图。

（5）施工期通航过木布置图。

（6）主要建筑物土石方开挖程序及基础处理示意图。

（7）主要建筑物的混凝土及土石方填筑施工程序、施工方法及施工布置示意图。

（8）地下工程开挖、衬砌施工程序、施工方法及施工布置示意图。

（9）机电设备、金属结构安装施工示意图。

（10）砂石料系统、混凝土拌和及制冷系统布置图。

（11）施工总进度表及施工关键路线图。

相关知识点 5：施工组织各部分内容的关系

施工组织设计各部分内容，虽各有侧重和自成体系，但密切关联，相辅相成。弄清施工组织设计各部分内容之间的内在联系，对于做好施工组织设计，做好现场施工的组织和管理，都有重要的意义。

施工条件分析是其他各部分设计的基础和前提，只有切实掌握施工条件，才能做好施工组织设计。

施工导流解决施工全过程的水流控制问题，主体工程施工方案从技术组织措施上保证主要建筑物的修建，施工总进度对整个施工过程作出时间安排，施工总布置对整个施工现场进行空间规划，各自从不同的角度对施工全局作出部署。因此，在进行这四个部分的设计时，必须密切配合，互相协调，以取得相辅相成的效果。

施工交通运输是整个工程施工的动脉，施工工厂设施和施工技术供应是施工前方的后勤保障，关系到外来建筑材料、机械设备的供应，关系到工程建设任务的完成，关系到施工进度的实施和施工布置的合理性。

由此可见，施工组织设计各个组成部分是一个整体，必须全面考虑，互相协调，才能得到合理的解决。它们之间的关系可形象地用图 1-2-1 来表示。

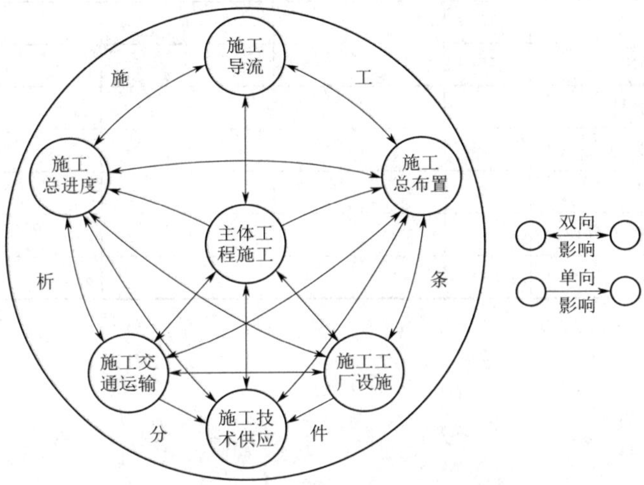

图 1-2-1　施工组织设计各部分的关系

【任务实施】

(1) 施工组织设计概述。

引导问题 1：

什么是施工组织设计？

(2) 施工组织设计内容。

引导问题 2：

施工组织设计内容包括哪些方面？

【评价反馈】

综合评价表

<table>
<tr><td colspan="6">项目（　　）　　　　任务（　　）：</td></tr>
<tr><td>班级</td><td></td><td>姓名</td><td></td><td>组号</td><td></td></tr>
<tr><td>评价项目</td><td>分值</td><td>自我评价得分</td><td>小组互评得分</td><td>教师评价得分</td><td>综合得分</td></tr>
<tr><td>按时出勤</td><td>10</td><td></td><td></td><td></td><td></td></tr>
<tr><td>学习准备</td><td>10</td><td></td><td></td><td></td><td></td></tr>
<tr><td>学习态度</td><td>10</td><td></td><td></td><td></td><td></td></tr>
<tr><td>任务是否按时完成</td><td>15</td><td></td><td></td><td></td><td></td></tr>
<tr><td>任务完成准确率</td><td>15</td><td></td><td></td><td></td><td></td></tr>
<tr><td>参与讨论主动性</td><td>10</td><td></td><td></td><td></td><td></td></tr>
<tr><td>沟通协调能力</td><td>10</td><td></td><td></td><td></td><td></td></tr>
<tr><td>语言表达能力</td><td>10</td><td></td><td></td><td></td><td></td></tr>
<tr><td>安全、文明、规范施工意识</td><td>10</td><td></td><td></td><td></td><td></td></tr>
<tr><td>合　计</td><td>100</td><td></td><td></td><td></td><td></td></tr>
</table>

任务3 施工组织计划

【案例背景】

隔河岩水利枢纽大坝为混凝土重力拱坝，右岸岸边布置电站厂房，施工过程中某分部工程由三个分项工程组成；它划分为六个施工段，各分项工程在各施工段上的流水节拍依次为：6d、4d和2d。施工过程中，为加快流水施工速度，编制了工期最短的流水施工方案，并绘制了对应的横道图，为工程的建设提供了科学的理论依据。

【学习目标】

1. 掌握流水施工基本原理、组织安排方式。
2. 能够根据具体施工条件采取准确的施工组织方式。
3. 能够进行流水施工组织设计的计算，并绘制横道图。
4. 通过对施工工期精确的计算，培养学生严谨的工作作风。

【任务分组】

学生任务分配表

班级		姓名		学号	
组号		本人任务		指导老师	
其他小组成员					
姓名	学号	任务分工	姓名	学号	任务分工

【任务准备】

相关知识点1：流水作业法技术

1. 流水施工的形式

任何一个工程都是由许多施工过程组成的，而每一个施工过程可以组织一个或多个施工班组来进行施工。如何组织各施工班组的先后顺序或平行搭接施工，是组织施工中的一个最基本的问题。在组织多个工程对象施工时，通常有顺序（依次）施工、平行施工和流水施工三种形式。

（1）顺序（依次）施工。顺序施工是施工对象一个接一个依次进行施工的方法。各工作队按顺序依次在各施工对象上工作。这种方法组织较简单，同时投入的劳动力和物资资源量较小，但各专业工作队不能连续工作，工地物资资源的消耗也有间断性，施工工期长、一般用于规模较小、工作面有限的工程。

（2）平行施工。平行施工是所有施工对象同时开工，齐头并进，同时完工的组织施工方法。采用平行施工方法可以缩短工期，但劳动力和资源需要量集中，施工组织管理复杂，且费用高，此法仅用于工期要求紧、需要突击的工程。

（3）流水施工。流水施工是将拟建工程按工程特点和结构部位划分为若干施工段，各工作队按一定的顺序和时间间隔连续地在各施工对象上工作。流水施工综合了顺序施工和平行施工的特点，消除了它们的缺点，保证了各工作队的工作和物资资源的消耗具有连续性和均衡性。流水作业法是组织生产的一种高级形式，它运用流水作业原理，对于保持施工作业的连续性、均衡性，充分利用时间和空间，进行专业化施工，保证工程质量，提高工效和降低成本有着显著的作用。

2. 流水作业法的表述形式

（1）水平图表。水平图表的表述方式，如图 1－3－1 所示。其横坐标表示持续时间，纵坐标表示施工过程或施工对象的名称或编号。

（2）垂直图表。垂直图表的表述方式如图 1－3－2 所示。其横坐标表示持续时间，纵坐标表示工程项目或施工段的名称编号，图中符号含义同图 1－3－1。

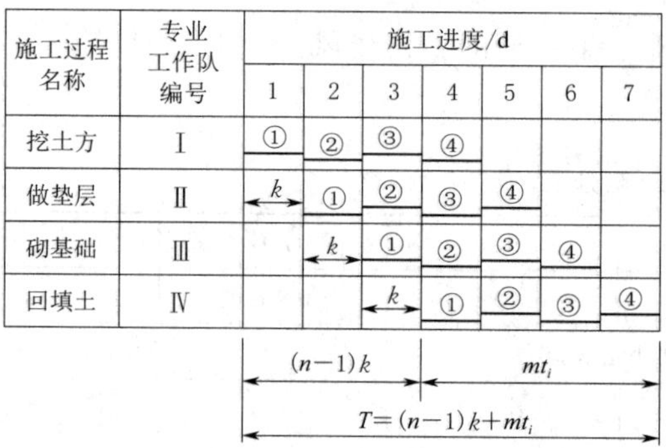

图 1－3－1 流水作业水平图表

T—流水施工的总工期；m—施工段的数目；

n—施工过程或专业工作队的数目；t_i—流水节拍；

k—流水步距（比例 $k=t_i$）

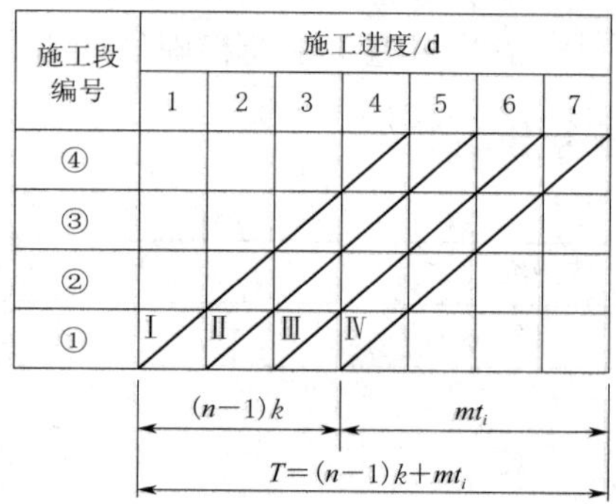

图 1－3－2 流水作业垂直图表

3. 流水作业参数

组织流水施工，应依据工程类型、平面形式、结构特点和施工条件，确定下列流水作业参数。

（1）施工过程数（n）。施工过程是指用以表达流水施工在工艺上开展层次的有关过程，施工过程的数目通常以 n 表示。施工过程可以根据计划需要确定其粗细程度，既可以是一个具体的工序，也可以是一个分项工程，还可以是它们的组合。

施工过程数与建筑物和构筑物的复杂程度、施工方法等有关。确定施工过程数要适当。应突出主导施工过程或主要专业工种。若取得太多、太细，会给计算增添麻烦，在施工进度计划上也会带来主次不分的缺点；但若取得太少又会使计划过于笼统，失去指导作用。

（2）施工段数（m）。把拟建工程在平面上划分为若干个劳动量大致相等的施工段落，即为施工段。段数一般以 m 表示。在划分施工段时，应遵循以下原则：

1）要使专业工种在各个施工段上所消耗的劳动量大致相等。相差幅度在10%～15%之间。

2）每一施工段的大小应满足专业工种对工作面的要求，并以主导施工过程的工作需要为主。

3）施工段数目应根据各工序在施工过程中工艺周期的长短来确定，能满足连续作业，不出现停歇的合理流水施工要求。

4）施工段分界线应尽可能与工程的自然界线相吻合，如伸缩缝、沉降缝等，对于管道工程可考虑划在检查井或阀门井等处；各层房屋的竖向分段一般与结构层一致，并应使各施工过程能连续施工，即各施工过程的工作队做完第一段，能立即转入第二段；做完第一层的最后一段，能立即转入第二层的第一段。因而每层的最少施工段数目 m_0 满足：$m_0 \geqslant n$，其中 m_0 为每层最少施工段数；n 为施工过程数。

（3）流水节拍（t_i）。流水节拍是指各个专业工作队在各个施工段完成各自施工过程所需的持续时间，通常以 t_i 表示。

流水节拍决定施工的速度和施工的节奏性。因此，各专业工作队的流水节拍一般应成倍数，以满足均衡施工的要求。流水节拍的确定，应考虑劳动力、材料和施工机械供应的可能性，以及劳动组织和工作面使用的合理性。通常按式（1-3-1）计算，即

$$t_i = Q_i / S_i R_i N_i = P_i / R_i N_i \tag{1-3-1}$$

式中 t_i——某施工过程在某施工段上的流水节拍；

Q_i——某施工过程在某施工段上的工程量；

S_i——某专业工种或机械的产量定额；

R_i——某专业工作队人数或机械台数；

N_i——某专业工作队或机械的工作班次；

P_i——某施工过程在某施工段上的劳动量。

（4）流水步距（$k_{i,i+1}$）。在流水施工过程中，相邻两个专业工作队先后进入第一施工段开始施工的时间间隔，称为流水步距，通常以 $k_{i,i+1}$ 表示。正确的流水步距应与流水节拍保持一定的关系。确定流水步距应遵循以下原则：

1）保证每个专业工作队，在各个施工段上都能连续作业。

2）使相邻专业工作队，在开工时间上最大限度地、合理地搭接。

3）满足均衡生产和安全施工的要求。

（5）技术间歇时间（S）。由于工艺和组织原因引起的等待时间，称为技术间歇时间，有时对两类不同的间歇时间可以分别考虑。

1）工艺间歇。它是指在流水施工中，由于施工工艺的要求，某施工过程在某施工段上除流水步距以外必须停歇的时间间隔。

2）组织间歇。它是指施工中由于考虑组织技术的因素，某施工过程在某施工段上除流水步距以外增加的必要时间间隔。

（6）平行搭接时间（C）。组织流水施工时，在工作面允许的条件下，某些施工过程可以与其他施工平行作业，其搭接时间以 C 表示。

4. 流水施工基本方式

流水施工有流水段法和流水线法，可以根据建筑物或构筑物的结构特点进行选用。根据各施工过程时间参数的不同特点，流水段法可分为固定节拍专业流水、成倍节拍专业流水和分别流水等几种形式。

(1) 固定节拍专业流水。固定节拍专业流水是指在所组织的流水范围内各施工过程的流水节拍彼此相等，并且等于流水步距，即 $t_i=K=$常数。由于流水节拍相等，因此各施工过程的施工速度是一样的，两相邻施工过程间的流水步距等于一个流水节拍。这种组织方式能够保证专业工作队的工作连续、有节奏，可以实现均衡施工，从而最理想地达到组织流水作业的目的。

固定节拍流水施工工期，可以由式（1-3-2）计算，即

$$T=(m+n-1)t_i-\sum C+\sum S \tag{1-3-2}$$

式中 m——施工段数；

n——专业施工队数；

$\sum C$——所有平行搭接时间的总和；

$\sum S$——所有技术间歇时间的总和。

【例 1-3-1】 某工程由挖土方、做垫层、砌基础、回填土 4 个过程组成，它在平面上划分为 4 个施工段，各施工过程在各个施工段上的流水节拍均为 1d，试组织固定节拍的流水施工。

解： 根据题设条件和要求，其基本步骤如下：

1）确定流水步距

$$k=t=3\text{d}$$

2）确定流水工期

$$T=(4+4-1)\times 1=7(\text{d})$$

3）绘制流水指示图表，如图 1-3-1 所示。

(2) 成倍节拍专业流水。在组织流水施工时，通常会遇到不同施工过程之间，由于劳动量的不等以及技术或组织上的原因，其流水节拍互成倍数，从而形成成倍节拍专业流水，即不同施工过程的 t_i 成倍数关系，同一过程不同段的 t_i 相等。成倍节拍流水又分为一般成倍节拍流水和加快速度的成倍节拍流水。

一般成倍节拍流水关键在于求出各施工过程的流水步距，使各专业施工队都能连续施工，最大限度地、合理地搭接。各施工过程的流水步距的计算式为

$$K_i=\begin{cases} t_{i-1} & \text{当 } t_{i-1}\leqslant t_i \\ mt_{i-1}-(m-1)t_i & \text{当 } t_{i-1}>t_i \end{cases} \tag{1-3-3}$$

一般成倍节拍流水施工的工期，可按式（1-3-4）计算，即

$$T=\sum k_{i,i+1}+T_n-\sum C+\sum S \tag{1-3-4}$$

式中 $\sum k_{i,i+1}$——流水步距总和；

T_n——最后一个施工过程在施工段上的持续时间之和；

$\sum C$——所有平行搭接时间的总和；

$\sum S$——所有技术间歇时间的总和。

【例 1-3-2】 假若工地需安装 400m 管道，分 4 段施工，工序分为：①测量放样开挖每段 $t_i=5d$；②基础垫层施工每段 $t_i=10d$；③管道安装每段 $t_i=10d$；④回填压实每段 $t_i=5d$。试组织一般成倍节拍流水。

解： 1）按式（1-3-3）计算流水步距

$$t_1<t_2 \quad K_2=t_1=5d$$

$$t_2=t_3 \quad K_3=t_2=10d$$

$$t_3>t_4 \quad K_4=mt_3-(m-1)t_4=4\times10-3\times5=25(d)$$

2）按式（1-3-4）确定流水工期

$$T=(5+10+25)+4\times5=60(d)$$

3）绘制流水指示图表，如图 1-3-3 所示。

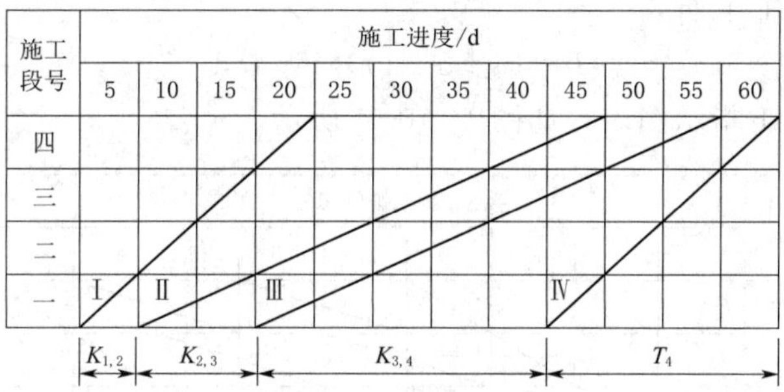

图 1-3-3 一般成倍节拍流水图表

加快速度的成倍节拍流水，为了加快流水施工的速度，当不同施工过程在同一施工段上的流水节拍之间存在一个最大公约数时，可按最大公约数的倍数确定每个施工过程的专业工作队，这样便构成了一个工期最短的成 $K_{2,3}$ 倍节拍流水施工方案，其基本步骤如下：

1）确定流水步距。

$$K_b=\text{最大公约数}\{\text{各施工过程流水节拍}\} \tag{1-3-5}$$

式中 K_b——流水步距，数值上等于所有流水节拍的最大公约数。

2）确定专业施工队的数目。每个施工过程所需的专业施工队的数目，可由式（1-3-6）计算确定，即

$$b_j=\frac{t_i}{K_b} \tag{1-3-6}$$

式中 b_j——某施工过程所需的专业施工队数目；

t_i——某施工过程的流水节拍。

成倍节拍流水施工的专业施工队的总和可按式（1-3-7）计算，即

$$n'=\sum_{j=1}^{n}b_j \tag{1-3-7}$$

3）确定流水施工工期。成倍节拍流水的施工工期，可由式（1-3-8）计算，即

$$T=(m+n'-1)K_b-\sum C+\sum S \tag{1-3-8}$$

式中 m——施工段数；

n'——专业施工队总和；

$\sum C$、$\sum S$ 含义同式（1－3－4）。

4）绘制流水施工指示图表。前面所述例1－3－2如组织加快成倍节拍流水，可有效缩短工期，计算如下：

a. 确定流水步距

$$K_b = \text{最大公约数}\{5;10;10;5\} = 5\text{d}$$

b. 确定专业施工队的数目，由式（1－3－7）得

$$b_1 = 5/5 = 1 \quad b_2 = 10/5 = 2 \quad b_3 = 10/5 = 2 \quad b_4 = 5/5 = 1$$

$$n' = 1 + 2 + 2 + 1 = 6$$

c. 确定流水施工工期。

$$T = (4 + 6 - 1) \times 5 = 45\text{d}$$

d. 绘制流水施工指示图表，如图1－3－4所示。

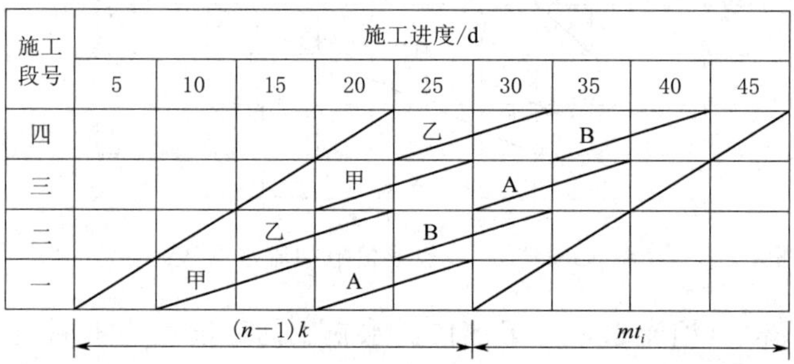

图1－3－4　加快成倍节拍流水图

（3）分别流水。当各施工段的工程量不等，各队（组）的生产效率互有差异，并且也不可能组织固定节拍或成倍节拍流水时，则可组织分别流水。它的特点是各施工过程的流水节拍随施工段的不同而改变。不同施工过程之间流水节拍的变化又有很大差异。通过组织各专业施工队连续流水作业，使得专业工作队之间在一个施工段内不相互干扰，或前后两专业施工队之间工作紧密衔接。

组织分别流水法的关键是正确计算流水步距，可采用“相邻队组每段作业时间累加数列错位相减取最大差”的方法进行计算，即首先分别将两相邻工序每段作业时间逐项累加得出两个数列，后续工序累加数列向后错一位对齐，逐个相减最后得到第三个数列，从中取最大值，即为两工序施工队间的流水步距。

分别流水的施工工期的计算式为

$$T = \sum K_i + \sum t_n \tag{1-3-9}$$

式中　$\sum K_i$——各流水步距之和；

$\sum t_n$——最后一个施工过程在各施工段的持续时间之和。

【例1－3－3】 某工程的各段流水节拍见表1－3－1，组织分别流水作业并绘制流水作业图。

表 1-3-1　　**某工程各段流水节拍表**

施工过程	流水节拍			
	①	②	③	④
A	2	3	1	2
B	3	2	2	1
C	3	2	3	2

解：1）累加各施工过程的流水节拍，形成累加数据数列：

施工过程 A 为 2、5、6、8；施工过程 B 为 3、5、7、8；施工过程 C 为 3、5、8、10。

2）A、B 两个相邻施工过程的累加数据数列错位相减：

$$\begin{array}{rccccc} & 2 & 5 & 6 & 8 & \\ -) & & 3 & 5 & 7 & 8 \\ \hline & 2 & 2 & 1 & 1 & -8 \end{array}$$

取大差值可得 $K_{ab}=2$，同理可求出 B、C 两个相邻施工过程的流水步距 $K_{bc}=3$。

3）计算工期，由式（1-3-9）得

$$T=\sum K_i+\sum t_n=(2+3)+(3+2+3+2)=15\text{d}$$

4）其分别流水作业图如图 1-3-5 所示。

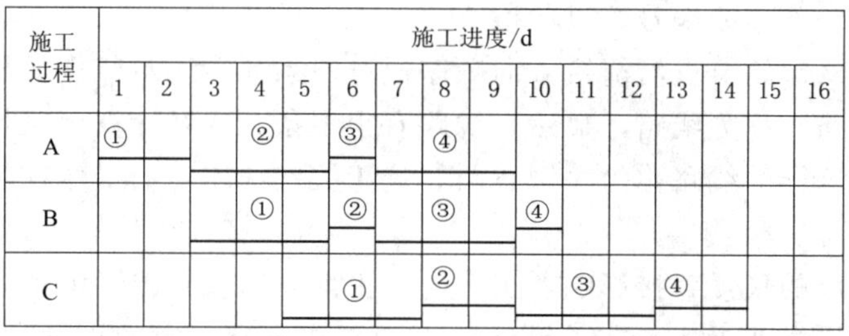

图 1-3-5　分别流水作业图

相关知识点 2：网络计划技术

1. 网络图的概念与作用

网络计划技术是用网络图解模型表达计划管理的一种方法，其基本原理是应用网络图描述一项计划中各个工作（任务、活动、过程、工序）的先后顺序和相互关系；估计每个工作的持续时间和资源需要量；通过计算找出计划中的关键工作和关键线路；再通过不断改变各项工作所依据的数据和参数，选择出最合理的方案并付诸实施；然后在计划执行过程中进行有效的控制和监督，保证最合理地使用人力、物力及财力和时间，顺利完成规定的任务。目前，网络计划技术越来越多地被应用于资源和成本优化、工程投标、签订合同和拨款业务、工程建设监理等方面。

网络图是以网状图形表示某项工程开展顺序的工作流程图。网络图的基本组成部分有箭线、节点和线路。根据箭线和节点所表示的内容不同，网络图有双代号、单代号两种表示方法。现以双代号网络图为例来说明各组成部分的含义，如图 1-3-6 所示。

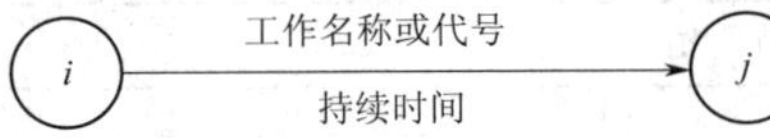

图 1-3-6 工作的双代号表示法

(1) 箭线。在双代号网络图中，箭线表示工作。通常将工作的名称或代号放在箭线的上方。完成该项工作所需的时间写在箭线下方，箭尾表示工作的开始，箭头表示工作的结束，箭线的长短和曲折对网络图没有影响（时标网络图除外）。

根据计划的编制范围不同，工作可以是分项、单元、单位工程或工程项目。一般来讲，工作需要占用时间和消耗资源，如挖基坑、绑扎钢筋、浇灌混凝土等。有些技术问题，如混凝土的养护、满水试验观测等，也应作为一项工作，不过它只占用时间而不消耗资源。因此，凡是占用时间的过程都应作为一项工作看待，即在网络图中有一条相应的箭线。为了正确表示各项工作之间的逻辑关系，常引入“虚工作”，它既不占用时间，也不消耗资源，以虚线表示。

(2) 节点。用圆圈或其他封闭图形表示的箭线之间的连接点称为节点。节点也称为事件，它表示工作的开始、结束或衔接等关系。网络图中的第一个节点叫起始节点，最后一个节点叫终结节点，它们分别表示一项任务的开始或完成。其他节点叫中间节点。

为了使网络图便于检查和计算，所有节点均应统一编号，若某工作的箭尾和箭头节点分别是 i 和 j，则 $i-j$ 即表示该工作的代号，节点编号不应重复。为计算方便和更直观起见，箭尾节点的号码应小于箭头节点的号码，即 $i<j$。编号可沿水平方向，也可沿垂直方向，由前到后顺序进行，可按自然数连续编号，但有时由于网络图需要调整，因此也可以不连续编号，以便增添。

(3) 线路。从起始节点沿箭线方向顺序通过一系列箭线与节点，最后到达终结节点的若干条“通路”称为线路，显然，线路有很多条，通过计算可以找到需用工作时间最长的线路，这样的线路称为关键线路。位于关键线路上的工作称为关键工作。常以粗线或双线表示。

关键工作完成的快慢直接影响着工程的总工期，这就突出了整个工程的重点，使施工的组织者明确主要矛盾。非关键线路上的工作则有一定的机动时间，叫作时差。如果将非关键工作的部分人工、机具转到关键工作上去，或者在时差范围内对非关键工作进行调整则可达到均衡施工的目的。关键工作与非关键工作，在一定条件下可能相互转化，而由它们组成的线路也随之转化。

2. 双代号网络图的编制

(1) 正确表达各项工作间的逻辑关系。逻辑关系是指工作进行的、客观上存在的一种先后顺序关系。这里既包括客观上的先后顺序关系，也包括施工组织要求的相互制约、相互依赖的关系，前者称为工艺逻辑，后者称为组织逻辑。逻辑关系的正确与否是网络图能否反映工程实际情况的关键。某项工作和其他工作的相互关系可以分为三类，即紧前工作、紧后工作、平行工作，如图 1-3-7 所示。

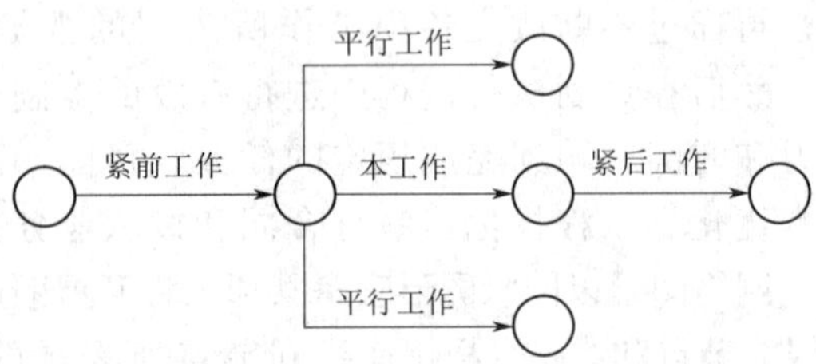

图 1-3-7 工作的逻辑关系

表 1-3-2 所列为网络图中常见的

一些逻辑关系及其表示方法。

（2）双代号网络图的绘制规则。绘制网络图时，除了必须正确反映项目之间的逻辑关系外，还应遵循以下规则：

表 1-3-2　　五种基本逻辑关系单、双代号表达方式对照表

序号	描　述	单代号表达方法	双代号表达方法
1	A工序完成后，B工序才能开始		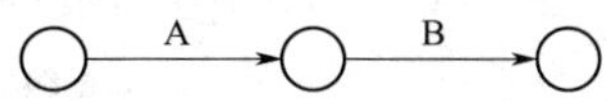
2	A工序完成后，B、C工序才能开始	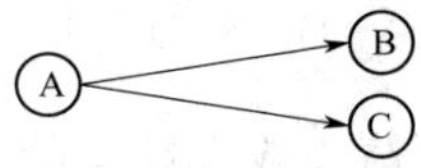	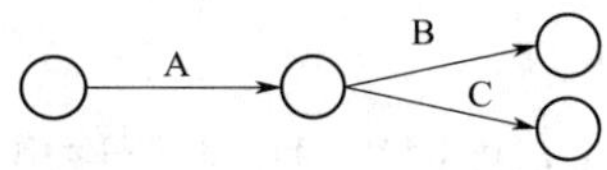
3	A、B工序完成后，C工序才能开始	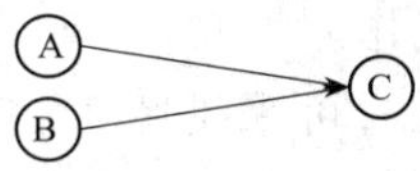	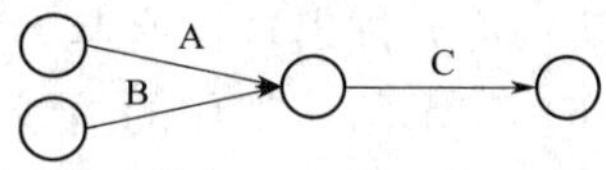
4	A、B工序完成后，C、D工序才能开始	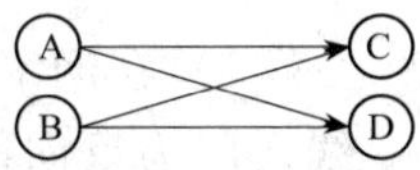	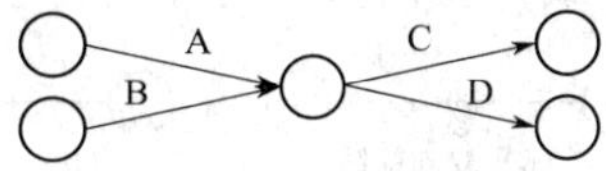
5	A、B工序完成后，C工序才能开始，且B工序完成后，D才能开始	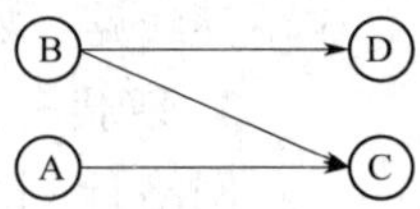	

1）网络图中不允许出现循环线路（闭全回路）。图1-3-8中工作C、D、E形成了闭合回路，则这个网络图肯定是错误的。

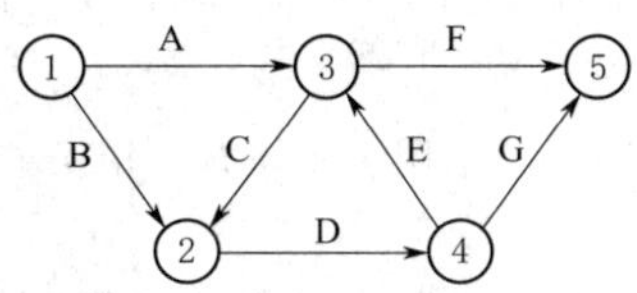

图 1-3-8　错误的网络图（1）

2）为了统一计算基准，在一个网络图中只能有一个起始节点和一个终结节点（多目标网络图除外）以统一整个网络进度的开工、完工时间（图1-3-9和图1-3-10）。

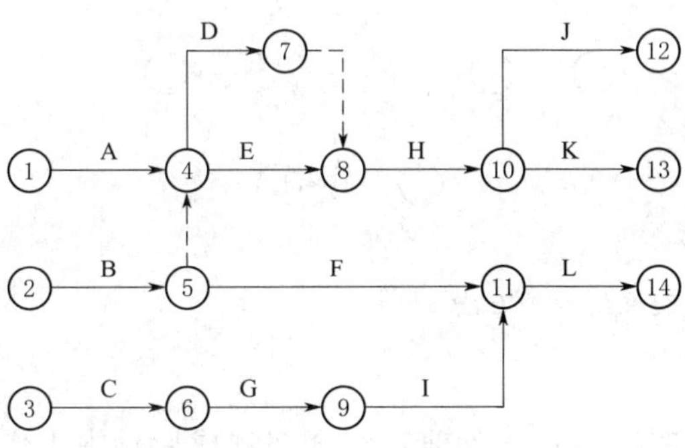

图 1-3-9　错误的网络图（2）

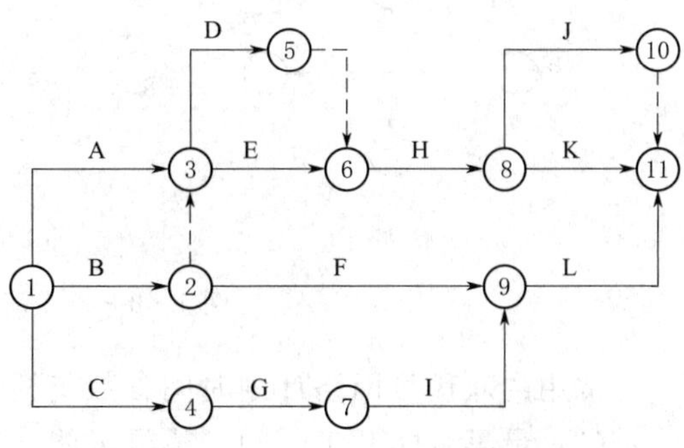

图 1-3-10　正确的网络图

3）为了方便计算，对网络图的节点要进行编号，通常的做法是从网络图的始端到终端顺序递增编号，编号可以连续也可以间断，但要防止重复（在网络图中不允许出现代号相同的箭线），并保持箭尾编号小于箭头编号（图1-3-11）。

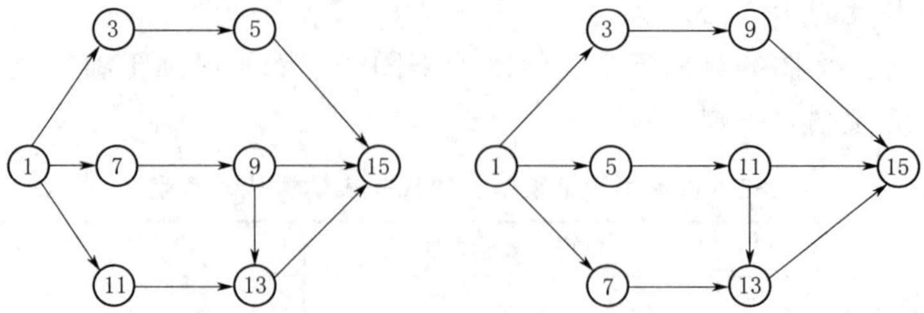

（a）水平编号法　　（b）垂直编号法

图 1－3－11　编号方法

4）在网络图中不允许出现有双向箭头或无箭头的线段（图 1－3－12）。

5）不允许出现没有起始节点的工作。

6）表示两项工作的箭线发生交叉时可采用图 1－3－13 所示的“暗桥法”“断线法”或“指向法”等来处理。

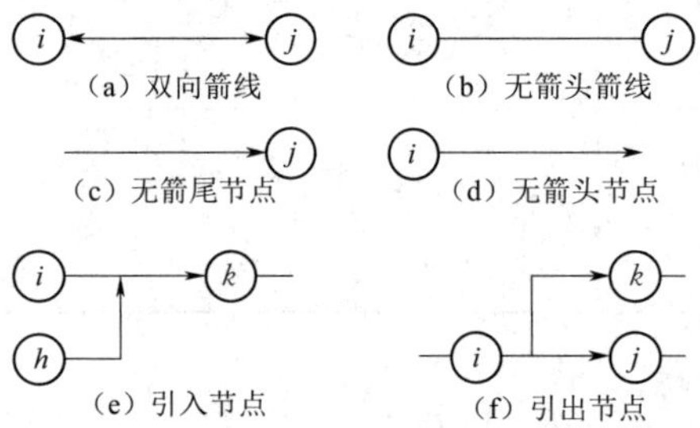

（a）双向箭线　（b）无箭头箭线　（c）无箭尾节点　（d）无箭头节点　（e）引入节点　（f）引出节点

图 1－3－12　错误举例

7）在网络图中，应尽量避免使用反向箭线。因为反向箭线容易发生错误，可能会造成循环线路，在时标网络图中更是不允许的。

3. 双代号网络计划时间参数

网络计划的时间参数是确定关键工作、关键线路和计划工期的基础，也是判定非关键工作机动程度和进行计划优化、调整与动态管理的依据。网络计划的时间参数可直接按工作计算，计算过程比较直观，也可按节点算出节点时间参数，再进行推算，多用于计算机计算中。常用的计算方法有图上计算法、表上计算法、矩阵法和电算法等。

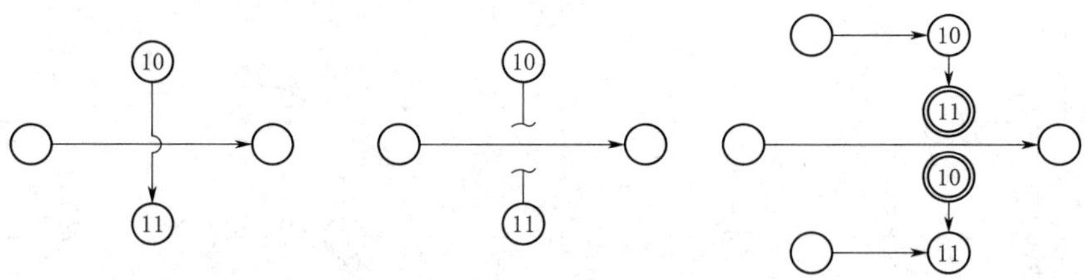

（a）暗桥法　　（b）断线法　　（c）指向法

图 1－3－13　箭线交叉的处理方法

常用的双代号网络计划时间参数包括：

（1）最早可能开工时间。最早可能开工时间是在各紧前工作全部完成后，本工作 $i-j$ 有可能开始的最早时间，最早开始时间用 ES_{i-j} 表示。最早开始时间应从网络计划的起始节点开始，顺着箭线方向依次计算。

（2）最早完成时间。最早完成时间 EF_{i-j} 是在各紧前工作全部完成后，本工作有可能完成的最早时刻。最早完成时间等于最早开始时间加上本工作的持续时间。

(3) 最迟完成时间。最迟完成时间是在不影响整个计划按期完成的前提下，本工作最迟必须完成的时间。最迟完成时间 LF_{i-j} 应从终点节点开始，逆着箭线方向依次逐项计算。

(4) 最迟开始时间。最迟开始时间是在不影响整个计划工期按时完成的条件下，本工作 $i-j$ 最迟必须开始的时间，最迟开始时间用 LS_{i-j} 表示。最迟开始时间应从网络计划的终点节点开始，逆箭线方向依次计算。

(5) 总时差。总时差是在不影响计划总工期（所有后续工作最迟开始时间）的情况下各工作所具有的机动时间。

(6) 自由时差。自由时差是各工作在不影响后续工作最早开始时间的前提下所具有的机动时间。

4. 关键工作和关键线路

没有机动时间（即总时差最小）的工作叫关键工作。当计划工期等于计算工期时，总时差为零的工作就是关键工作。

网络图中全部由关键工作组成的线路叫关键线路。关键线路上各工作的总持续时间最长。一个网络计划中，至少有一条关键线路，也可能有多条关键线路。

5. 单代号网络图

单代号网络图是由节点和箭线组成的，其箭线表示紧邻工作之间的逻辑关系，节点则表示工作。工作之间的逻辑关系包括工艺关系和组织关系，在单代号网络图中均表现为工作之间的先后顺序。

单代号网络图绘制简便，逻辑关系明确，没有虚箭线，便于检查修改。特别是随着计算机在网络计划中的应用不断扩大，近年来国内外对单代号网络图逐渐重视起来。

(1) 网络图的表示。

1) 节点：节点表示工作，可采用圆圈或方框。工作名称或内容、工作编号、工作持续时间及工作时间参数都可写在圆圈或方框内（图 1-3-14 和图 1-3-15）。

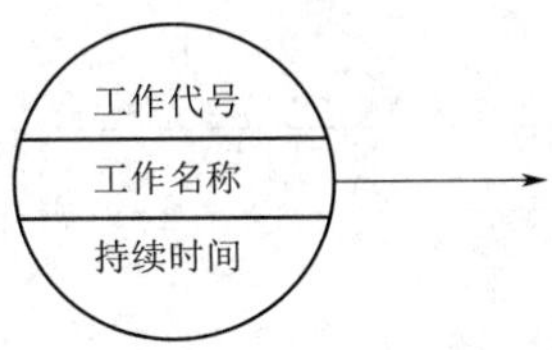

图 1-3-14 单代号网络图工作的完整表示方法

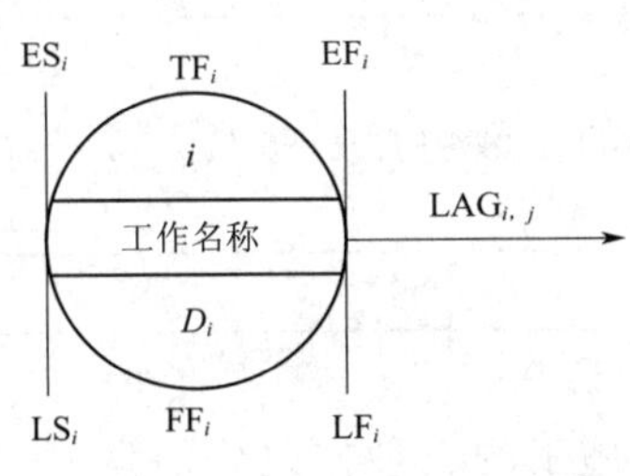

图 1-3-15 单代号网络图时间参数标注形式之一

2) 箭线：单代号网络图的箭线仅表示工作间的逻辑关系，它既不占用时间也不消耗资源。箭线的箭头方向表示工作的前进方向，箭尾节点工作为箭头节点的紧前工作。

单代号网络图不需用虚箭线表达工作间的逻辑关系。

由于单代号网络图只有一个原始节点和一个结束节点，而当几个工作同时开始或同时结束时，就须引进虚工作（节点）（图 1-3-16）。

（2）绘图规则。

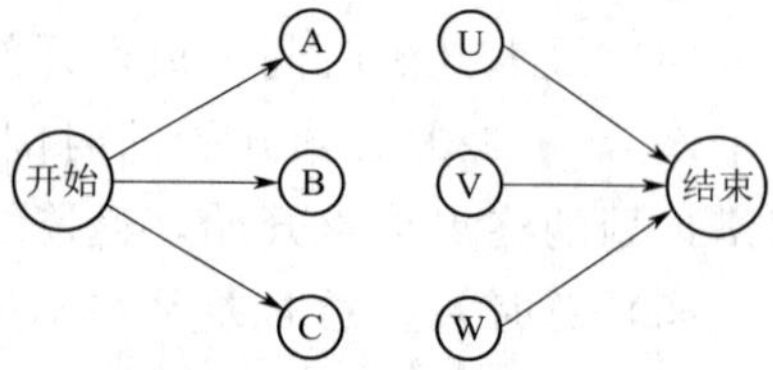

图 1-3-16 开始节点及结束节点表示方法

1）单代号网络图中的节点必须编号。编号标注在节点内，其号码可间断，但严禁重复。箭线的箭尾节点编号应小于箭头节点编号。一项工作必须有唯一的一个节点及相应的一个编号。

2）用数字代表工作的名称时，宜由小到大按活动先后顺序编号。

3）严禁出现循环回路。

4）严禁出现双向箭头或无箭头的连线，严禁出现没有箭尾节点的箭线和没有箭头节点的箭线。

5）箭线不宜交叉。当交叉不可避免时，可采用过桥法和指向法绘制。

6）单代号网络图只应有一个起点节点和一个终点节点；当网络图中有多项起点节点或多项终点节点时，应在网络图的两端分别设置一项虚工作，作为该网络图的起点节点（St）和终点节点（Fin）。

7）在同一网络图中，单代号和双代号的画法不能混用。

【任务实施】

（1）流水作业法技术。

引导问题 1：

什么是顺序施工、平行施工和流水施工？

____

引导问题 2：

流水施工的参数包括哪些？

____

引导问题 3：

组织流水施工的三种方式分别为________________________

引导问题 4：

某工程由三个施工过程组成；它划分为六个施工段，各分项工程在各施工段上的流水节拍依次为：6d、4d 和 2d。为加快流水施工速度，试编制工期最短的流水施工方案。

分项工程名称	工作队编号	施工进度/d										
		2	4	6	8	10	12	14	16	18	20	22
Ⅰ	Ⅰ$_a$											
	Ⅰ$_b$											
	Ⅰ$_c$											
Ⅱ	Ⅱ$_a$											
	Ⅱ$_b$											
Ⅲ	Ⅲ											

引导问题5：

某工程的流水施工参数为：$m=6$，$n=4$，D_i 如下表，试组织流水施工方案。

施工过程编号	流水节拍/d					
	①	②	③	④	⑤	⑥
Ⅰ	4	3	2	3	2	3
Ⅱ	2	4	3	2	3	4
Ⅲ	3	3	2	2	3	3
Ⅳ	3	4	4	2	4	4

工作队	施工进度/d																
	2	4	6	8	10	12	14	16	18	20	22	24	26	28	30	32	34
Ⅰ																	
Ⅱ																	
Ⅲ																	
Ⅳ																	

引导问题6：

某工程由挖土方、做垫层、砌基础和回填土四个分项工程组成；在砌基础和回填土工程之间，必须留有技术间歇时间 $Z=2\text{d}$；现划分为四个施工段。其流水节拍如下表所示，试编制流水施工方案。

分项工程名称	持续时间/d			
	①	②	③	④
挖土方	3	3	3	3
做垫层	4	2	4	3
砌基础	2	3	3	4
回填土	3	2	4	3

分项工程名称	持续时间/d												
	2	4	6	8	10	12	14	16	18	20	22	24	26
挖土方													
做垫层													
砌基础													
回填土													

(2) 网络计划技术。

引导问题 7：

简述双代号网络图的绘制规则。

______

______

______

______

______

【评价反馈】

综 合 评 价 表

项目（ ） 任务（ ）：______					
班级		姓名		组号	
评价项目	分值	自我评价得分	小组互评得分	教师评价得分	综合得分
按时出勤	10				
学习准备	10				
学习态度	10				
任务是否按时完成	15				
任务完成准确率	15				
参与讨论主动性	10				
沟通协调能力	10				
语言表达能力	10				
安全、文明、规范施工意识	10				
合 计	100				

任务 4　施工进度计划与总体布置

【案例背景】

隔河岩水利枢纽大坝为混凝土重力拱坝，右岸岸边布置电站厂房，左岸布置升船机。隔河岩工程主体建筑物土石方开挖 580.55 万 m^3，混凝土 337.30 万 m^3。总工期 7 年（升船机等缓建项目除外）。

施工场地条件：清江为山区河流，枢纽坝址位于高山峡谷地区，下距长阳县城水路 9km、公路 12.5km。地方公路从坝址左岸通过，对外交通方便。坝址 3km 范围内的施工场地主要有：右岸下游西寺坪、刘家坪台地，高程 85～130m，面积约 40 万 m^2；覃家湾、曾家湾沟谷坡地，高程 110～180m，面积约 40 万 m^2；姜家湾坡地，高程 130～160m，面积 8 万 m^2；丁家湾坡地，高程 240～280m，面积 8 万 m^2；左岸下游晒谷坪台地，高程 90～95m，面积约 3 万 m^2；沿头溪、下渔口沟谷坡地，高程 88～110m，面积 15 万 m^2；刘家河以下沟谷坡地，高程 90～120m，面积 16 万 m^2；大坝上游左岸倒渔溪和右岸凶溪沟可布置弃渣场，面积约 15 万 m^2。以上合计可利用的场地面积约 145 万 m^2。

天然砂石料场分布于坝址附近上下游的滩地，上游有距坝址 3.5km 的沿市口滩；下游有距坝址 1.5km 的西寺坪滩、距坝址 3km 的猫子滩、距坝址 5km 的八公滩。人工砂石料场位于距右坝头 2.5km 的右岸细砂坡，属石灰岩，高程为 310～500m。

试根据施工地区地形图、枢纽布置图、场内外交通运输条件、料场位置等进行施工总平面布置。

【学习目标】

1. 掌握施工进度计划编制方法、作用与施工总体部署。
2. 能具备编写施工组织设计文件和正确组织水利工程施工的能力。
3. 能根据工程地形条件、枢纽布置情况合理进行施工总平面图的布置。

【任务分组】

学生任务分配表

班级		姓名		学号	
组号		本人任务		指导老师	
其他小组成员					
姓名	学号	任务分工	姓名	学号	任务分工

【任务准备】

相关知识点1：施工进度计划

1. 施工进度计划的概念与分类

(1) 施工进度计划的概念。施工进度计划是施工组织设计的重要组成部分，是对工程建设实施计划管理的重要手段。它规定了工程项目施工的起讫时间、施工顺序和施工速度，是工程项目施工的时间规划，是控制工期的有效工具，同时也是国家对该工程分年度投资和财务拨款、贷款计划的控制依据之一。

施工进度计划与施工组织设计的其他组成部分密切关联，互相制约。如选择施工导流方案，研究主体工程施工方法，确定施工现场的总体布置，规划场内外的交通运输，组织施工技术供应，拟定施工工厂的生产规模，都要依据施工进度的安排。相反，拟定施工进度计划时，必须与施工导流程序相适应，即应根据导流程序来考虑导流、截流、拦洪、度汛、下闸、蓄水、供水、发电等控制环节的施工顺序和施工速度；进度计划中拟定的施工强度，应有施工方法、施工方案所提供的生产能力来保证；施工进度的安排，要与分期施工的场地布置相协调等。

施工进度计划可用进度表（横道图）或网络图的形式来表示。横道图优点是图面简单明确，直观易懂；缺点是不能表示各分项工程之间的逻辑关系，不能反映进度安排的工期、投资或资源等参数的相互制约关系；网络图前述已介绍，能明确表示分项工程之间的依存关系和控制工期的关键线路，采用计算机进行施工进度的优化和调整比较方便。

(2) 施工进度计划的分类。水利工程的施工进度计划，按内容范围和管理层次一般分成三类。

1) 施工总进度计划。施工总进度计划是对某一水电工程整个枢纽编制的，它将整个枢纽工程划分成若干个单项工程，定出每个项目的施工顺序和起止日期，以及施工准备和结尾工作项目的施工顺序和施工期限。

2) 单项工程进度计划。单项工程进度计划的对象是各扩大单位工程或单位工程，如大坝、电站厂房、导流建筑物等，它将单项工程划分成若干个分部分项工程甚至更细的项目，定出这些项目的施工顺序和起止日期，并安排单项工程施工准备和结尾工作项目的施工顺序与施工期限。

3) 施工措施计划。施工措施计划一般按日历时段（如月、季、年等）编制，将处于该时段中的所有工程，包括它们的准备和结束工作，按结构部位以至工种进行分项，定出施工顺序和起止日期。

在施工组织设计中，主要研究前两种进度计划；在施工阶段则更侧重于施工措施计划，它是实施性进度计划。

2. 施工进度计划的编制

编制施工进度计划（特别是施工总进度）主要应遵循以下基本原则：

(1) 严格执行基本建设程序和国家方针政策，遵守有关法令法规，满足国家和上级主管部门对本工程建设的具体要求。

（2）编制施工进度计划应以规定的竣工投产要求为目标，分清主次，抓住施工过程中对施工进度起控制作用的环节（如导流截流、拦洪度汛、下闸蓄水、供水发电等），与施工组织的其他各专业设计统筹考虑，确保工期。

（3）按合理的顺序进行项目排队，按均衡、连续、有节奏的方式组织工程施工，减少施工干扰，从施工顺序和施工速度等组织措施上保证工程质量和施工安全。

（4）考虑到水电工程施工既受自然条件干扰和制约，又受到社会经济供应条件的影响和限制，编制施工进度计划时要做到既积极可靠又留有适当的余地。

（5）编制施工进度计划时需要对人力、物力进行综合平衡，在保证施工质量和工期的前提下，充分发挥投资效益。

3. 施工进度计划编制的步骤

不论是三类施工进度计划中的哪一类，其内容范围和项目划分的粗细程度虽有所不同，但均应编制步骤如下。

（1）收集基本资料。编制进度计划一般要具备以下资料：

1）上级主管部门对工程建设开竣工投产的指示和要求，有关工程建设的合同协议。

2）工程勘测和技术经济调查的资料，如水文、气象、地形、地质、当地建筑材料，以及工程所在地的工矿资源、水库淹没和移民安置等资料。

3）工程规划设计和概算方面的资料。

4）国民经济各部门对施工期间防洪、灌溉、航运、放木、供水等方面的要求。

5）施工组织设计其他部分对施工进度的限制和要求，如交通运输能力、技术供应条件、施工分期、施工强度限制等。

6）施工单位施工能力方面的资料等。

（2）列出工程项目。工程列项的粗细程度应与进度计划的内容范围相适应，与定额相适应，要防止漏项。通常的做法是按施工先后顺序和相互关联密切程度依次一一列表填明。

在总进度计划中，若按扩大单项工程列项，可以有准备工程、导流工程、拦河坝工程、溢洪道工程、引水工程、水电站、升压变电站、水库清理工程和结束工作等；对于单项工程进度，若按分部分项工程列项，以拦河坝工程为例，可以有准备工作、基础开挖、基础处理、河床坝段、岸坡坝段、坝顶工程等；对于施工措施计划，若按结构部位分项，以混凝土坝为例，可按浇筑部位列项，如坝身、溢流面、挑流坎、闸墩、工作桥、公路桥等；若按工序分项，还可按浇筑部位细分为安装模板、架设钢筋、埋设冷却水管、层间处理、混凝土浇筑及养护、模板拆除等。

（3）计算工程量和施工延续时间。根据列出的项目，分别计算工程量和施工延续时间。

工程量的计算应根据设计图纸，按工程性质，考虑工程分期和施工顺序等因素，分别按土方、石方、水上、水下、开挖、回填、混凝土等进行计算。有时为了分期、分段组织施工的需要，要计算不同高程（如对拦河坝）、不同桩号（如对渠道）的工程量，并作出累积曲线。

根据计算的工程量，应用相应的定额资料，可以计算或估算各项目的施工延续时间。

为了便于对施工进度进行分析、比较和调整，常用三值估计法估计出施工延续时间，即

$$t=(t_a+4t_m+t_b)/6 \tag{1-4-1}$$

式中 t_a——最乐观的估计时间，即最紧凑的估计时间，或称项目的紧缩时间；

t_b——最悲观的估计时间，即最松动的估算时间；

t_m——最可能的估计时间。

(4) 分析确定项目逻辑关系。项目逻辑关系是由施工组织、施工技术等许多因素决定的，应逐项研究，仔细确定，概括说来可分为两类。

1) 工艺关系。工艺关系即由施工工艺决定的逻辑顺序关系。如土建工程中的先基础（地下）后上部（地上）；混凝土浇筑中的模板安装、钢筋架立、混凝土浇筑、养护和拆模；土方填筑中的铺土、平土、洒水、压实、刨毛等。这些逻辑顺序一般是不允许违反的，否则将造成不必要的损失。

2) 组织关系。组织关系即由施工组织安排决定的衔接关系。如由于劳动力的调配、施工机械的转移、建筑材料的供应和分配、机电设备进场等原因，安排一些项目在先，另一些项目滞后，均属组织关系所决定的顺序关系。由组织关系所决定的衔接顺序，一般是可以改变的，只要改变相应的组织安排，有关项目的衔接顺序就会有相应的变化。

(5) 初拟施工进度。通过项目之间逻辑关系的分析，掌握了工程进度的特点，理清了工程进度的脉络，就可以初步拟出一个施工进度方案。

对于蓄水枢纽工程的施工总进度计划，其关键项目一般均位于河床，故常以导流程序为主要线索，先将施工导流、围堰截流、基坑排水、坝基开挖、基础处理、施工度汛、坝体拦洪、下闸蓄水、机组安装和引水发电等关键性控制进度安排好，其中应包括相应的准备、结束工作和配套辅助工程的进度，构成总的轮廓进度，然后再配合安排不受水文条件控制的其他工程项目，形成整个枢纽工程施工总进度计划草案。

对于引水枢纽工程，一般引水建筑的施工期限成为控制总进度的关键。

(6) 优化、调整和修改。初拟施工进度以后，要配合施工组织设计其他部分的分析，对一些控制环节、关键项目的施工强度、资源需用量、投资过程等重大问题，进行分析计算和优化论证，以期对初拟的进度进行修改和调整，使之更加完善、合理。

必须指出的是：施工进度的优化调整往往要反复进行，工作量比较大，一般通过网络计划的优化来实现。

(7) 提出施工进度成果。经过优化调整修改之后的施工进度计划，可以作为设计成果，整理以后提交审核。同时还应提交有关主要工种施工强度、主要资源需用强度和投资费用动态过程等方面的成果。

相关知识点 2：施工总体布置

1. 施工总体布置的概念

施工总体布置是在分析施工场区的地形条件、枢纽布置情况和各项临时设施布置

要求的前提下，确定施工场地的分期、分区、分标布置方案，对施工期间所需的交通运输设施、各类生产和生活用房、动力管线及其他施工设施作出平面上和立面上的布置，从场地安排上为减少施工干扰，保证施工安全和工程质量，加快施工进度和降低工程造价，创造环境条件。它是施工组织设计的重要组成部分，是施工期间对整个施工场区的空间规划。

无论工程建设的哪个阶段，施工总体布置都是不可缺少的。可行性研究阶段，应着重对主要场区划分、主要料场、对外交通、场内主干线以及它们之间的衔接等问题作出规划，提出主要施工设施的项目，估算建筑面积、占地面积、主要工程量等技术经济指标；初步设计阶段，应分别对施工场地的划分、生产生活设施的布置、料场及其生产系统布置、主要施工工厂及大型临时设施的布置、场内主要交通运输线路的布置以及场内外交通的衔接等，拟定布局方案并进行论证比较，选择合理的方案，并提出各项施工设施布置的建筑面积、占地面积、工程量及相应的机械设备、建筑材料数量等技术经济指标；技术设计和工程施工阶段，主要是在初步设计的基础上进一步完善、落实布置的具体内容，进行详细分区布置设计，并对主要施工工厂进行工艺布置设计，对大型临建工程作出结构设计。

2. 施工总体布置目标

施工总体布置的成果，主要是标示在一定比例尺（总平面图 1∶5000～1∶2000）的施工场区地形图——施工总体布置图，它是施工组织设计的主要成果之一。施工总体布置图应包括一切地上和地下、已有和拟建的建筑物与构筑物，以及一切为施工服务的临时性建筑物和施工设施。

临时性建筑物和施工设施主要有：施工导流建筑物；交通运输系统；料场及其加工系统；各种仓库、料堆和弃料场等；混凝土产生系统；混凝土浇筑系统；机械修配系统；金属结构、机电设备和施工设备安装基地；风、水、电供应系统；钢筋加工、木材加工、预制构件等施工工厂；办公及生活用房；安全防火设施及其他等。

施工总体布置的成果，除了集中反映在施工总体布置图上以外，还应提出各类临时建筑物、施工设施的分区布置一览表，包括它们的占地面积、建筑面积和建筑安装工程量等；对施工征地应估计面积并提交使用计划，同时研究还地造田和征地再利用的措施；对重大施工设施的场址选择和大宗物料的运输，应进行单独研究并提出优选方案。

施工总体布置是一个复杂的系统工程，施工过程又是一个动态过程：永久性建筑物将随施工进程按一定顺序修建；临时性建筑物和临时设施则随着施工的进展而逐渐建造、拆除转移或废弃；同时，水文、地形等自然条件也将随着施工的进展而不断变迁。因此，研究施工总体布置，解决施工地区空间组织问题，必须同施工进度等施工组织设计的其他环节协调考虑。对于工期较长的大型水电工程，还需根据不同施工时期的现场特点，分期作出布置。

3. 施工总体布置图设计原则

施工总体布置图的设计，由于施工条件多变，不可能列出一种一成不变的格局，只能根据实践经验，因地制宜，按场地布置优化的原理和原则，创造性地予以解决。

一般说来，设计施工总体布置图应该符合以下原则：

（1）合理使用场地，尽量少占农田。

（2）场区划分和布局应符合有利于生产、方便生活、易于管理、经济合理的原则，并符合国家有关安全、防火、卫生和环保等的专门规定。

（3）一切临时建筑物和施工设施的布置，必须满足主体工程施工的要求，互相协调，避免干扰，尤其不能影响主体工程的施工和运行。

（4）主要的施工设施、施工工厂的防洪标准，可根据它们的规模大小、使用期限和重要程度，在5～20年重现期内选用。必要时，宜通过水工模型试验来论证场地防护范围。

4. 施工总体布置图的设计步骤

设计施工总体布置图，大体可以按以下步骤进行：

（1）收集和分析基本资料。所需的基本资料包括：施工场区的地形图；拟建枢纽的布置图；已有的场外交通运输设施、运输能力和发展规划；施工所在地的城镇及工矿企业、有关建筑标准、可供利用的住房、当地建筑材料、水电供应以及机械修配能力等情况；施工场区的土地状况；料场位置和范围；河流水文特征资料；施工地区的地质及气象资料；施工组织设计中的有关成果，如施工方法、导流程序和进度安排等。

（2）列出临建工程项目清单并计算场地面积。在掌握基本资料的基础上，根据工程的施工条件，结合类似工程的施工经验，编拟临建工程项目单，估算它们的占地面积、敞棚面积、建筑面积，明确它们的建筑标准、使用期限以及布置和使用方面的要求，对于施工工厂还要列出它们的生产能力、工作班制、水电动力负荷以及服务对象等情况。必要时，应结合施工分期分区情况来编列清单，使临建工程的分片布置更加清晰。

（3）进行现场布置总体规划。施工现场总体规划是施工总体布置的关键，要着重研究解决一些重大原则问题，如总体布局、主要交通干线及场内外交通衔接、临建工程与永久设施的结合、施工前后期的结合等。在工程施工实行分项承包时，尤其要做好总体规划，明确划分各承包单位的施工场地范围，并按总体规划要求进行布置。

（4）临时建筑物的具体布置。临时建筑物的布置，通常是在现场布置总体规划的基础上，根据对外交通方式，按实际地形地貌，依一定顺序进行的。

（5）方案调整与选定。施工场地布置的协调和修正，主要是检查临建工程与主体工程之间有无矛盾、各项临建工程之间有无干扰、生产和施工工艺是否协调、防火安全和环境卫生能否满足要求、占用农田是否合理等，如有不协调的地方，应进行适当调整。通常要提出若干个布置方案，进行综合评价和选择，并对选定的方案绘制施工总体布置图。

需要指出，施工总体布置方案可以从不同的角度来进行评价。其评价因素主要有定性因素和定量因素两大类。经常用来对定性、定量因素进行综合评价的方法有层次分析法，效用函数法、模糊分析法和专家评分法等。

5. 施工分区布置

（1）主要施工分区。大、中型水利水电工程进行施工总平面布置时，一般可按以下分区：

1）主体工程施工区。

2）施工工厂设施区。

3）当地建材开发区。

4）仓库、站场、码头、转运站等储运系统。

5）机电、金属结构和大型施工机械设备安装场地。

6）工程弃料堆放区。

7）施工管理及生活营区。

（2）施工分区的总体布局方式。根据枢纽布置和地形条件的不同，施工场地的总体布局有以下几种情况：

1）一岸布置和两岸布置。若工程比较集中且下游比较平坦开阔，可在枢纽轴线下游的一岸或两岸设立施工场地。当设在一岸时，则这一岸的选择常受电站厂房位置和对外交通线路的影响。若分设在两岸，则主要场地的确定也受上述因素的影响。如丹江口工程由于对外铁路、公路都自左岸引入，采取了左右结合、以左岸为主的布置方案。隔河岩工程大坝为混凝土重力拱坝，坝址位于高山峡谷地区，右岸岸边布置电站厂房。

2）集中布置和分散布置。无论是一岸布置还是两岸布置，集中布置都具有占地少、布置紧凑和管理方便等许多优点，但有些工程由于地形陡峻，主体工程附近没有合适的场地供集中布置，化整为零的分散布置也常被采用。不过即使是分散布置，有些临时设施仍然需要相对集中地布置。

3）“一条龙”和“一二线”布置。如果坝址位于峡谷地区，两岸地形陡峻，则施工场地常沿河流一岸或两岸的冲沟分布，形成“一条龙”的布置方式。直接影响工程施工的临时设施尽可能地靠近施工现场，随着影响程度的减弱，逐渐向下游延伸，如江西上犹江、浙江新安江、青海李家峡及许多峡谷枢纽等均采用此布置。如果离工地一定距离处有适合布置生活区的场地或城镇，采用“一二线”布置比较理想，即工区布置在施工现场，生活区集中布置在较远的地方。

枢纽工程的组成不同，施工辅助设施的构成也不尽相同，其施工布置常有很大差异。对以混凝土坝为主体的枢纽工程，在进行施工总体布置时，当以骨料开采、运输、加工、储存和混凝土的拌和、运输、浇筑为主线来规划布置各项施工工厂和临时设施。对以土石坝为主体的枢纽工程，其施工总体布置的重点应放在土石料开采、加工、堆置和上坝线路等方面，并以此为主线来规划布置其他施工设施和施工工厂。

规划施工场地时，对水文资料要进行认真研究。主要场地和交通干线要满足防洪标准。在坝址上游布置临时工程时，要研究施工期间由于导流、截流、拦洪、蓄水等原因而引起的上游水位变化，保证在淹没前能顺利撤走。在峡谷冲沟内布置施工场地时，要注意冲沟的承雨面积，分析研究山洪突然袭击的可能。

有些工程建成以后，就成为工程所在地区的工农业发展中心，形成一些相当规模的城镇，对于这样一些工程，就有必要在确定工程建设的同时，结合将来的城市建设规划来考虑施工总体布置，虽然表面上会提高某些临建工程的标准，增加工程的投资，但从整体来看是值得研究的比较方案。

（3）施工分区布置注意事项。如果对外交通采用铁路或水路，应首先确定车站或码头的位置，然后布置场内外交通的衔接和场内交通干线，再沿干线布置各项施工工厂和仓库等设施，最后布置办公、生活设施以及水、电和动力供应系统等。如果对外交通采用公路，则可与场内交通联成一个系统来考虑。

车站应布置在施工场区入口附近，并有足够的临时堆场，工地的一般器材仓库可以靠近车站布置，而油库、炸药库等危险物品仓库应单独布置，设立一定的警戒线，并和场内外交通联系起来。

混凝土拌和系统应设在主要浇筑对象附近，并和混凝土运输线路相协调。水泥仓库、骨料仓库、预制构件厂、钢筋加工厂、模板加工厂，都应尽量靠近拌和系统。如果地形条件不允许，则至少应使水泥仓库、骨料仓库和拌和系统布置在一起，形成运输流水线。骨料加工厂应布置在料场附近，以便运输废弃料，并减轻现场干扰。弃料堆场的布置，不能影响各项永久工程和导流工程的施工和运行。

机械修配厂要尽量靠近交通干线，以利重型机械进出；中心变电站常设在比较僻静便于警戒的地方；码头和供水抽水站可布置在枢纽下游河边，但要考虑河岸稳定、河水流速、水位变化等条件的影响。

制冷厂应布置在混凝土建筑物和混凝土系统附近，冷水供应最好采用自流方式，输送距离不宜太远，以减少提水加压设备和冷耗。

金属结构、机电设备安装基地，宜尽量减少运输距离。

【任务实施】

（1）施工进度计划。

引导问题1：

简述施工总进度计划的编制步骤。

____

____

____

（2）施工总体布置。

引导问题2：

施工总体布置图设计的原则是什么？

____

____

____

引导问题3：

简述施工总布置的步骤。

____

____

____

【评价反馈】

综 合 评 价 表

项目（　　）　　　任务（　　）：______					
班级		姓名		组号	
评价项目	分值	自我评价得分	小组互评得分	教师评价得分	综合得分
按时出勤	10				
学习准备	10				
学习态度	10				
任务是否按时完成	15				
任务完成准确率	15				
参与讨论主动性	10				
沟通协调能力	10				
语言表达能力	10				
安全、文明、规范施工意识	10				
合　计	100				

项目二　导截流工程

任务1　施　工　导　流

【案例背景】

溪洛渡水电站位于四川省雷波县与云南省永善县接壤的金沙江溪洛渡峡谷中，坝址处河谷狭窄，两岸谷坡陡峻，河谷断面呈基本对称的窄U形。水工枢纽布置方案采用混凝土双曲拱坝挡水、泄洪洞和坝体孔口联合泄流、左右岸地下厂房的布置方式。基坑工程量大，历时时间长，若采用枯期导流方式不仅导流布置困难、技术难度大，而且将推迟发电工期和总工期，直接影响工程综合效益，故初期导流采用一次断流围堰挡水、隧洞导流、主体工程全年施工的导流方式。后期导流采用坝体临时挡水、导流建筑物与水工泄洪建筑物联合泄流、主体工程全年施工的导流方式。

【学习目标】

1. 了解施工导流标准，掌握全段围堰法导流泄水建筑物的形式、布置，分段围堰法导流泄水建筑物的形式、布置。

2. 能根据施工条件选择导流方案。

3. 施工导流是水利水电专业学生今后从事水利工程的设计和施工工作必须掌握的内容之一，引导学生理解其重要性。

【任务分组】

学生任务分配表

班级		姓名		学号	
组号		本人任务		指导老师	
其他小组成员					
姓名	学号	任务分工	姓名	学号	任务分工

【任务准备】

在河道上修建水利水电工程时，为创造水工建筑物干地施工条件，需要将水流引向下游或拦蓄起来，解决施工与水流之间矛盾的问题，该过程称为施工导流。

相关知识点1：施工导流标准

水利工程的施工导流标准包括导流建筑物级别划分和导流建筑物洪水标准。

1. 导流建筑物级别划分

工程中起导流作用的围堰、明渠、隧洞等导流建筑物属于临时性水工建筑物。根据《水利水电工程施工组织设计规范》（SL 303—2017），其级别应根据保护对象的重要性、失事后果、使用年限和临时性建筑物规模划分为3～5级，按表2-1-1确定。当导流建筑物按表2-1-1指标分属不同级别时，其级别应按其中最高级别确定。但对3级导流建筑物，符合该级别规定的指标不得少于两项。

表2-1-1　　导流建筑物级别划分

级别	保护对象	失事后果	使用年限/年	导流建筑物规模	
				围堰高度/m	库容/亿 m^3
3	有特殊要求的1级永久性水工建筑物	淹没重要城镇、工矿企业、交通干线或推迟工程总工期及第一台（批）机组发电，造成重大灾害和损失	>3	>50	>1.0
4	1级、2级永久性水工建筑物	淹没一般城镇、工矿企业或影响工程总工期及第一台（批）机组发电而造成较大经济损失	1.5～3	15～50	0.1～1.0
5	3级、4级永久性水工建筑物	淹没基坑、但对总工期及第一台（批）机组发电影响不大，经济损失较小	<1.5	<15	<1.0

注　1. 导流建筑物包括挡水和泄水建筑物，两者级别相同。
2. 表列四项指标均按导流分期划分，保护对象一栏中所列永久性水工建筑物级别系按《水利水电工程等级划分及洪水标准》（SL 252—2017）划分。
3. 有、无特殊要求的永久性水工建筑物均系针对施工期而言，有特殊要求的1级永久性水工建筑物系指施工期不应过水的土石坝及其他有特殊要求的永久性水工建筑物。
4. 使用年限系指导流建筑物每一导流分期的工作年限，两个或两个以上导流分期共用的导流建筑物，如分期导流一期、二期共用的纵向围堰，其使用年限不能叠加计算。
5. 导流建筑物规模一栏中，围堰高度指挡水围堰最大高度，库容指堰前设计水位所拦蓄的水量，两者应同时满足。

2. 导流建筑物洪水标准

导流建筑物洪水标准应根据建筑物的类型和级别在表2-1-2规定幅度内选择，同一导流分期各导流建筑物的洪水标准应相同，以主要挡水建筑物的洪水标准为准。

表2-1-2　　导流建筑物洪水标准［重新期（年）］

导流建筑物类型	导流建筑物级别		
	3	4	5
土石结构	50～20	20～10	10～5
混凝土、浆砌石结构	20～10	10～5	5～3

当导流建筑物与永久建筑物结合时，导流建筑物设计级别与洪水标准仍按照表2-1-1、表2-1-2规定执行；但成为永久建筑物部分的结构设计应采用永久建筑物级别标准。

3. 坝体施工期临时度汛洪水标准

当坝体施工高程超过围堰堰顶高程时，坝体临时度汛洪水标准应根据坝型及坝前拦洪库容按表 2-1-3 的规定执行。

表 2-1-3　　坝体施工期临时度汛洪水标准

坝　型	拦洪库容/10^8m^3		
	≥1.0	1.0～0.1	<0.1
土石坝	≥100	100～50	50～20
混凝土、浆砌石结构	≥50	50～20	20～10

导流泄水建筑物全部封堵后，如永久泄洪建筑物尚未具备设计泄洪能力，坝体度汛洪水标准应在分析坝体施工和运行要求后按表 2-1-4 的规定执行。汛前坝体上升高度应满足拦洪要求，帷幕灌浆及接缝灌浆高程应满足蓄水要求。

表 2-1-4　　导流泄水建筑物封堵后坝体度汛洪水标准［重新期（年）］

坝　型		大　坝　级　别		
		1	2	3
土石坝	设计	500～200	200～100	100～50
	校核	1000～500	500～200	200～100
混凝土坝、浆砌石坝	设计	200～100	100～50	50～20
	校核	500～200	200～100	100～50

4. 下闸封堵及施工期蓄水、下游供水标准

下闸封堵的设计流量可按时段内 5～10 年重现期的月或旬平均流量，或按实测水文统计资料分析确定；对于上游有水库控制的工程，下闸设计流量可取上游水库控泄流量与区间 5～10 年重现期的月或旬平均流量之和。

封堵工程在施工期内的导流设计洪水标准，可根据工程重要性、失事后果等因素，在该时段 5～20 年重现期范围内选定。

水库施工期蓄水标准应根据河流的来水特点和发电、通航、供水、灌溉等要求及蓄水历时等因素分析确定，保证率宜为 75%～85%。

导流泄水建筑物封堵、水库施工期蓄水过程中，应满足下游必需的供水、生态保护要求。

相关知识点 2：导流时段

导流时段就是按照导流程序来划分的各施工阶段的延续时间。划分导流时段，需正确处理施工安全可靠和争取导流的经济效益的矛盾。因此要全面分析河道的水文特点、被围的永久建筑物的结构形式及其工程量大小、导流方案、工程最快的施工速度等，这些是确定导流时段的关键。尽可能采用低水头围堰，进行枯水期导流，是降低导流费用、加快工程进度的重要措施。

在划分导流时段时，要确保枯水期，争取中水期，还要尽力在汛期中争工期。既要安全可靠，又要力争工期。

山区性河流，其特点是洪水流量大，历时短，而枯水期则流量小。在这种情况下，经过技术经济比较后，可采用淹没基坑的导流方案，以降低导流费用。

导流建筑物设计流量即为导流时段内根据洪水设计标准确定的最大流量，据此进行导流建筑物的设计。

相关知识点3：施工导流方式

施工导流可划分为一次拦断河床围堰导流方式和分期围堰导流方式；按泄水建筑物形式可分为隧洞导流、明渠导流、涵管导流，以及施工过程中的坝体底孔导流、缺口导流和不同泄水建筑物组合导流方式等。施工导流方式应经过全面比较后选定。

施工导流方式选择应遵循以下原则：适应河流水文特性和地形、地质条件；工程施工期短，发挥工程效益快；工程施工安全、灵活、方便；合理利用永久建筑物，减少导流工程量和投资；适应施工期通航、供水、排冰等要求；河道截流、围堰挡水、坝体度汛、封堵导流孔洞及蓄水和供水等各阶段能合理衔接。

1. 全段围堰法

全段围堰法导流，即在修建于河床上主体工程的上、下游各建一道拦河围堰，使水流经河床以外的临时或永久建筑物下泄，主体工程建成或即将建成时，再将临时泄水建筑物封堵。全段围堰法按其泄水道类型有以下几种：

（1）隧洞导流。山区河流，一般河谷狭窄、两岸地形陡峻、山岩坚实，采用隧洞导流。但由于隧洞泄水能力有限，造价较高，一般在汛期泄水时均另找出路或采用淹没基坑方案。导流隧洞设计时，应尽量与永久隧洞相结合。隧洞导流示意图如图2-1-1所示。

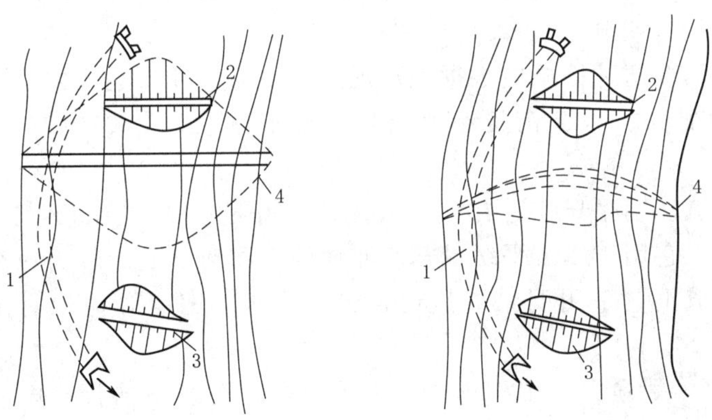

（a）土石坝枢纽　　（b）混凝土坝枢纽

图2-1-1　隧洞导流示意图

1—导流隧洞；2—上游围堰；3—下游围堰；4—主坝

1）布置原则。洞线选择应综合考虑地形、地质、枢纽总布置、水流条件、施工、运行及对周围环境的影响等因素，通过技术经济比较选定；导流隧洞进、出口与上、下游围堰堰脚的距离应满足围堰防冲要求；与枢纽总布置相协调，有条件时宜与永久隧洞结合，其结合部分的洞轴线、断面形式与衬砌结构等应同时满足永久运行与施工导流要求；导流隧洞具体布置应符合《水工隧洞设计规范》（SL 279—2002）的有关规定。

洞线宜避开可能造成地表水强补给的冲沟。隧洞沿线遇有溶洞、断裂构造、不利构造面、软弱带、蚀变带等时，应充分考虑地下水活动的影响和围岩稳定性。隧洞进、出口宜避开滑坡、崩塌体、危岩体等不良地质条件地段。

2）断面设计。导流隧洞与其他建筑物相邻、交叉或跨越时，与其他建筑物基础之间的围岩应有足够的厚度，满足围岩稳定与建筑物安全运行要求。

导流隧洞弯曲半径不宜小于5倍洞径（或洞宽），转角不宜大于60°，且应在弯段首尾设置直线段，其长度不宜小于5倍洞径（或洞宽）。高流速有压隧洞弯曲半径和转角宜通过试验确定。

导流隧洞进出口高程应结合河道地形、地质条件，兼顾导流、截流及其他需要，经综合分析论证确定；对于高坝工程的多条导流隧洞，可分层布置。隧洞纵坡不宜采用平底和反坡。

导流隧洞断面形式有方圆形、圆形和马蹄形。应根据水力条件、地质条件、与永久建筑物的结合要求、施工方便等因素确定。

断面尺寸应根据导流流量、截流难度、围堰规模、施工难度和工程投资，经技术经济比较后确定。隧洞进口应采用喇叭口形断面，喇叭口宜与进口的封堵闸门及其启闭平台结合布置。喇叭口长度宜为洞径（或洞宽）的1.5倍，顶拱采用近似的椭圆曲线。若隧洞断面尺寸较大且挡水水头较高，可在进口设置中隔墩，孔口高宽比宜为1.5左右。

隧洞进出口与洞身之间的渐变段扩散（收缩）宜采用6°～10°，渐变段的长度不应小于1.5倍洞径（或洞宽）。

隧洞出口的消能防冲措施应根据地形地质、水力条件、运行方式、下游水深和变幅、河床的抗冲能力、水流衔接、消能防冲要求以及对相邻建筑物的影响等因素确定。

（2）明渠导流。明渠导流是在河岸或滩地上开挖渠道，在基坑上下游修筑围堰，河水经渠道下泄。它用于岸坡平缓或宽广滩地的平原河道上。若当地有老河道可利用或工程修建在弯道上，采用明渠导流比较经济合理。明渠导流示意图如图2-1-2所示。

1）布置原则。泄量大，工程量小，力求与永久建筑物结合；弯道少，宜避开滑坡、崩塌体及高边坡开挖区；便于布置进入基坑交通道路；进出口与围堰接头满足堰基防冲要求；弯道半径不宜小于3倍明渠底宽，进出口轴线与河道主流方向的夹角宜小于30°，避免泄洪时对上下游沿岸及施工设施产生冲刷。

2）断面设计。明渠底宽、底坡、弯道和进出口高程应使上下游水流衔接良好，满足导流、截流和施工期通航、排冰等要求。导流明渠的防冲、消能设计应安全可靠、经济合理。软基上的明渠宜通过水工模型试验，确定其冲坑形态和深度，采取有效防冲措施。

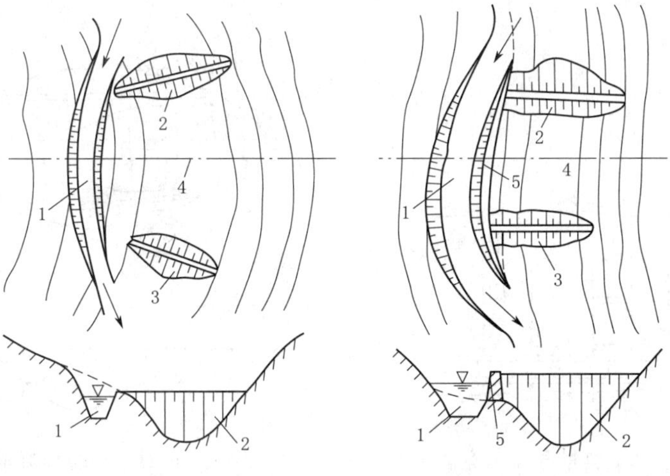

图 2-1-2 明渠导流示意图

1—导流明渠；2—上游围堰；3—下游围堰；4—坝轴线；5—明渠外导水墙

明渠断面尺寸应根据导流设计流量及其允许抗冲流速等条件设计，明渠断面尺寸与上游围堰高度应通过技术经济比较确定。导流明渠断面形式应根据地形地质条件、主体建筑物结构布置和运行要求确定，宜采用梯形断面，并比较不同渠宽、渠深的方案，必要时可采用高低渠复式断面。

明渠结构形式应方便后期截流。可根据地质和水力条件等，经技术经济比较后确定衬砌范围和方式。明渠渠道衬砌厚度应根据衬砌形式、浮托力、渗透压力和脉动压力等因素确定。

大型工程或有通航要求的导流明渠，应通过水工模型试验验证其水力学条件。

(3) 渡槽导流。渡槽导流方式结构简单，但泄流量较小，一般用于流量小、河床窄、导流期短的中小型工程。渡槽导流示意图如图 2-1-3 所示。

(4) 涵管导流。涵管导流一般在修筑土坝、堆石坝中采用，但由于涵管的泄水能力较小，因此一般用于流量较小的河流上或只用来担负枯水期的导流任务。涵管导流示意图如图 2-1-4 所示。

导流涵管轴线宜顺直，其进口要求与导流隧洞（底孔）进口要求相同。涵管内不宜出现明满流交替流态。坝内涵管宜设置在基岩上。位于软基上的涵管，应对管道结构和基础采取加固措施。涵管应分段设置伸缩缝。

2. 分段围堰法

分段围堰法，也称分期围堰导流，就是用围堰将水工建筑物分段分期维护起来进行施工，如图 2-1-5 所示。

分段指在空间上用围堰将建筑物分成若干段进行施工。分期是从时间上将导流分为若干时期。导流的分期数和围堰的分段数并不一定相同。导流分期与围堰分段示意图如图 2-1-6 所示。

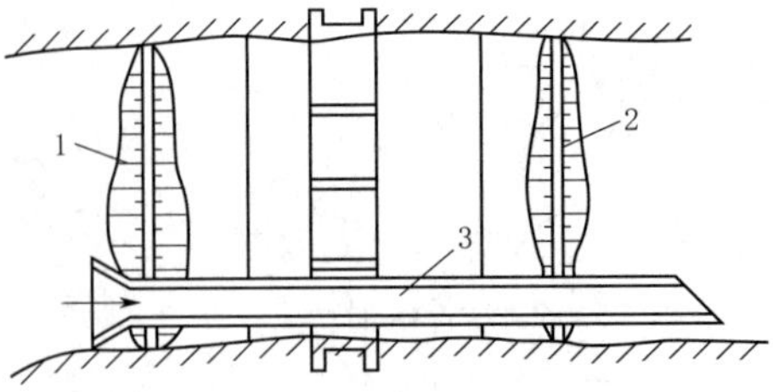

图 2-1-3 渡槽导流示意图

1—上游围堰；2—下游围堰；3—渡槽

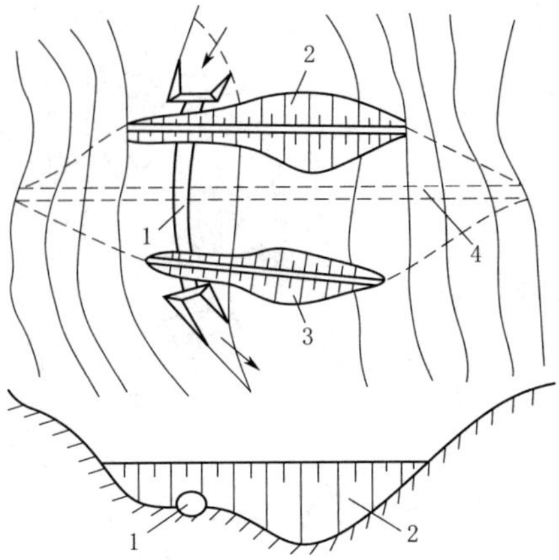

图 2-1-4 涵管导流示意图

1—涵管；2—上游围堰；3—下游围堰；4—土石坝

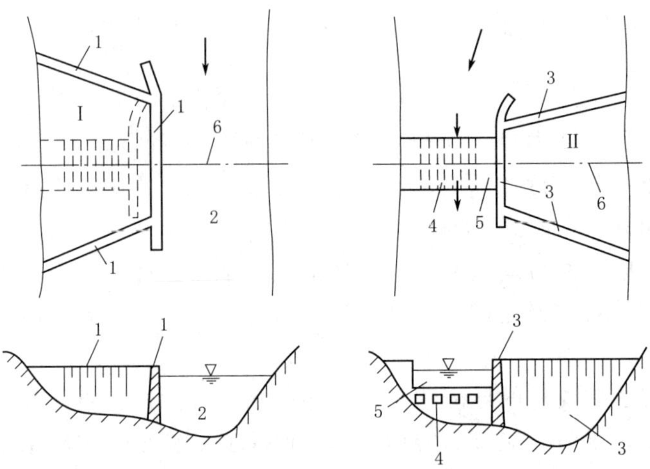

(a) 一期导流（束窄河床导流）　　(b) 二期导流（底孔与缺口导流）

图 2-1-5 分期围堰导流示意图

1—一期围堰；2—束窄河床；3—二期围堰；4—导流底孔；5—坝体缺口；6—坝轴线

分段围堰法前期由束窄的河道导流，后期可利用事先修好的泄水建筑物导流。常用泄水建筑物的类型有底孔、缺口等。分段围堰法导流，一般适用于河流流量大、槽宽、施工工期较长的工程中。

(1) 底孔导流。底孔导流时，应事先在混凝土坝体内修好临时或永久底孔；然后让全部或部分水流通过底孔宣泄至下游。如是临时底孔，应在工程接近完工或需要蓄水时封堵。底孔导流的布置形式如图 2-1-7 所示。

导流底孔的数量、尺寸和高程应满足导截流、坝体度汛、下闸封堵、下游供水和排冰等要求。导流底孔与永久建筑物结合布置时，应同时满足永久和施工期运行的要求。导流底孔回填封堵应采用不低于坝体同部位强度等级的混凝土，并采取措施保证

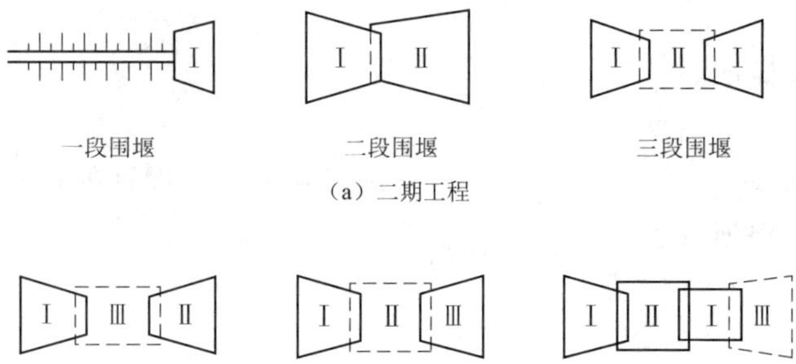

（a）二期工程

（b）三期工程

图 2-1-6 导流分期与围堰分段示意图

Ⅰ、Ⅱ、Ⅲ—施工分期

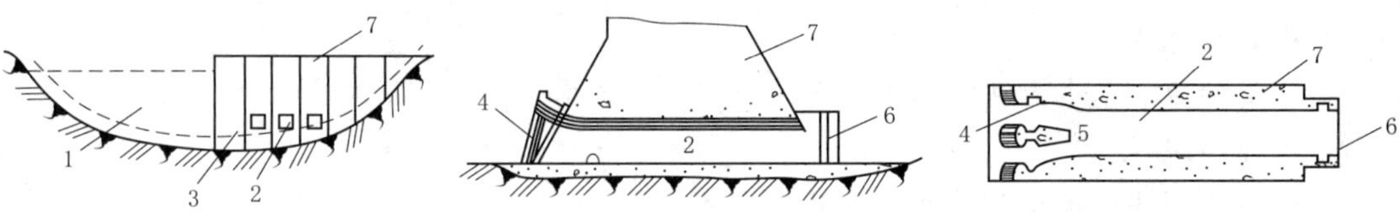

（a）二期施工时下游立视图　（b）孔底纵断面　（c）底孔水平面

图 2-1-7 底孔导流的布置形式

1—二期修建坝体；2—底孔；3—二期纵向围堰；4—封闭闸门门槽；5—中间墩；6—出口封闭门槽；7—已浇筑的混凝土坝体

新老混凝土接合良好。

坝内导流底孔宽度不宜超过该坝段宽度的一半。导流底孔的体形、水流流态和消能方式宜通过水工模型试验确定。当底孔内发生高速水流时，应采取预防空蚀措施。

（2）缺口导流。混凝土坝在施工过程中，为了保证在汛期河流暴涨暴落时能继续施工，可在兴建的坝体上预留缺口宣泄洪峰流量，以保证河道在涨水时能够继续施工，待洪峰过后，上游水位回落再修筑缺口，如图 2-1-8 所示。

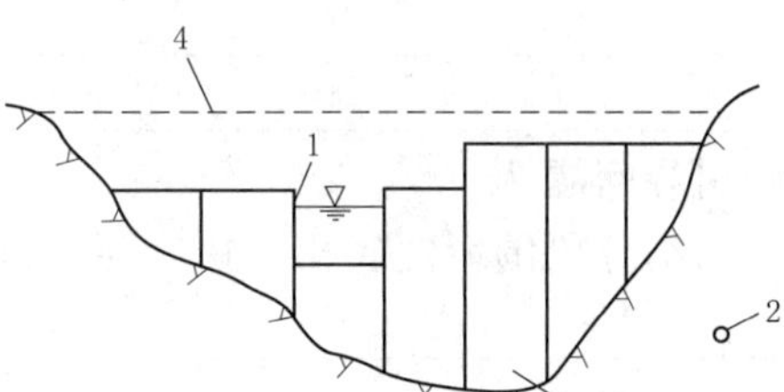

图 2-1-8 坝体缺口过水示意图

1—过水缺口；2—导流隧洞；3—坝体；4—坝顶

坝体泄洪缺口应设在主河床部位，避免下泄水流冲刷岸坡，高坝设置缺口泄洪时，应妥善解决缺口形态，水流流态、下游防冲及过流振动、过流面混凝土防裂等问题，并通过水工模型试验验证。利用未形成溢流面的坝段泄流，可经水工模型试验确定空蚀指数，当空蚀指数小于 0.3 时，应采取掺气措施降低坝面负压值。

▶ 2-1

▶ 2-2

▶ 2-3

▶ 2-4

【任务实施】

（1）施工导流标准。

引导问题1：

导流标准是选择____________________进行施工导流设计的标准。

导流建筑物级别划分为__________级。

（2）导流时段。

引导问题2：

如何选择导流时段？

____

____

____

（3）施工导流方式。

引导问题3：

施工导流的基本方法大体上可分为__________和__________两类。

引导问题4：

全段围堰法导流按其泄水建筑物类型不同可分为__________导流、__________导流、__________导流和__________导流。

引导问题5：

简述全段围堰法导流四种基本方法的布置方式及适用情况。

____

____

____

引导问题6：

简要总结分段围堰法分段分期概念，并画出二段二期导流示意图。

____

____

____

引导问题7：

归纳分段围堰法底孔、缺口导流布置形式及工作特点。

____

____

____

引导问题8：

判断下列两种说法是否正确，并简述理由。

分段围堰法适用于河床宽、流量大、施工期较长的工程，尤其是通航频繁和冰凌严峻的情况。（　　）

底孔和坝体缺口泄流只适用于全段围堰法导流。（　　）

引导问题9：
简述为什么施工导流。

引导问题10：
简述选择施工导流方案时应考虑的主要因素。

【评价反馈】

综 合 评 价 表

项目（ ） 任务（ ）：					
班级		姓名		组号	
评价项目	分值	自我评价得分	小组互评得分	教师评价得分	综合得分
按时出勤	10				
学习准备	10				
学习态度	10				
任务是否按时完成	15				
任务完成准确率	15				
参与讨论主动性	10				
沟通协调能力	10				
语言表达能力	10				
安全、文明、规范施工意识	10				
合 计	100				

任务2 河道截流

【案例背景】

桐子林水电站位于四川省攀枝花市盐边县境内的雅砻江干流上，是雅砻江干流下游梯级最末一级水电站，水电站由河床式发电厂房、泄洪闸及挡水坝等建筑物组成。工程属Ⅱ等大（2）型工程，永久性主要建筑物按2级建筑物设计，次要建筑物按3级设计。桐子林水电站主体工程分二段三期进行施工，右岸明渠导流方式。其中一期工程由一期纵向围堰挡水，通过束窄的左河道过流（汛期右岸明渠基坑也需过流），二期工程由二期围堰挡水，通过右岸导流明渠过流，三期工程由三期围堰挡水，通过河床四孔泄洪闸过流。三期截流戗堤布置在明渠进口处，采用从右岸单向进占的立堵截流方式。

【学习目标】

1. 掌握截流方法及使用范围，根据实际案例确定截流标准、截流时段、截流流量。

2. 能选择截流日期、设计流量，能够根据施工条件选择合适的截流方案。

3. 通过学习截流方法，培养学生严谨认真、积极主动的学习能力。

【任务分组】

学生任务分配表

班级		姓名		学号	
组号		本人任务		指导老师	
其他小组成员					
姓名	学号	任务分工	姓名	学号	任务分工

【任务准备】

在水利水电工程施工导流中，截断原河床水流，把河水引向导流泄水建筑物下泄，从而在河床中围成干地全面开展主体建筑物施工的导流方式称为截流。截流工程包括进占，龙口范围的加固、合龙和闭气等工作，如图2-2-1所示。

一般来说，截流施工的过程为：先在河床的一侧或两侧向河床中填筑截流戗堤，逐步缩窄河床，称为进占。戗堤进占到一定程度，河床束窄，形成流速较大的泄水缺口，称为龙口。为了保障龙口两侧堤端和底部的抗冲稳定，通常采取工程防护措施，如抛投大块石、铅丝笼等，这种防护堤端叫裹头。封堵龙口的工作称为合龙。合龙后，龙口部段及戗堤本身依然漏水，必须戗堤全线设置防渗设施，这一工作叫闭气。

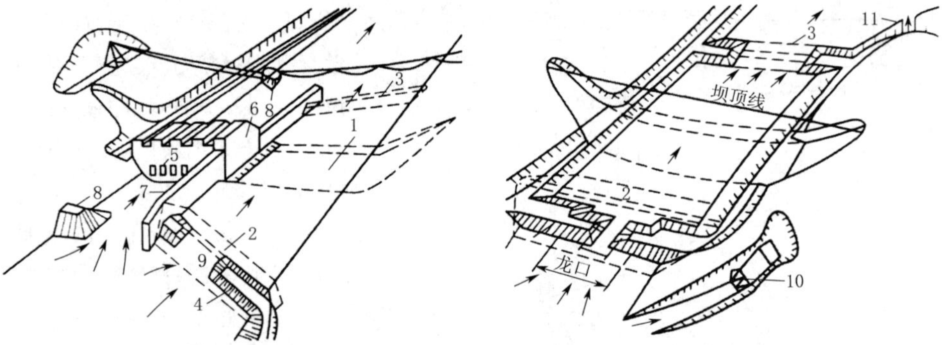

（a）采用分段围堰底孔导流时的布置　　（b）采用全段围堰隧洞导流时的布置

图 2-2-1　截流工程布置示意图

1—大坝基坑；2—上游围堰；3—下游围堰；4—戗堤；5—底孔；6—已浇混凝土坝体；7—二期纵向围墙；8——期围堰的残留部分；9—龙口；10—导流隧洞进口；11—导流隧洞出口

所以，整个截流过程包括戗堤的进占、龙口范围的加固、合龙和闭气等工作。

相关知识点1：截流方法

截流方式可归纳为戗堤法截流和无戗堤法截流两种。戗堤法截流主要有立堵法截流、平堵法截流及混合截流；无戗堤法截流主要有建闸截流、水力冲填截流、定向爆破截流、浮运结构截流等。截流方式根据当地水文气象、地形地质、施工条件以及当地材料等条件确定。其中基本截流方法为平堵法和立堵法，尤以立堵法最为常见。

1. 戗堤法截流

（1）立堵法截流。立堵法截流是指利用自卸汽车配合推土机等机械设备，沿截流戗堤轴线方向，将截流材料从龙口一端或两端向中间抛投进占，逐渐束窄河床，直至全部截断水流，如图 2-2-2 所示。

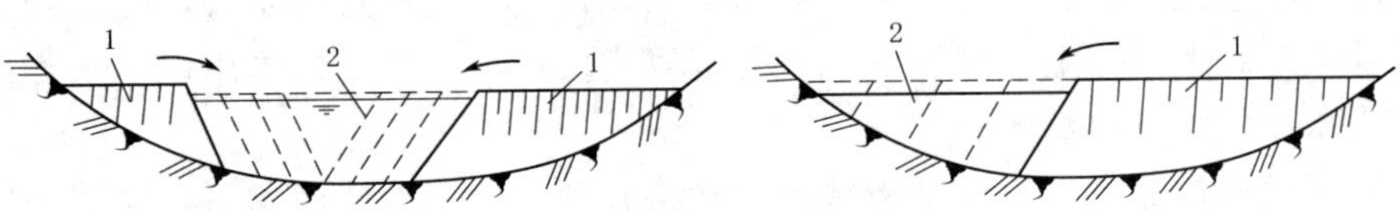

（a）双向进占　　（b）单向进占

图 2-2-2　立堵法截流

1—截流戗堤；2—龙口

立堵法截流不需要在龙口架浮桥或栈桥，准备工作比较简单，费用较低。其一般适用于大流量、岩基或覆盖层较薄的岩基河床，软基河床采取护底措施后使用。

（2）平堵法截流。平堵法截流是指沿戗堤轴线，在龙口处设置浮桥或栈桥，或利用跨河设备如缆机等，沿龙口全线均匀地抛筑戗堤，逐层上升，直至戗堤最后露出水面，河床断流。由于平堵截流过程中龙口宽度未缩窄，故单宽流量在戗堤升高过程中逐步减小，水力学条件良好。但此方式准备工作量大、造价昂贵，如图 2-2-3 所示。

（3）混合截流。混合截流是立堵和平堵相结合的方法，有立平堵法和平立堵法两种。

2. 无戗堤法截流

（1）建闸截流。建闸截流就是在泄水道中预先修建闸墩，并建截流闸分流，降低戗堤水头，待抛石截流后，再下闸截流。该方法在三门峡和乌江渡工程中成功采用，该法可克服 7m 以上的截流落差，虽然建闸截流可以减小戗堤进占时的落差，待进占合龙后再下闸截流，但这种方法需具备建造截流闸的地形地质条件。

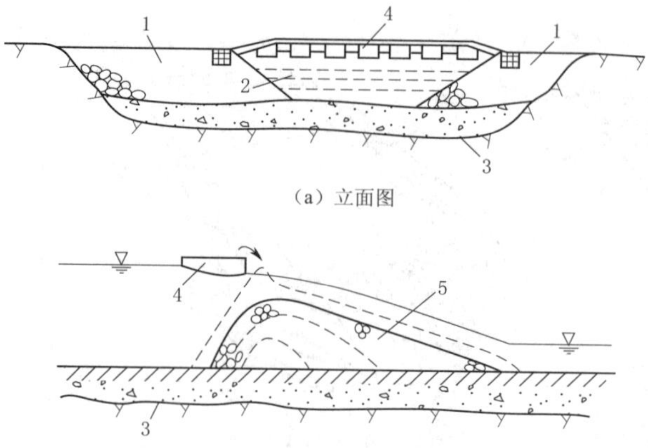

（a）立面图

（b）剖面图

图 2-2-3 平堵法截流

1—截流戗堤；2—龙口；3—覆盖层；4—浮桥；5—截流体

（2）水力冲填截流。河流在某种流量下有一定的挟沙能力，当水流含沙量远大于该挟沙能力时，粗颗粒泥沙将沉淀在河底进行冲填。基于这一原理，冲填开始时，大颗粒泥沙首先沉淀，而小颗粒则冲至其下游侧逐渐沉落。随着冲填的进展，上游水位逐步壅高，部分流量通过泄水通道下泄。随着河床过水断面的缩窄，某些颗粒逐渐达到抗冲极限值，一部分土体仍向下游移动，结果使戗堤下游坡继续向下游扩展，一直到冲填体表面摩阻造成上游水位更大的壅高，而迫使更多流量流向泄水通道，围堰坡脚才不再扩展，而在高度方向急剧增长，直至露出水面。

（3）定向爆破截流。在坝址处于峡谷地区、岩石坚硬、岸坡陡峻、交通不便或缺乏运输设备时，可采用定向爆破截流。利用定向爆破，将大量岩石抛入河道预定地点，瞬时截断水流。在合龙时，为了瞬间抛入龙口大量材料封闭龙口，除了用定向爆破岩石外，还可在河床上预先浇筑巨大的混凝土块体，将其支撑体用爆破法炸断，使块体落入水中，将龙口封闭。

（4）浮运结构截流。浮运结构截流就是将各种浮运结构拖至龙口，在埽捆、柴排护底下，装载置砂料，充水使其沉没水中，一次截断水流。其后进一步发展浮运结构成为封闭式钢筋混凝土浮箱，在浮箱之间留出缺口形成“梳齿孔”过流，由于缩窄龙口水流不大，浮箱容易沉放，最后，将缺口闸阀放下，即可达到截断水流的目的。截流用浮运结构包括旧驳船、钢筋混凝土等箱型结构。木笼也是一种浮运结构，我国新安江水电站曾采用这种方式截流。

▶ 2-5

浮运结构截流的优点是成戗断面较小，用料较少；缺点是制作需大型设备，耗用钢材（钢缆和金属闸门）多，造价高，护底标准高，基床面要求平整，施工也受气候、水文等条件影响。

▶ 2-6

相关知识点 2：截流时段和截流设计流量

1. 截流时段

截流时段的选择，既关系到截流流量的确定，又影响整个工程的施工部署。选择截流时段应遵循以下原则：

（1）截流时段宜选在枯水期河道较小流量时段。全面考虑河道水文特性和截流前后应完成的各项控制性工程要求，综合权衡分流建筑物、截流及围堰施工难度，合理利用枯水期，以选择最优的截流时段。

（2）截流时段的选择应考虑围堰施工工期，确保围堰安全度汛。通常，大流量河道围堰工程量较大，为满足围堰施工工期要求，宜将河道截流时段选择在枯水期前段，但需研究落实分流建筑物施工方案，尤其是分流建筑物引水渠进口处预留的围堰及其下压的石埂开挖措施。

（3）截流时段的选择应考虑对河流的综合利用影响最小。对有通航、灌溉、供水等综合利用的河流，截流时段的选择应全面兼顾，使截流对河道综合利用的影响最小。

（4）有冰情的河道截流时段不宜在冰凌期。我国北方河流有冰凌期，河道截流时段应避开流冰及封冻期，以利于截流及闭气施工。

2. 截流设计流量

截流标准即截流设计所取的流量标准，应根据截流时间和截流重要性综合考虑。

截流流量标准应符合《水电工程施工组织设计规范》（DL/T 5397—2007）的有关规定，并兼顾工程规模和水文特点，宜在截流时段 5～10 年重现期的旬平均流量或月平均流量标准内选择，也可用实测系列分析方法或预报方法分析确定。

相关知识点 3：截流戗堤布置

截流戗堤轴线宜结合围堰布置、河床和两岸地形地质、交通条件、围堰防渗、主流流向、通航要求等因素综合分析选定。截流戗堤宜为围堰堰体组成部分。

截流戗堤布置时，应考虑与围堰防渗体的关系，防止截流合龙时戗堤进占抛投材料流失进入防渗体部位；截流戗堤宜布置在防渗体下游侧。

截流戗堤宽度应根据抛投强度、行车密度和抛投方式确定，宜取 10～25m；为提高抛投强度或实施宽戗截流时，可适当加宽。

截流戗堤顶高程应考虑整个进占过程中不受洪水漫溢和冲刷，可按表 2-1-2 中相应导流建筑物级别降低一级，取其当月洪峰流量对应的上游静水位加超高 0.5～1.0m 控制。

相关知识点 4：龙口位置和宽度

龙口位置的选择，与截流工作顺利与否有密切关系。选择龙口位置时要考虑下述技术要求。

（1）龙口应设置在河床主流部位，方向力求与主流顺直，使截流前河水能较顺畅地经由龙口下泄。但有时也可以将龙口设置在河滩上，此时，为了使截流时的水流平顺，应在龙口上、下游顺河流流势，按流量大小开挖引河。龙口设在河滩上时，一些准备工作就不必在深水中进行，这对确保施工进度和施工质量均较为有利。

(2) 龙口应选择在耐冲刷的河床上，以免截流时因流速增大，引起过分冲刷。如果龙口段河床覆盖层较薄，则应清除；否则，应进行护底防冲。

(3) 龙口附近应有较宽阔的场地，以便布置截流运输路线和制作、堆放截流材料。

原则上龙口宽度应尽可能窄些，这样可以减少合龙工程量，缩短截流延续时间，但以不引起龙口及其下游河床的冲刷为限。为了提高龙口的抗冲能力，保证戗堤安全，必要时须对龙口加以保护，龙口的保护包括护底和裹头。护底一般采用抛石、沉排、竹笼、柴石枕等。

龙口宽度的设计，一方面可根据相应的流量设计及龙口的抗冲流速计算确定；另一方面需考虑有无通航要求，若在通航河道上，当截流准备期通航设施尚未投入运用时，船只仍需在截流前由龙口通过。这时龙口宽度便不能太小，流速也不能太大，以免影响航运。

相关知识点5：截流材料

1. 截流材料类型

截流材料的选择，主要取决于截流时可能发生的流速及工地开挖、起重、运输设备的能力，一般应尽可能就地取材。

截流抛投材料主要有块石、石串等，当截流水利条件较差时，还需采用人工块体，一般有四面体、六面体等，如图2-2-4所示。

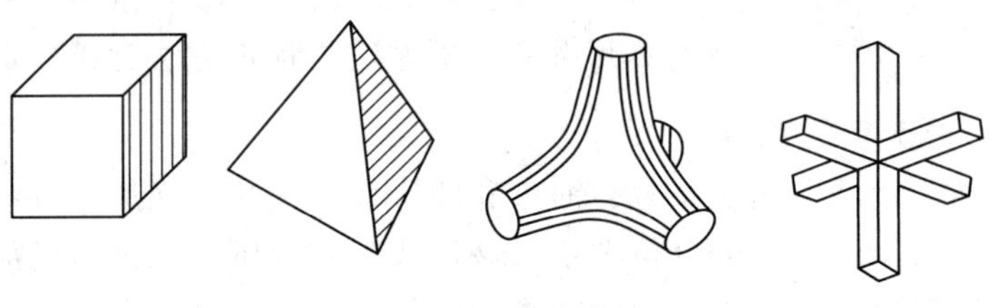

(a) 混凝土六面体　(b) 混凝土四面体　(c) 混凝土四脚体　(d) 钢筋混凝土构架

图2-2-4　截流抛投材料

截流抛投材料选择原则如下：

(1) 预进占段填筑料尽可能利用开挖渣料和当地天然料。

(2) 龙口段抛投的大块石、石串或混凝土四面体等人工制备材料数量应慎重研究确定。

(3) 截流备料总量应根据截流料物堆存、运输条件、可能流失量及戗堤沉陷等因素综合分析，并留适当备用。

(4) 戗堤抛投物应具有较强的透水能力，且易于起吊运输。

2. 截流材料尺寸

合理选择截流材料的尺寸和重量，对于截流成败和截流费用的节省有很大意义。截流材料尺寸或重量取决于龙口流速。不同截流材料的适用流速如表2-2-1所示。

表 2-2-1　　不同截流材料的适用流速　　单位：m/s

截流材料	适用流速	截流材料	适用流速
土料	0.5～0.7	ϕ0.8m×6m 装石竹笼	3.5～4.0
20～30kg 块石	0.8～1.0	3000kg 重大石块或铅丝笼	3.5
50～70kg 块石	1.2～1.3	5000kg 重大石块或铅丝笼	4.5～5.5
袋土	1.5	12000～15000kg 混凝土四面体	7.2
ϕ0.5m×2m 装石竹笼	2.0	ϕ1.0m×15m 柴石枕	7～8
ϕ0.6m×4m 装石竹笼	2.5～3.0		

3. 截流材料备料量

确保截流工程安全顺利，经济合理，正确计算截流材料的备用量十分必要。截流材料备料量按设计的戗堤体积为准，再考虑堆存、运输中损失，水流冲失，戗堤沉陷以及可能发生比设计更坏的水力条件而预留的备用量等。

相关知识点6：截流进占程序及抛投材料

非龙口段进占程序宜遵守下列原则：对通航河道，应妥善解决戗堤进占施工与航运的矛盾；控制束窄口门的落差和流速，减少覆盖层冲刷及戗堤抛投材料的流失量。可控制束窄口门流速不大于 4m/s，落差不大于 1m。

根据合龙过程中不同宽度口门流速、落差等水力学指标，龙口段可划分为 3～4 个施工区段。

截流抛投材料应按下列原则选择：非龙口段及预进占段抛投材料宜利用开挖渣料和当地天然料；截流备料总量可根据截流料物堆存条件、运输条件、可能流失量及戗堤沉陷等因素综合分析，并留适当备用量，备用系数可取 1.2～1.3；龙口段重大抛投材料数量应考虑一定备用，备用系数宜取 1.2～1.3；重大抛投材料应考虑易于起吊运输。

截流戗堤非龙口段进占抛投材料重量可按进占时段重现期 5～10 年一遇月或旬平均流量相应的流速值计算确定；并用当月相应重现期洪峰流量的流速值复核戗堤裹头的抗冲稳定性，重现期标准可按表 2-1-2 中相应导流建筑物级别降低一级选用。

截流戗堤进占抛投材料数量应按戗堤设计断面计算，并考虑一定的流失量；戗堤断面范围内河床覆盖层未护底时还应考虑一定的冲刷量。

相关知识点7：减小截流难度的技术措施

截流工程是整个水利枢纽施工的关键，它的成败直接影响工程进度快慢。截流工程的难易程度取决于河道流量、泄水条件、龙口的落差及流速、地形地质条件、材料供应情况及施工方法、施工设备等因素。

减小截流难度的主要技术措施包括：加大分流量，改善分流条件；改善龙口水力条件；增大抛投料的稳定性，减少块料流失；加大截流施工强度，加快施工速度。

1. 加大分流量，改善分流条件

分流条件好坏直接影响到截流过程中龙口的流量、落差和流速。分流条件好，截流容易；反之就困难。改善分流条件的主要措施有：

(1) 合理确定导流建筑物尺寸、断面形式和底高程。导流建筑物不仅要满足导流要求，而且应满足截流的需要。

(2) 确保泄水建筑物上下游引渠开挖和上下游围堰拆除的质量。这是改善分流条件的关键环节。不然泄水建筑物虽然尺寸很大，但分流却受上下游引渠或上下游围堰残留部分控制，泄水能力受到限制，增加截流工作的难度。

(3) 在永久性泄水建筑物泄流能力不足时，可以专门修建截流分水闸或其他形式泄水道帮助分流，待截流完成后，借助闸门封堵泄水闸，最后完成截流任务。

(4) 提升截流建筑物的泄水能力。当采用木笼、钢板桩格型围堰时，可以间隔距离安放木笼或钢板桩格体，在其中间孔口宣泄河水，然后以闸板截断中间孔口，完成截流任务。另外，可以在进占戗堤中埋设泄水管帮助泄水，或者采用抛投构架块体增大戗堤的渗流量等办法减小龙口溢流量和溢流落差，从而减轻截流的困难程度。

2. 改善龙口水力条件

龙口水力条件是影响截流的重要因素，改善龙口水力条件的措施有双戗截流、三戗截流、宽戗截流、平抛垫底等。

(1) 双戗截流。双戗截流采取上下游二道戗堤，协同进行截流，以分担落差，通常采取上下戗堤立堵。常见的进占方式有上下戗轮换进占、双戗固定进占和以上两种进占方式混合使用。

双戗进占具有分摊落差，降低截流难度，便于就地取材，避免使用或少使用大块料、工块料的优点。但双戗施工组织较单戗截流复杂；戗堤进度要求严格，指挥不易；软基截流，若双线进占龙口均要求护底，则大大增加了护底的工程量；在通航河道，船只要经过两个龙口，困难较多，因此双戗截流应谨慎采用。

(2) 三戗截流。三戗截流是利用第三戗堤分担落差，在更大的落差下用来完成截流任务。

(3) 宽戗截流。宽戗截流是增大戗堤宽度，以分散水流落差，从而改善龙口水流条件。

(4) 平抛垫底。对于水位较深、流量较大、河床基础覆盖层较厚的河道，常采取在龙口部位一定范围抛投适宜填料，抬高河床底部高程的措施，以降低截流抛投强度，降低龙口流速，达到降低截流难度的目的。

3. 增大抛投料的稳定性，减少块料流失

增大抛投料的稳定性、减少块料流失的主要措施有采用特大块石、葡萄串石、钢构架石笼、混凝土块体等来提高抛投体的本身稳定性。也可在龙口下游平行于戗堤轴线设置一排拦石坎来保证抛投料的稳定，防止抛投料的流失。

4. 加大截流施工强度，加快施工速度

加大截流施工强度、加快施工速度，可减小龙口的流量和落差，起到降低截流难度的作用，并可减少抛投料的流失。加大截流施工强度的主要措施有加大材料供应量、改进施工方法、增加施工设备投入等。

【任务实施】

(1) 截流方法。

引导问题1:

截流方式可分为__________和__________两类。

引导问题2:

戗堤法截流可分为__________、__________、__________。

引导问题3:

比较平堵法、立堵法工作过程及适用情况。

____

____

____

____

引导问题4:

无戗堤法截流分为__________、__________、__________、__________。

(2) 截流时段和截流设计流量。

引导问题5:

截流时段如何选择?

____

____

____

引导问题6:

截流时段宜选在__________期河道较__________流量时段。

引导问题7:

根据《____________________》(SL 303—2017) 的规定,截流标准可采用截流时段重现期__________年的月或旬平均流量。

(3) 龙口位置和宽度。

引导问题8:

龙口位置如何选择?

____

____

____

(4) 截流材料。

引导问题9:

简述影响截流材料选择的因素。

____

____

____

引导问题 10：

为什么要预留备用量？

(5) 减小截流难度的技术措施。

引导问题 11：

为什么要减小截流难度？

引导问题 12：

简述减小截流难度的措施。

【评价反馈】

综合评价表

项目（　　）　　　任务（　　）：					
班级		姓名		组号	
评价项目	分值	自我评价得分	小组互评得分	教师评价得分	综合得分
按时出勤	10				
学习准备	10				
学习态度	10				
任务是否按时完成	15				
任务完成准确率	15				
参与讨论主动性	10				
沟通协调能力	10				
语言表达能力	10				
安全、文明、规范施工意识	10				
合　计	100				

任务3　施　工　围　堰

【案例背景】

乌东德水电站位于云南省禄劝县和四川省会东县交界的金沙江干流上，是中国第四、世界第七大水电站，是党的十八大以来我国开工建设并投产的首个千万千瓦级世界级巨型水电站，以发电为主，兼顾防洪、航运和促进地方经济社会发展。

乌东德水电站围堰工程是一个与洪水赛跑的重要防汛施工项目，具有施工项目多、交叉干扰大、质量标准高等特点。乌东德水电站河床围堰设计为3级挡水建筑物，挡水标准按50年一遇洪水设计。围堰工程为土石结构形式，主要施工项目包括围堰防渗体系施工和堰体填筑两方面，其中围堰防渗体系由混凝土防渗墙和墙上复合土工膜组成。乌东德围堰防渗墙最大深度91m，是目前国内最深围堰防渗墙，上下游堰顶分别为高程873m和847m。

【学习目标】

1. 了解围堰的形式与构造，理解围堰施工及拆除过程。
2. 能根据工程情况选择围堰形式并指导施工。
3. 通过对围堰形式及构造的学习，培养学生严谨认真的工作态度。

【任务分组】

学生任务分配表

班级		姓名		学号	
组号		本人任务		指导老师	
其他小组成员					
姓名	学号	任务分工	姓名	学号	任务分工

【任务准备】

围堰是导流工程中的临时挡水建筑物，用来围护施工基坑，保证水工建筑物能在干地施工。在导流任务完成以后，如果围堰对永久建筑物的运行有妨碍或没有考虑作为永久建筑物的一部分，应予拆除。

围堰布置应综合考虑地形、地质条件、泄流、防冲、通航、施工总布置等要求。与永久建筑物结合的围堰，应满足永久运用要求。3级和失事后果较严重的4级围堰，应进行安全监测设计。

围堰形式选择应遵守下列原则：安全可靠，能满足稳定、防渗、防冲要求；优先利用当地材料及开挖渣料；围堰防渗体便于与基础、岸坡或已有建筑物连接；在预定施工期内修筑到需要的断面及高程，能满足施工进度要求；与堰基地形、地质条件相适应；具有良好的技术经济指标。

按其所使用的材料，围堰可分为土石围堰、混凝土围堰、钢板桩格形围堰、草土围堰等；按围堰与水流方向的相对位置，围堰可分为横向围堰和纵向围堰；按施工时段，围堰可分为枯水期挡水围堰和全年挡水围堰；按导流期间基坑淹没条件，围堰可分为过水围堰和不过水围堰。过水围堰除需要满足一般围堰的基本要求外，还要满足堰顶过水的专门要求。

相关知识点 1：围堰的基本形式和构造

1. 土石围堰

土石围堰充分利用当地材料，对地基适应性强，施工工艺简单，应优先选用。

(1) 不过水土石围堰。

1) 断面形式与构造。绝大多数土石围堰需要在水下施工，如图 2-3-1 所示。材料不能有效压实，重度较小，边坡较缓。特别是水下抛填防渗土料，边坡很缓，这与水深和土料性质有关。为了既满足防渗要求，又能使堰体断面小，施工方便，国内外许多工程积累了宝贵的经验。

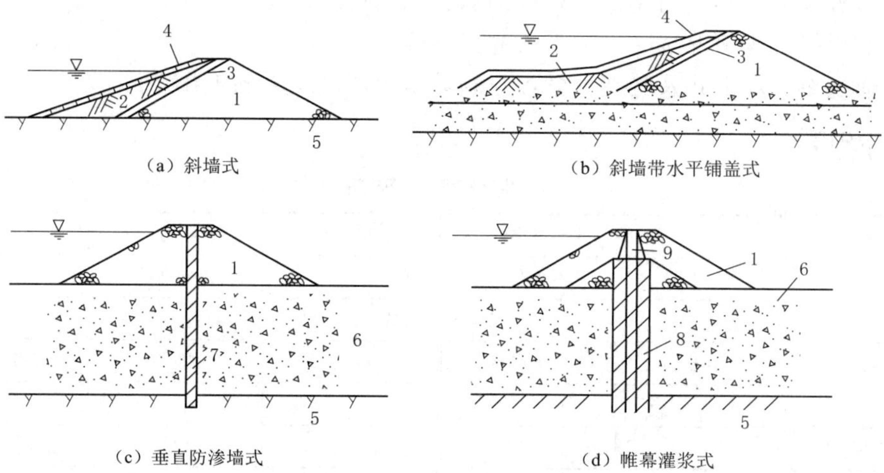

(a) 斜墙式　(b) 斜墙带水平铺盖式　(c) 垂直防渗墙式　(d) 帷幕灌浆式

图 2-3-1　不过水土石围堰

1—堆石体；2—黏土斜墙铺盖；3—反滤层；4—护面；5—隔水层；6—覆盖层；7—垂直防渗墙；8—灌浆帷幕；9—黏土心墙

斜墙式适用于岩基河床，且当地有足够数量的渗透系数小于 10^{-4}cm/s 的防渗料的情况。

斜墙带水平铺盖式适用于覆盖层厚度不大且当地有足够数量的渗透系数小于 10^{-4}cm/s 的防渗料的情况。

垂直防渗墙式适用于当地防渗料不足或覆盖层较厚的情况。

帷幕灌浆式适用于当地防渗料不足或覆盖层较厚的情况。

实际采用的围堰断面形式远比土石坝复杂，即不可能那样单一或标准化。其特点是围堰施工工期十分紧迫，为了加快施工进度并降低造价的要求所决定的。

2）土石围堰的接头处理。土石围堰与岸坡的接头和土石坝相仿，主要是通过扩大接触面和嵌入岸坡的方法，以延长塑性防渗体的接触，防止集中破坏。

土石围堰与泄水道接头处，宜适当加长导水墙或设丁坝将主流挑离围堰，防止水流冲刷堰基。

3）土石围堰的拆除。围堰拆除工作，一般是在运用期的最后一个汛期过后，随上游水位的下降，逐层拆除围堰背水坡和水上部分。在拆除过程中，必须使围堰的残留断面能继续挡水，并维持稳定，以免发生事故使基坑过早淹没，影响施工，一般土石围堰的拆除可用挖土机开挖、爆破开挖或人工开挖。

围堰的最后拆除工作通常是在枯水期进行的，最后残留部分的拆除多用爆破法炸开一缺口。如果围堰是由砂土或其他细粒材料修建的，有可能利用水流的冲刷作用，使该缺口逐渐拓宽，达到最后拆除为止。如果材料不易被水流冲走，可采用长臂杆的索式挖土机，其方法是将挖土机停立在围堰顶上，逐步后退而将缺口拓宽。如果最后残留的堰体是由难以水下拆除的材料组成的，则可能需要用细粒土料修建临时堰埂挡水，变水下拆除为干地拆除，临时堰埂则可用各种方法，包括使用挖泥船拆除。

（2）过水土石围堰。当采用允许基坑淹没的导流方式时，围堰堰体必须允许过水。过水土石围堰的下游坡面及堰脚应采取可靠的加固保护措施。目前采用的有大块石护面、钢筋石笼护面、加筋护面及混凝土板护面等。较普遍的是混凝土板护面，如图 2－3－2 所示。

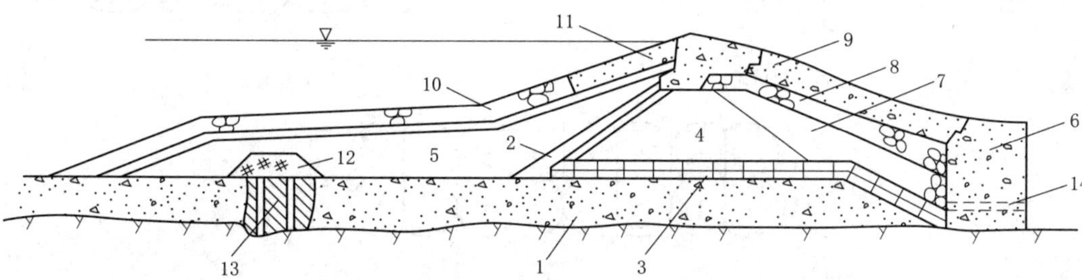

图 2－3－2　混凝土板护面过水土石围堰

1—砂砾石地基；2—反滤层；3—柴排护底；4—堆石体；5—黏土防渗斜墙；6—毛石混凝土挡墙；7—回填块石；8—干砌块石；9、11—混凝土护面板；10—块石护面；12—黏土顶盖；13—水泥灌浆；14—排水孔

2. 混凝土围堰

混凝土围堰抗冲和抗渗能力强，挡水水头高，易于和永久建筑物相衔接，必要时允许过水，应用广泛。

（1）重力式混凝土围堰。分期导流时，重力式混凝土围堰可兼做一期和二期纵向围堰，两侧均能挡水，还可以做永久建筑物组成部分。混凝土围堰断面如图 2－3－3 所示。

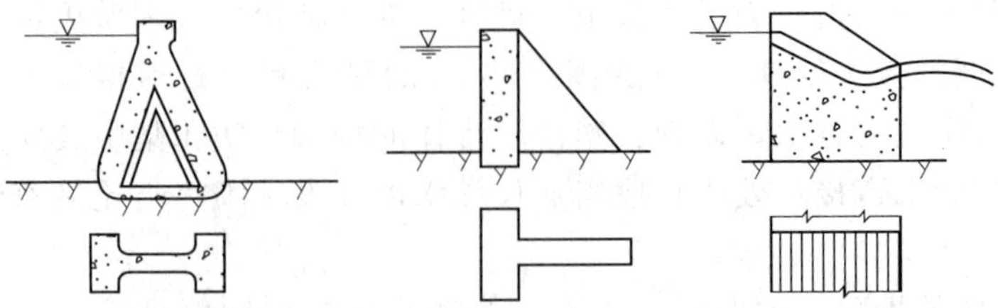

（a）双向挡水支墩式　（b）撑墙式　（c）溢流重力式

图 2－3－3　混凝土围堰断面

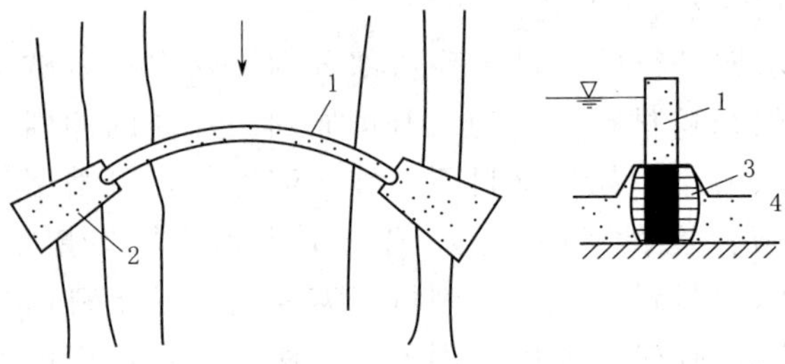

（a）平面图　（b）横断面图

图 2－3－4　拱形混凝土围堰

1—拱身；2—拱座；3—灌浆帷幕；4—覆盖层

（2）拱形混凝土围堰。拱形混凝土围堰适用在两岸陡峭、岩石坚硬的山区河流上，如图 2－3－4 所示。

3. 钢板桩格形围堰

钢板桩格形围堰是由一系列彼此相接的格体构成的，按格体形状分为圆筒形、扇形、花瓣形三种形式（图 2－3－5）。

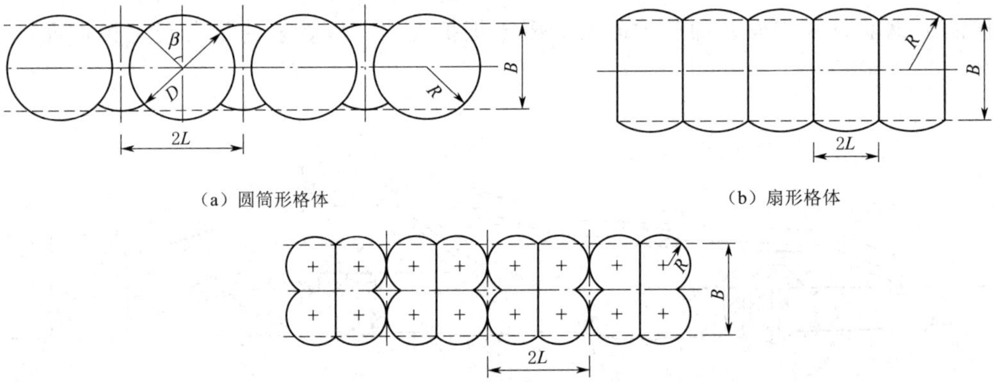

（a）圆筒形格体　（b）扇形格体

（c）花瓣形格体

图 2－3－5　钢板桩格形围堰的平面形式

4. 草土围堰

草土围堰是以麦草、稻草和土料为主要材料构筑的临时性挡水施工围堰，如图 2－3－6 所示。草土具有就地取材、施工方便、拆除容易、适应河床变形、防渗性能好（尤其是在高含沙河流中）等优点。

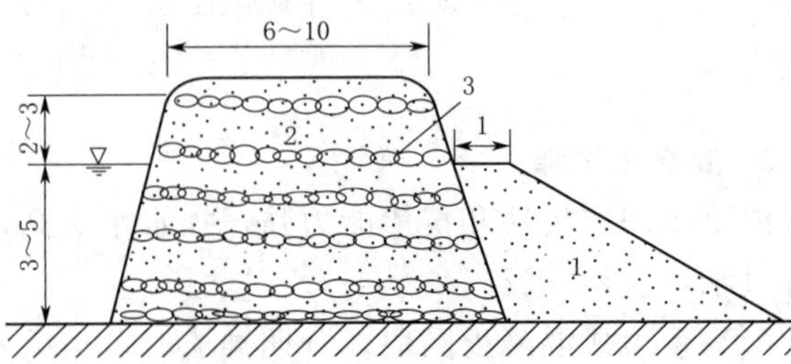

图 2－3－6　草土围堰断面（单位：m）

1—戗土；2—土料；3—草捆

草土围堰可以在流水中施工，有散草法、捆草法和埽捆法等方法，一般适用于水深6～8m，流速低于3.5m/s的流水中。其沉陷量较大、草料易腐朽，使用时间一般不超过2年。图2-3-7为草土围堰施工示意图。

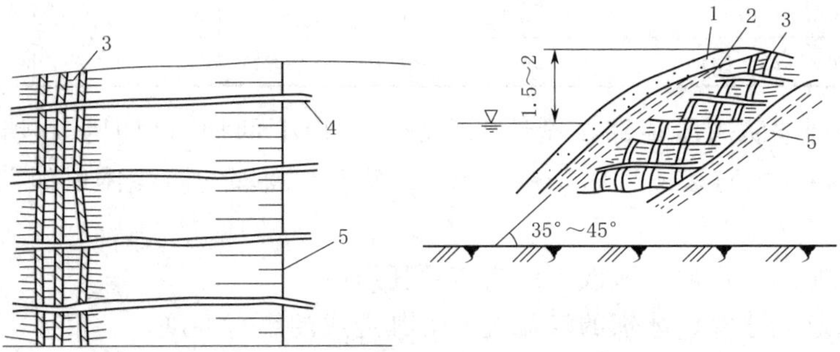

(a) 围堰进占平面图　　(b) 围堰进占纵断面图

图2-3-7　草土围堰施工示意图（单位：m）

1—黏土；2—散草；3—草捆；4—草绳；5—河岸线

相关知识点2：围堰稳定安全系数及堰顶高程

1. 围堰稳定安全系数

土石围堰、混凝土围堰与浆砌石围堰的稳定安全系数应满足《水利水电工程施工组织设计规范》(SL 303—2017)，如表2-3-1所示。

表2-3-1　土石围堰边坡稳定安全系数

围堰级别	计算方法	
	瑞典圆弧法	简化毕肖普法
3	≥1.20	≥1.30
4、5	≥1.05	≥1.15

重力式混凝土围堰、浆砌石围堰采用抗剪断公式计算时，安全系数K'应不小于3.0，排水失效时安全系数K'应不小于2.5；按抗剪强度公式计算时安全系数K应不小于1.05。

混凝土拱围堰、浆砌石拱围堰的稳定安全系数及应力控制指标分别参照《混凝土拱坝设计规范》(SL 282—2018)和《砌石坝设计规范》(SL 25—2006)的有关规定选取。

2. 堰顶高程

过水围堰堰顶横河向宜做成两岸高、中间低的断面形式，并对两岸接头采取防护措施，保证过水水流位于主河道，以减少水流对两岸接头及堰后岸坡的冲刷破坏。过水围堰堰顶高程应按静水位加波浪高度确定，不必另加堰顶安全加高值。

不过水围堰堰顶高程和堰顶安全加高值应符合下列规定：

(1) 堰顶高程不低于设计洪水的静水位与波浪高度及堰顶安全加高值之和，其堰顶安全加高不低于表2-3-2中的值。

表 2-3-2 不过水围堰堰顶安全加高下限值

围堰形式	围堰级别/m	
	3	4～5
土石围堰	0.7	0.5
混凝土围坝、浆砌石围堰	0.4	0.3

(2) 土石围堰防渗体顶部在设计洪水静水位以上的加高值时：斜墙式防渗体为0.6～0.8m；心墙式防渗体为0.3～0.6m。3级土石围堰的防渗体顶部宜预留完工后的沉降超高。

(3) 考虑涌浪、折冲水流或下游支流顶托影响。

(4) 可能形成冰塞、冰坝的河流应考虑其造成的壅水高度。

相关知识点3：围堰防渗及基础处理

围堰防渗处理措施应安全可靠、施工方便、造价低、工期短。围堰基础防渗体与堰体防渗体、岸坡或建筑物接头防渗处理应满足渗透稳定的要求。

围堰堰基覆盖层防渗处理宜采用下列方式：

(1) 覆盖层及水深较浅时，可设置临时低围堰抽水开挖齿槽，或在水下开挖齿槽，修建截水墙防渗。截水墙尺寸必须满足防渗料及其与基础接触面的容许渗透比降要求。

(2) 根据覆盖层厚度和组成情况，可比较选用塑性混凝土防渗墙、混凝土防渗墙、高压喷射灌浆、水泥土搅拌防渗墙、自凝灰浆墙、水泥或黏土水泥灌浆、板桩灌注墙、钢板桩等处理方式。优先采用塑性混凝土防渗墙、混凝土防渗墙。

(3) 采用铺盖防渗时，堰基覆盖层渗透系数与铺盖土料渗透系数的比值宜大于50，铺盖土料渗透系数宜小于1×10^{-4}cm/s，铺盖厚度不宜小于2m。

(4) 在满足渗透稳定的条件下，位于深厚覆盖层上的低水头围堰，可采用铺盖或悬挂式防渗形式。

土石围堰堰体防渗包括黏土心墙与斜墙、均质土、复合土工膜等形式，宜优先选用复合土工膜防渗；复合土工膜自身连接、与其他防渗体之间的连接应安全可靠，复合土工膜挡水水头超过35m时应进行论证。

对围堰软弱基础可采取振冲加密、置换、排水固结、反滤围压等加固处理措施。

【任务实施】

(1) 围堰的基本形式和构造。

引导问题1：

围堰按使用的材料不同，可分为________、________、________、________。

围堰按导流期间基坑淹没条件分为__________、__________。

引导问题2：

不过水土石围堰有_________、_________、_________、_________四种形式。

引导问题 3:

简述不过水围堰四种形式的适用条件。

____

____

____

引导问题 4:

简述土石围堰拆除的工作过程。

____

____

____

引导问题 5:

何时采用过水围堰?

____

____

____

引导问题 6:

重力式混凝土围堰断面形式有__________、__________、__________。

(2) 围堰稳定安全系数及堰顶高程。

引导问题 7:

土石围堰、混凝土围堰的稳定安全系数应满足《____________________》要求。

引导问题 8:

过水围堰堰顶横河向宜做成__________、__________的断面形式,并对两岸__________采取防护措施,保证过水水流位于主河道,以减少水流对两岸接头及堰后岸坡的冲刷破坏。

(3) 围堰防渗及基础处理。

引导问题 9:

覆盖层及水深较浅时,如何进行围堰堰基覆盖层防渗处理?

____

____

____

____

引导问题 10:

为什么要进行围堰防渗处理?

____

____

____

____

【评价反馈】

综 合 评 价 表

<table>
<tr><td colspan="6">项目（　　）　　　　任务（　　）：____________________</td></tr>
<tr><td>班级</td><td></td><td>姓名</td><td></td><td>组号</td><td></td></tr>
<tr><td>评价项目</td><td>分值</td><td>自我评价得分</td><td>小组互评得分</td><td>教师评价得分</td><td>综合得分</td></tr>
<tr><td>按时出勤</td><td>10</td><td></td><td></td><td></td><td></td></tr>
<tr><td>学习准备</td><td>10</td><td></td><td></td><td></td><td></td></tr>
<tr><td>学习态度</td><td>10</td><td></td><td></td><td></td><td></td></tr>
<tr><td>任务是否按时完成</td><td>15</td><td></td><td></td><td></td><td></td></tr>
<tr><td>任务完成准确率</td><td>15</td><td></td><td></td><td></td><td></td></tr>
<tr><td>参与讨论主动性</td><td>10</td><td></td><td></td><td></td><td></td></tr>
<tr><td>沟通协调能力</td><td>10</td><td></td><td></td><td></td><td></td></tr>
<tr><td>语言表达能力</td><td>10</td><td></td><td></td><td></td><td></td></tr>
<tr><td>安全、文明、规范施工意识</td><td>10</td><td></td><td></td><td></td><td></td></tr>
<tr><td>合　计</td><td>100</td><td></td><td></td><td></td><td></td></tr>
</table>

任务4 施 工 期 度 汛

【案例背景】

光照水电站位于贵州省关岭、晴隆两县交界的北盘江中游，是北盘江干流梯级的骨干水电站。工程任务以发电为主，结合航运，兼顾其他。水电站属Ⅰ等大（1）型工程，装机4台，总装机容量1040MW，多年平均发电量27.54亿kW·h。水库正常蓄水位745.00m，死水位691.00m，总库容32.45亿m^3，死库容10.98亿m^3，为不完全多年调节水库。枢纽建筑物由碾压混凝土重力坝、右岸引水系统和地面厂房等组成。碾压混凝土重力坝最大坝高200.5m，坝顶长410m。引水系统由岸塔式进水口、2条引水隧洞、2座调压井和4条压力管道组成。地面厂房长146.8m、宽28.1m、高66.55m。

根据工程地形、地质、枢纽和施工布置特点，大坝基坑上下游围堰均按土石过水围堰设计，其中大坝基坑上下游围堰联合运行，土石过水围堰均经过多个汛期洪水考验。

【学习目标】

1. 理解度汛标准及要求。

2. 能够根据防洪度汛工作内容及实际情况制定度汛方案。

3. 引导学生理解施工期度汛的重要性，培养学生规范、严谨的学习态度和施工意识。

【任务分组】

学生任务分配表

班级		姓名		学号	
组号		本人任务		指导老师	
其他小组成员					
姓名	学号	任务分工	姓名	学号	任务分工

【任务准备】

施工期安全度汛是整个水利水电工程施工进度中的一个控制性环节，关系到工程的建设进度与成败，必须慎重对待。目前，我国尚未制订相关标准，各在建水利水电工程施工期度汛方案编制时缺少相应的指导性规范，《水利水电工程施工期度汛方案编制导则》（T/CWEA 6—2019）将为规范施工期度汛方案编制工作提供技术依据。

影响度汛方案的因素较多，主要有以下几个方面：①水文特性；②主体工程的形式与布置；③施工进度；④施工方法。度汛方案是导流方案的组成部分，度汛方案的编制应结合导流方案，根据工程的具体条件，从地形、地质、水文条件及主体建筑物形式、布置、施工总进度要求等方面，进行全面的技术经济比较，选择满足工程施工安全、施工总进度要求、工程投资省、导流工程量小、施工强度均衡的度汛方案。

相关知识点1：度汛标准及措施

1. 度汛标准

度汛标准可根据工程施工进度安排，结合导流方案，按照《水利水电工程等级划分及洪水标准》(SL 252—2017)的相关规定进行选择，但不应低于已批复的初步设计报告中的度汛标准。

(1) 导流建筑物洪水标准应根据建筑物的类型和级别在表2-4-1规定幅度内选择。

表2-4-1 导流建筑物洪水标准划分［重现期(年)］

导流建筑物类型	导流建筑物级别		
	3	4	5
	洪水重现		
土石结构	50～20	20～10	10～5
混凝土、浆砌石结构	20～10	10～5	5～3

(2) 当坝体施工高程超过围堰堰顶高程时，坝体临时度汛洪水标准应根据坝型及坝前拦洪库容按表2-4-2的规定执行。

表2-4-2 坝体施工期临时度汛洪水标准［重现期(年)］

坝型	拦洪库容/亿 m^3			
	≥10.0	<10.0，≥1.0	<1.0，≥0.1	<0.1
土石坝	≥200	200～100	100～50	50～20
混凝土、浆砌石	≥100	100～50	50～20	20～10

(3) 导流泄水建筑物全部封堵后，如永久泄洪建筑物尚未具备设计泄洪能力，坝体度汛洪水标准应在分析坝体施工和运行要求后按表2-4-3的规定执行。汛前坝体上升高度应满足拦洪要求，帷幕灌浆及接缝灌浆高程应满足蓄水要求。

表2-4-3 导流泄水建筑物封堵后坝体度汛洪水标准［重现期(年)］

坝型		大坝级别		
		1	2	3
混凝土坝、浆砌石坝	设计	200～100	100～50	50～20
	校核	500～200	200～100	100～50
土石坝	设计	500～200	200～100	100～50
	校核	1000～500	500～200	200～100

(4) 对于开挖、围填形成的充蓄水库工程，临时导流建筑物的设计洪水标准应选用重现期5～20年的24h洪量，坝体及电站进出水口施工期临时度汛设计洪水标准应

选用重现期 20～100 年的 24h 洪量。

（5）导流泄水建筑物封堵期间，封堵工程进口临时挡水设施的洪水标准应与相应时段的大坝施工期洪水标准一致。封堵工程出口临时挡水设施在施工期内的导流设计标准，可根据工程重要性、失事后果等因素在该时段 5～20 年重现期范围内选定。封堵施工期临近或跨入汛期时，应适当提高标准。

2. 度汛工程措施

（1）工程内建筑物度汛措施。工程区内，结合各建筑物度汛特点、防护条件等采取相应的度汛措施。

1）导流建筑物一般包括导流洞、围堰、导流明渠、泄洪洞、溢流堰、涵闸及坝身各高程孔洞等。导流洞的泄洪能力应满足要求，进出口边坡稳定，进出口堆积物或淤积物不影响导流洞的运行；挡水围堰应满足其挡水要求，过水围堰应满足其过水防冲要求，及时完成围堰过水前的准备工作，并做好围堰的防洪抢险准备；导流明渠除泄洪能力满足要求外，还应对其通航进行管制，不满足通航条件时及时禁航，同时也要做好防汛抢险工作；其他泄洪建筑物如导流底孔、泄洪洞、溢流堰等均应满足其泄洪和其他要求，如涵闸、溢流堰的泄洪调度要求等。

2）道路、桥梁的高程应高于度汛设计洪水对应的水位，其边坡应满足设计要求。对高程不满足要求的道路，应采取临时措施处理，并根据水情预报，进行交通管制。

3）大坝及通航建筑物的边坡一般较高，应及时支护，避免暴雨的破坏，对洪水水位以下的边坡和建筑物，还应满足过流抗冲要求。

大坝挡水度汛时，应复核大坝浇筑高程、灌浆高程，分析大坝挡水安全性；坝顶过流时需提出过水保护措施。

4）水电站应做好地表水的引排、地下通道（岩溶通道、勘探平洞和施工支洞等）的封堵、厂内应急排水措施、进出口边坡保护、进出口下闸挡水等工作。

5）度汛洪水位以下、对建筑物有影响的地下岩溶系统应及时封堵，大坝帷幕灌浆应按时完成。

6）施工场地及其他建筑物（如附属企业的砂石料系统、混凝土拌和楼、金属加工场、营地等）的地面高程高于使用期内最高度汛标准洪水对应的水位，场地排水和边坡稳定满足暴雨强度的要求。

（2）工程区外设施、建筑物度汛措施。由于工程建设使上下游河道水流特性发生明显改变时，应对上下游河道范围内受影响的设施、建筑物等提出度汛措施如下：

1）上游水库回水淹没区度汛。根据《水利水电工程建设征地移民安置规划设计规范》（SL 290—2009）确定淹没区洪水标准，按本工程当年度汛特点和回水计算成果确定淹没范围，对回水淹没区提出安置和处理要求，汛前组织复查和验收。

2）下游河道度汛方案。结合工程泄洪特点，针对下游河道两岸相关设施（如道路、桥梁、圩堤、供电通信设施、岸边构筑物等）防护、河道航运、下游水电工程等提出度汛方案。

3. 度汛非工程措施

度汛领导小组应由建设单位牵头，设计、监理、施工单位参加，组长由建设单位主要负责人担任，建设、设计、监理、施工单位的相关负责人为度汛领导小组成员。同时，明确安全度汛行政责任人、抢险技术责任人、值守巡查责任人。领导小组全面负责度汛工作的安排、检查、验收、协调、督促与管理。

度汛期间，应安排人员24h值班，通信设施24h保持通畅。要在工程区周围明显位置，设立告知牌，明确值班电话联系方式，以方便周围群众发现险情及时报告。

4. 超标准洪水应对措施

超标准洪水应对措施，是指在可能发生超标准洪水时，在进行重大工程险情分析、大坝或围堰溃决分析的基础上，提出的应急抢险措施。

要加强水文预报，建立上、下游河段预警机制，针对可能发生的不同等级的超标准洪水，分别提出在现有防洪工程设施下最大限度减少洪灾损失的措施。

相关知识点2：防洪预测、预警

1. 施工期洪水预报

施工前应全面认真分析流域内水文站网的布置，是否符合施工洪水预报的要求。若不能满足要求，则应考虑增设必要的水文站和雨量站，特别是注意对暴雨中心雨量的监测，加强上游的前哨水文站。另外增设控制性的水情电台网和气象台网也是必要的。

施工防洪度汛，及时掌握水情是战胜洪水的关键。对于需要过水度汛的基坑或坝面，在过水前的撤退、过水后的基坑抽水与恢复，都必须依赖洪水预报。正常的预报能使施工掌握主动，减免损失。因此，进入汛期，要启动切实可行的预报方案。对洪水每天都进行预报，一般枯水期进行中、短期水文预报，汛期则进行短、中、长期水文预报。暴雨对工程施工安全影响较大，对小时降雨大于20mm的暴雨一般都要及时通报各施工单位。

2. 水文复核和分析

在工程施工阶段，由于地形和地质条件变化、施工质量和施工控制差异、工程变更等原因，可能引起河床地形、导流泄水建筑物的泄流能力等变化，因此，工程度汛前应进行水文复核和分析工作。

（1）对库容和导流泄水建筑物有影响的区域河道地形进行复测，修改水库水位-库容曲线，对影响导流泄水建筑物泄水的地形进行必要的修整。

（2）在坝址上下游设水位和水文测站，修正坝址水位-流量关系曲线。

（3）实测导流泄水建筑物泄水能力，修正导流泄水建筑物泄流能力曲线。

库岸滑坡，特别是大型滑坡的可能失稳造成的涌浪对堰前和坝前水位的影响较大，其稳定情况的变化对度汛安排影响较大，故需对其进行监测。

3. 水情、险情监测与巡查

实际工作中，监测、巡查人员应做好记录，并对监测、巡查结果进行分析，发现险情及时向相关单位负责人汇报。必要时现场采取有效措施，防止险情扩大。相关单位负责人接到报告后，应立即组织技术人员分析险情，提出处理意见。

相关知识点3：应急抢险

1. 险情种类

可能发生的险情种类主要有大坝和堤防散浸、管涌、滑坡、跌窝、裂缝、漫溢；溢洪道边坡及导墙不稳、陡坡底板掀起、消能设施冲毁、山体滑坡阻塞、堰体失稳；挡水建筑物（涵闸、泵站等）和输水建筑物（隧洞、涵管等）渗漏、塌陷、堵塞以及启闭机失灵、闸门变形、止水失效等。

2. 险情抢护

险情抢护措施主要包括抢险方案、工程量、抢险人员配备等。

3. 应急启动与结束

当出现前述重大工程险情或其他严重险情时，应立即进行险情抢护，必要时组织人员设备撤离，并上报上级主管单位。当险情消除，可停止险情抢护，恢复正常运行。

4. 人员设备撤离

在安全的前提下，安置地点的选择应以就近、就便为原则，并考虑安置地点的接纳条件。针对人员设备来不及撤离情况采取应急保安措施，如选择地势较高地方躲避洪水，进行自我保护，等待救援。

相关知识点4：后期处理

在应急抢险期间，为了防汛抢险需要，度汛领导小组可协商当地有关部门调用物资、设备、交通运输工具和人力等，事后应当及时归还或者给予适当补偿。

为避免影响后续洪水等造成工程新险情的抢护，防洪抢险物资消耗后，应立即予以补充，应明确物质消耗补充单位、责任人。

一般工程险情经抢护后，可保障工程临时度汛安全。汛后，要按有关规程、规范的要求，进行水毁工程加固设计和建设，确保工程运行安全。应明确水毁工程修复责任单位和责任人。

遭到毁坏的交通、电力、通信等设施，宜协商相关单位尽快组织修复。

方案编制单位应对方案执行情况进行评估，总结经验和不足，并在此基础上进行方案修正和完善。

【任务实施】

（1）度汛标准及措施。

引导问题1：

《____________________》为规范施工期度汛方案编制工作提供技术依据。

度汛标准应符合____________________中有关规定。

引导问题2：

简述度汛工程措施。

____

____

____

引导问题 3：

简述施工场地防洪标准。

（2）防洪预测、预警。

引导问题 4：

施工防洪度汛，及时掌握水情是战胜洪水的关键。如何进行施工期洪水预报？

（3）应急抢险。

引导问题 5：

简述险情抢护措施。

【评价反馈】

综合评价表

项目（　　）　　任务（　　）：______					
班级		姓名		组号	
评价项目	分值	自我评价得分	小组互评得分	教师评价得分	综合得分
按时出勤	10				
学习准备	10				
学习态度	10				
任务是否按时完成	15				
任务完成准确率	15				
参与讨论主动性	10				
沟通协调能力	10				
语言表达能力	10				
安全、文明、规范施工意识	10				
合　计	100				

任务5 基 坑 排 水

【案例背景】

三峡工程二期基坑四周为混凝土纵向围堰、上游土石围堰、下游土石围堰和左岸边坡。基坑占地 63 万 m^2，汇水面积 110 万 m^2，蓄水 840 万 m^3。上游堰顶高程为 87.5m，下游堰顶高程为 81.5m，基坑左右两侧各有一个延伸至 40m 左右标高的漫滩，一条深沟自上而下贯穿整个基坑。

基坑排水采用泵站串联、沉管井等技术措施，以 45d 时间完成高程 40～65m 的限制性抽水，停止抽水 7d 后再以 45d 时间完成高程 20～40m 的初期排水，然后进入经常性排水阶段，并保持基坑干地施工直至工程完工。

【学习目标】

1. 了解施工排水方式及其适应条件。
2. 能根据工程现场条件，选择合理的基坑排水方法及排水设施。
3. 基坑排水直接影响后续施工，引导学生重视施工过程，严把质量关。

【任务分组】

学生任务分配表

班级		姓名		学号	
组号		本人任务		指导老师	
其他小组成员					
姓名	学号	任务分工	姓名	学号	任务分工

【任务准备】

在开挖基坑或沟槽时，土壤的含水层常被切断，地下水将会不断地涌入坑内。雨季施工时，地面水也会流入基坑内。为了保证施工的正常进行，防止边坡坍塌和地基承载力下降，必须做好基坑降水工作。

基坑排水工作按排水时间及性质，一般可分为初期排水和经常性排水两类。初期排水是指在围堰闭气后、基坑开挖前，为保证主体工程干地施工而排除基坑积水、围堰及基坑的渗水和降水；经常性排水是指基坑开挖及建筑物施工过程中，排除围堰和基坑的渗水降水、基岩冲洗及混凝土养护用废水等。初期排水通常考虑设水泵站抽排，经常性排水按排水方法不同分为明沟排水和人工降低地下水位两种。

相关知识点1：初期排水

围堰合龙闭气后，为使主体工程能在干地施工，必须首先排除基坑积水、堰体等，称为初期排水。

1. 初期排水量的计算

初期排水包括基坑积水、围堰及基坑的渗水和降水。在选定排水设备的容量时，需要估算初期排水量大小。根据地质情况、工期长短、施工条件来确定，可按式（2-5-1）估算。

$$Q=KV/T \tag{2-5-1}$$

式中 Q——排水设备容量，m^3/s；

K——积水体积系数，大中型工程采用4～10，小型工程采用2～3；

V——基坑的积水体积，m^3；

T——初期排水时间，s。

初期排水时间 T 主要受基坑水位下降速度的限制。水位下降太快，则围堰或基坑边坡中动水压力变化过大，容易引起塌坡；下降太慢，则影响基坑开挖时间。一般下降速度限制在0.5～1.5m/d以内，对于土围堰取下限值，混凝土围堰取上限值。初期排水时间大型基坑可采用5～7d，中型基坑不超过5d。

2. 水泵的选择和泵站布置

水泵选择应满足泵站设计流量、设计扬程及不同时期排水的要求，宜优先选用卧式离心泵或潜水泵。

排水设备容量按式（2-5-1）估算，并配置备用量。当水泵工作台数在5台以下时，可备用1台；工作台数在5台以上时，按20%备用。确定排水设备容量后，要妥善地布置水泵站。水泵站布置不当，不仅使排水效果降低，甚至水泵运转时间不长又被迫转移，造成人力、物力和时间上的浪费。

一般初期排水可采用固定式或浮动式水泵站。当水泵的吸水高度足够时，固定式水泵站可设在围堰上［图2-5-1（a）］；如果基坑内水深超过吸水高度，需要将水泵站转移至较低高程，可以转移到设置在基坑内较低的固定平台上［图2-5-1（b）］；水泵也可放在沿滑道移动的平台上，用绞车操纵逐步下放［图2-5-1（c）］，或将水泵放在浮船上［图2-5-1（d）］。

相关知识点2：经常性排水

基坑内积水排干后，围堰内外的水位差增大，此时渗透流量相应增大，对围堰内坡、基坑边坡和底部的动水压力加大，容易引起管涌或流土，造成塌坡和基坑底隆起的严重后果。因此在经常性排水期间，应进行周密的排水系统的布置、渗透流量的计算和排水设备的选择，并注意观察围堰的内坡、基坑边坡和基坑底面的变化，保证基坑工作顺利进行。

1. 排水量的估算

经常性排水应分别计算围堰和地基在设计水头渗流量、覆盖层中的含水量、排水时降水量及施工弃水量。其中，降水量按抽水时段最大日降水量在当天抽干计算；施

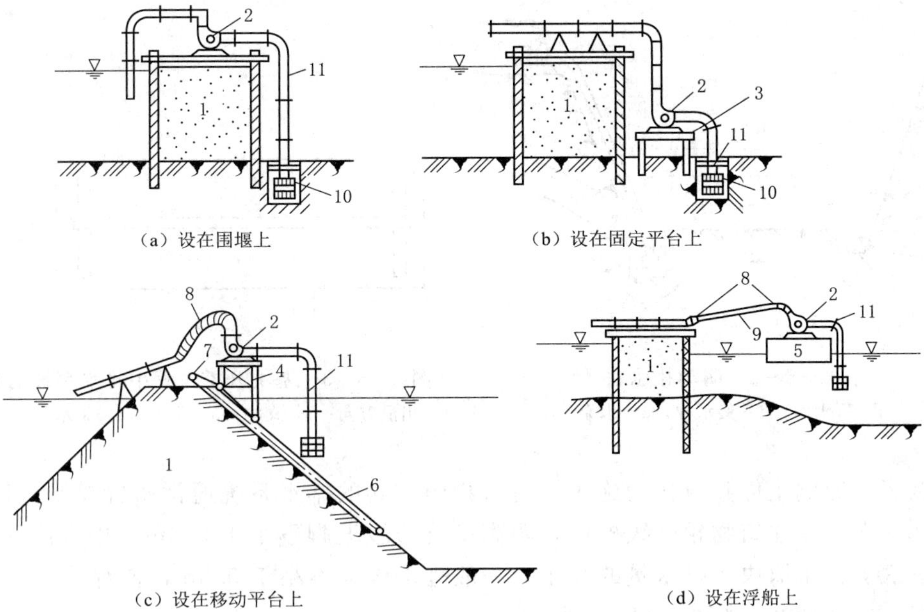

图 2-5-1　水泵站的布置

1—围堰；2—水泵；3—固定平台；4—移动平台；5—浮船；6—滑道；7—绞车；8—橡皮接头；9—铰接桥；10—吸水井；11—吸水管

工弃水量与降水量不应叠加。基坑渗水量包括围堰渗水量和地基渗水量。有关渗水量的计算比较复杂，可参考水力学、水文地质和水工结构等相关论著，在分析围堰形式、防渗形式、堰基情况、地质资料可靠程度、渗流水头等因素的基础上再适当扩大。

2. 排水方法

经常性排水的方法主要取决于基坑的土质条件、地质构造。土质不同、地质构造不同的地下水的渗透系数、渗透流量不同。

排水方法可分为明沟排水和人工降低地下水位两种。渗透系数大的粗颗粒土层适宜用明沟排水；渗透系数小的颗粒土层会使开挖边坡坍塌，宜采用人工降低地下水位。

(1) 明沟排水。明沟排水是指基坑开挖和建筑物施工过程中，通过一系列的排水沟渠，拦截堰体及堰基渗水，并将渗透水流汇集于泵站的集水井，再用泵排出基坑以外，如图 2-5-2 所示。

明沟排水应考虑两种不同的情况：一种是基坑开挖过程中的排水系统布置；另一种是基坑开挖完成后修建建筑物时的排水系统布置。

基坑开挖过程中的排水系统布置，应以不妨碍开挖和运输工作为原则。一般将排水干沟布置在基坑中部，以利两侧出土。随着基坑开挖工作的进展，逐渐加深排水干沟和支沟，通常保持干沟深度为 1.0～1.5m，支沟深度为 0.3～0.5m。集水井多布置在建筑物轮廓线外侧，井底应低于干沟沟底，如图 2-5-3 所示。

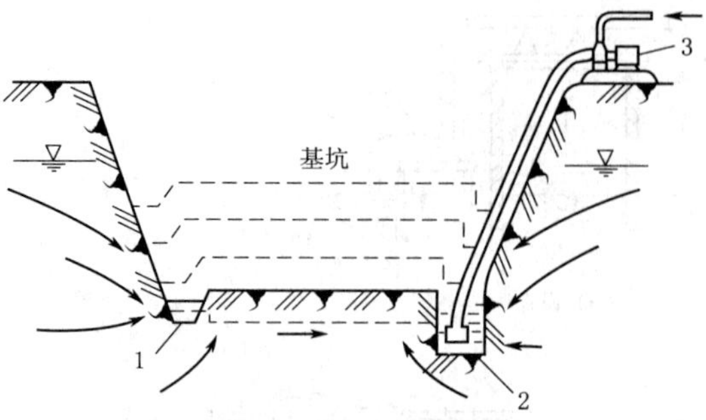

图 2-5-2 明沟排水法

1—排水沟；2—集水井；3—水泵

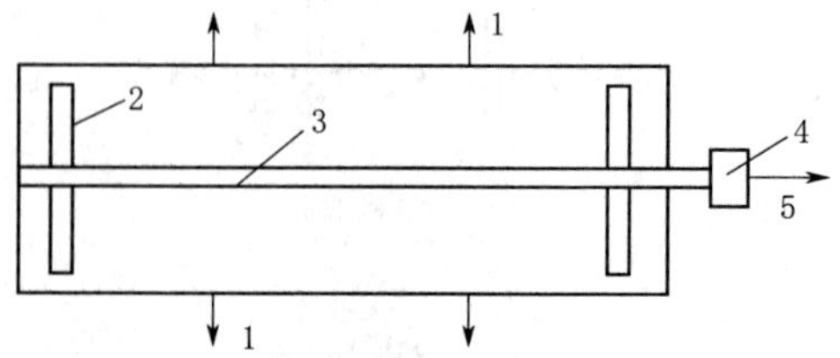

图 2-5-3 基坑开挖过程中排水系统的布置

1—出渣方向；2—支沟；3—干沟；4—集水井；5—抽水

为了不影响主体建筑物的施工，建筑物施工时的排水系统通常布置在基坑四周。排水沟应布置在建筑物轮廓线外侧，距离基坑边坡坡脚不小于 0.3m，排水沟的断面尺寸和底坡大小取决于排水量的大小。一般排水沟宽不小于 0.3m，沟深大于 1.0m，底坡不小于 0.002，如图 2-5-4 所示。

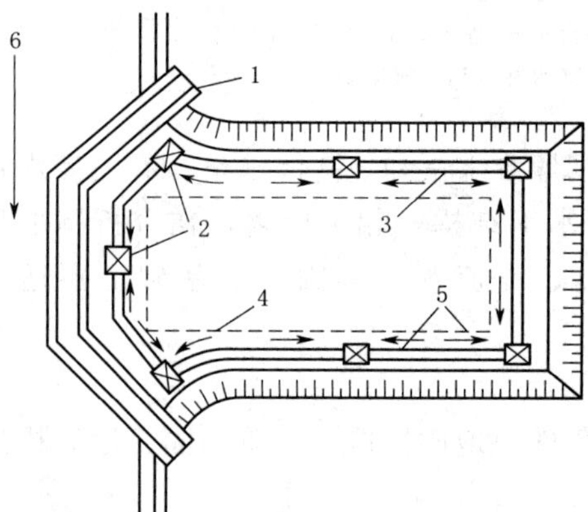

图 2-5-4 修建建筑物时排水系统的布置

1—围堰；2—集水井；3—排水沟；4—建筑物轮廓线；5—沟内水流方向；6—河流

（2）人工降低地下水位。在经常性排水过程中，为了保持基坑开挖工作始终在干地进行，常常要多次降低排水沟和集水井的高程，变换水泵站的位置，影响开挖工作的正常进行。此外，在开挖细砂土、砂壤土一类地基时，随着基坑底面的下降，坑底与地下水位的高差越来越大，在地下水渗透压力作用下，容易产生边坡脱落、坑底隆起等事故，给开挖工作带来不利影响。

而采用人工降低地下水位，则可减轻或避免上述问题。人工降低地下水位的基本做法是在基坑周围钻设一些井管，地下水渗入井管后被随即抽走，使地下水位线到开挖基坑底面以下。

人工降低地下水位的方法按排水工作原理分为管井法和井点法两种。管井法是纯重力作用排水，井点法还附有真空或电渗排水的作用。

1）管井法。管井法降低地下水位时，须先在基坑周围布置一系列管井，管井中放入水泵的吸水管，地下水在重力作用下流入井中，被水泵抽走。管井通常用下沉钢井管，在缺乏钢管时也可用预制混凝土管代替。

井管的下部安装滤水管节（滤头）（图 2-5-5），有时在井管外还需设置反滤层。地下水从滤水管进入井管内，水中的泥沙则沉淀在沉淀管中。滤水管是井管的重要组成部分，其构造对井的出水量和可靠性影响很大，要求过水能力强，进入的泥沙少，有足够的强度和耐久性。

井管通常用射水法下沉，当土层中夹有硬黏土、岩石时，需配合钻机钻孔。射水下沉时，先用高压水冲土，下沉套管，较深时可配合振动或锤击，然后在套管中插入井管，最后在套管与井管的间隙中间填反滤层和拔套管。反滤层每填高一次，便拔一次套管，逐层上拔，直至完成。

管井中抽水可应用各种抽水设备，但主要的是离心式水泵、深井水泵或潜水泵等。

用普通离心式水泵抽水，由于吸水高度的限制，当要求降低地下水位较深时，要分层设置井管，分层进行排水，如图 2-5-6 所示。

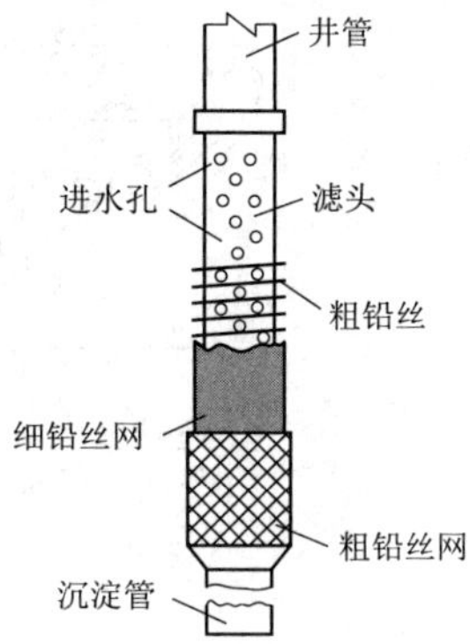

图 2-5-5 管井滤水管节的构造图

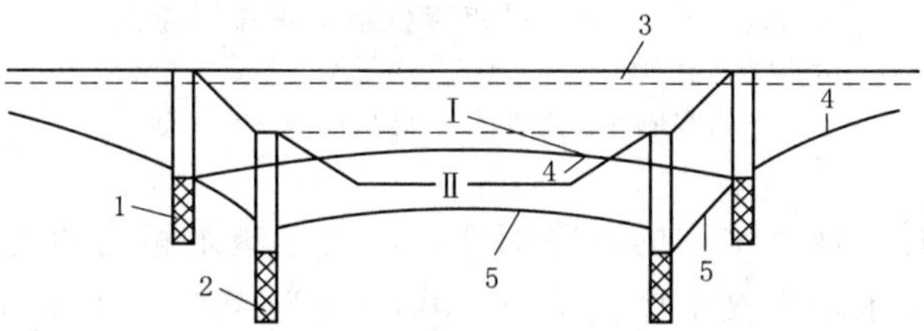

图 2-5-6 分层降低地下水位

Ⅰ—第一层；Ⅱ—第二层；1—第一层管井；2—第二层管井；3—天然地下水位；4—第一层水面降落曲线；5—第二层水面降落曲线

在要求大幅度降低地下水位的深井中抽水时，最好采用专用的离心式深井水泵，每个深井水泵都可独立工作，井的间距也可以加大。深井水泵一般适用深度大于20m，排水效果好，需要井数少。

管井法降低地下水位，一般适用于渗透系数较大的土层。

2）井点法。井点法和管井法不同，它把井管和水泵的吸水管合二为一，简化了井的构造，便于施工。

井点法多用于基坑开挖深度较大、地下水位较高、土质不好的地基，适用于渗透系数 0.1～50m/d 的土壤。其根据降深能力分为轻型井点、喷射井点、电渗井点，最常用的是轻型井点。

a. 轻型井点。轻型井点是由井点管、滤管、集水总管、抽水机组和集水箱等设备组成的排水系统，如图 2-5-7 所示。

井点管一般为直径 38～50mm 的无缝钢管，间距 0.6～1m，最大可达 3m。地下水从井管下端滤水管借真空泵和水泵的抽吸作用流入管内，沿井管上升汇入集水总管，经集水箱，由水泵排出。

轻型井点系统开始工作时，先开动真空泵，排除系统内的空气，待集水箱内的水面上升到一定高度后，再启动水泵排水。水泵开始抽水后，为了保持系统内的真空度，仍需真空泵配合水泵工作。

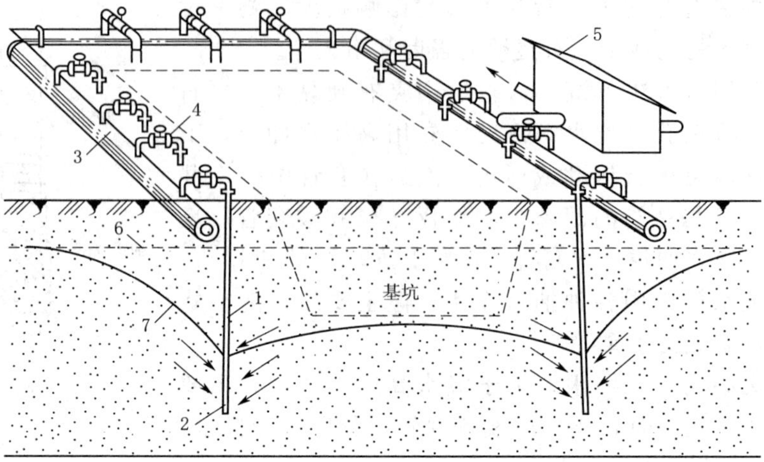

图 2-5-7 轻型井点降低地下水位示意图

1—井点管；2—滤管；3—总管；4—弯联管；5—水泵房；
6—原有地下水位线；7—降低后地下水位线

井点系统排水时，地下水位的下降深度，取决于集水箱内的真空度与管路的漏气和水力损失。一般集水箱内真空度为 53～80kPa（为 400～600mmHg），相应的吸水高度为 5～8m，扣去各种损失后，地下水位的下降深度为 4～5m。

当地下水位降低的深度超过 4m 时，可以像井管一样分层布置井点，每层控制 3～4m，但以不超过 3 层为宜。

b. 喷射井点。喷射井点设备由喷射井管、高压水泵及进水排水管路组成。喷射井管由内管和外管组成，在内管下端设有扬水器与滤管相连。高压水经外管与内管之间的环形空间，并经扬水器侧孔流向喷嘴，由于喷嘴处截面突然缩小，压力水经喷嘴以高的流速喷入混合室，使该室压力下降造成一定的真空。此时，地下水被吸入混合室与压水汇合流经扩散管，沿内管上升经排水总管排出。

喷射井点的排水效率不高，一般适用于渗透系数为 3～50m/d、渗流量不大的场合。当基坑较深而地下水位又较高时，采用多级轻型井点使得工期较长，基坑挖方量大，可改用喷射井点。喷射井点的降水深度可达 8～20m。

c. 电渗井点。电渗井点是以轻型井点或喷射井点的井点管作为阴极，用直径为 25mm 的钢筋或其他金属材料作为阳极，通以直流电，利用土中水在电场作用下的电渗作用，加速地下水向井点管的渗透。

对于渗透系数小于 0.1m/d 的黏土或淤泥中降低地下水位时，采用轻型井点或喷射井点降水效果较差，宜改用电渗井点降水。

【任务实施】

（1）初期排水。

引导问题 1：

施工排水包括排除__________、__________、__________。

引导问题 2：

施工排水方法可分为＿＿＿＿＿和＿＿＿＿＿两类。

引导问题 3：

在基坑开挖深度较大，地下水位较高、土质较差（细砂、粉砂）等情况下，可采用＿＿＿＿＿的方法。

（2）人工降低地下水位。

引导问题 4：

人工降低地下水位的方法按排水原理可分为＿＿＿＿＿、＿＿＿＿＿两种。

引导问题 5：

井点法多用于基坑开挖深度较大、地下水位较高、土质不好的地基，根据其降深能力分为＿＿＿＿＿、＿＿＿＿＿、＿＿＿＿＿、＿＿＿＿＿。

引导问题 6：

简要总结管井法降低地下水位过程，并画出管井法降低地下水位示意图。

引导问题 7：

简要总结井点法降低地下水位过程，并画出井点法降低地下水位示意图。

引导问题 8：

基坑排水的排水量如何计算？

引导问题 9：

基坑经常性排水中，建筑物施工过程中的排水系统如何布置？

【评价反馈】

综 合 评 价 表

项目（ ） 任务（ ）：_____					
班级		姓名		组号	
评价项目	分值	自我评价得分	小组互评得分	教师评价得分	综合得分
按时出勤	10				
学习准备	10				
学习态度	10				
任务是否按时完成	15				
任务完成准确率	15				
参与讨论主动性	10				
沟通协调能力	10				
语言表达能力	10				
安全、文明、规范施工意识	10				
合 计	100				

项目三　土 石 方 工 程

任务1　土石方开挖与运输

【案例背景】

永定河河道治理中，施工单位综合使用了10台推土机、15台反铲挖掘机、4台装载机以及30台自卸汽车进行本施工段的土方挖运。根据提前制定好的施工方案，充分发挥各种施工机械性能，科学高效地完成了本施工段土方施工。

【学习目标】

1. 理解土方平衡调配方法与原则。
2. 掌握土方开挖的常用方法以及相关施工机械工作特点适用范围。
3. 能根据场地特点进行土方工程量的计算。
4. 能根据工程实际情况合理选择施工机械。

【任务分组】

学生任务分配表

班级		姓名		学号	
组号		本人任务		指导老师	
其他小组成员					
姓名	学号	任务分工	姓名	学号	任务分工

【任务准备】

相关知识点1：土石分级

由于土质不同，开挖难易程度不同，施工方法和机械设备的选择应不同，施工单价定额也不同。土壤分类方法很多，水利水电工程根据施工的开挖方法、开挖难易、坚固系数等将土和岩石共分16级，其中Ⅰ～Ⅳ级为土，Ⅴ级以上为岩石（表3-1-1）。

表 3-1-1 土的分级

土的分类	土的等级	土的名称	自然湿重度 /(kN/m³)	开挖方法及工具
一类土（松软土）	Ⅰ	砂土、种植土	16.5～17.5	用锹、锄头挖掘，少许用脚蹬
二类土（普通土）	Ⅱ	壤土、淤泥、含根种植土	17.5～18.5	用锹、锄头挖掘，少许用镐翻松
三类土（坚土）	Ⅲ	黏土、干燥黄土、干淤泥、含少量砾石的黏土	18.0～19.0	主要用镐，少许用锹、锄头挖掘，部分用撬棍
四类土（砂砾坚土）	Ⅳ	坚硬黏土、砾质黏土、含卵石黏土	19.0～21.0	整个先用镐、撬棍，后用锹挖掘，部分用楔子及大锤

相关知识点 2：土石方平衡调配

水利水电工程施工的土石方开挖料可分为利用料（含本工程利用和外运利用）和废料。根据工程具体情况，利用料可能需设置堆料场（暂存场），废料需设置弃料场。对开挖土石料的堆存、外运和弃置，不仅有数量的平衡（即空间位置上的平衡）要求，还有时间的平衡要求，同时还要考虑质量和经济效益等。

1. 土石方平衡调配原则

土石方平衡调配的基本原则是在进行土石方调配时要做到料尽其用、时间匹配和容量适度。

（1）料尽其用。开挖的土石料可用作堤坝的填料、混凝土骨料和平整场地的填料等。前两种利用质量要求较高，平整场地的填料一般没有太多的质量要求。

（2）时间匹配。土石方开挖应与用料在时间上尽可能相匹配，以保证施工高峰用料。

（3）容量适度。堆料场和弃料场的设置应容量适度，以尽可能少占地。开挖区与弃料场应合理匹配，以使用费最少。

堆料场是指堆存备用土石料的场地，当基坑和料场开挖出的土石料需做建筑物的填筑用料，而两者在时间上又不能同时进行就需要堆存。由于开挖施工工艺问题，常有不合格料混杂，对这些混杂料应禁止送入堆料场。

开挖出的不能利用的土石料应作为弃料处理。弃料场选择与堆弃原则是：尽可能位于库区内，这样可以不占耕地。施工场地范围内的低洼地区可作为弃料场，平整后可作为或扩大为施工场地。弃料堆置应不使河床水流产生不良的变化，不妨碍航运，不对永久建筑物与河床过流产生不利影响。在可能的情况下，应利用弃土造田，增加耕地。弃料场的使用应做好规划，开挖区与弃料场应合理调配，以使运费最少。

2. 土石方平衡调配注意事项

土石方平衡调配是否合理的主要判断指标是运输费用，费用花费最少的方案就是最好的调配方案。进行土方调配时，首先要划分调配区。划分调配区应注意下列几点：

(1) 调配区的划分应该与房屋和构筑物的平面位置相协调，并考虑它们的开工顺序、工程的分期施工顺序。

(2) 调配区的大小应该满足土方施工主导机械（铲运机、挖土机等）的技术要求，如调配区的长度应不小于机械的铲土长度。调配区的面积最好和施工段的大小相适应。

(3) 调配区的范围应该和土方工程量相协调，通常可由若干个方格组成一个调配区。

(4) 当土方运距较大或厂区范围内土方不平衡时，可根据附近地形，考虑就近取土或就近弃土，这时一个取土区或一个弃土区都可作为一个独立的调配区。

3. 土方工程量计算

(1) 场地平整土方量的计算。场地平整就是将施工现场平整为满足施工布置要求的一块施工场地。场地平整前，应确定场地的设计标高，计算挖、填土方工程量，进行挖、填方的平衡调配。场地平整土方量的计算，一般采用方格网法，计算步骤如下：

1) 在地形图上将需要平整的施工场地划分成边长为 10～40m 的方格网。

2) 计算各方格角点的自然地面标高。

3) 确定场地设计标高，并根据泄水坡度要求计算各方格角点的设计标高。

4) 确定各方格角点的挖填高度。

5) 确定零线、即挖、填方的分界线。

6) 计算各方格内挖、填土方量和场地边坡土方量，最后求得整个场地挖、填总方量。

(2) 基坑、基槽土方量的计算。

1) 基坑的土方量可近似按拟柱体体积公式计算，如图 3-1-1 所示。

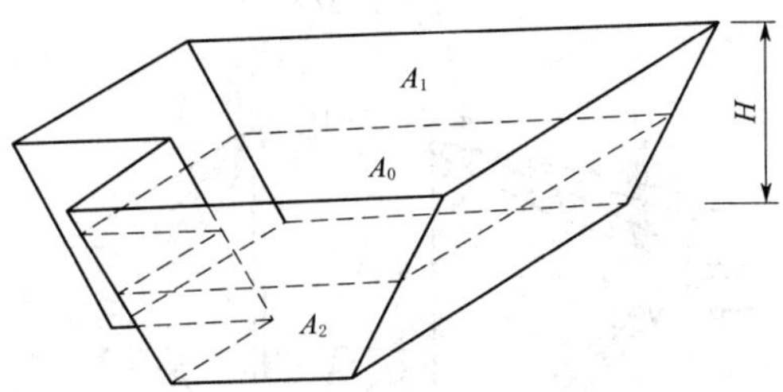

图 3-1-1 基坑土方量计算

$$V=(A_1+4A_0+A_2)H/6 \qquad (3-1-1)$$

式中 H——基坑深度，m；

A_1、A_2——基坑上、下底面积，m^2；

A_0——基坑深 $H/2$ 处的面积，m^2。

2) 基槽是一狭长沟槽，其土方量计算可沿其长度方向分段进行，然后相加求得总方量。

3) 当基槽某段内横截面尺寸不变时，其土方量即为该段横截面的面积乘以该段基槽长度；当某段内横截面的尺寸、形状有变化时，仍可按式 (3-1-1) 计算该段土方量。

(3) 堤坝填筑工程量的计算。堤坝工程为狭长形，工程量一般采用断面法计算，即每隔一定长度（形状变化较小时取大值；反之取小值）取一断面，每一段的方量用两端的断面面积的平均值乘以段长即可，各段方量之和即为总方量。

相关知识点 3：土石方开挖

1. 土方开挖方法

（1）人工及半机械化开挖。这种方法一般是用来进行土方、全风化岩石或靠近建基面的开挖。其开挖强度低，用工量大，但是开挖质量有保证。

（2）机械开挖。土方多采用机械开挖，用于土方开挖的机械有单斗挖掘机、多斗挖掘机、铲运机械等，用于场地开阔、方量大的土方及软弱岩石。其施工强度高、进度快、生产能力高；但是机械投入量大。

（3）水力开挖。利用高压水将土冲走，这种方法需要施工现场有充足水源且地形比较有利，所以用水量大、环保要求高。

3-1

2. 土方开挖常用机械

土方开挖工程中常用的机械有以下几种：

（1）单斗挖掘机。单斗挖掘机是一种循环作业的施工机械，在土石方工程施工中最常见。单斗挖掘机由工作装置、行驶装置和动力装置组成，按其行走机构的不同，可分为履带式和轮胎式；按其传动方式不同，分为机械传动和液压传动两种；按工作装置不同分为正向铲、反向铲、拉铲和抓铲等，如图 3-1-2 所示。

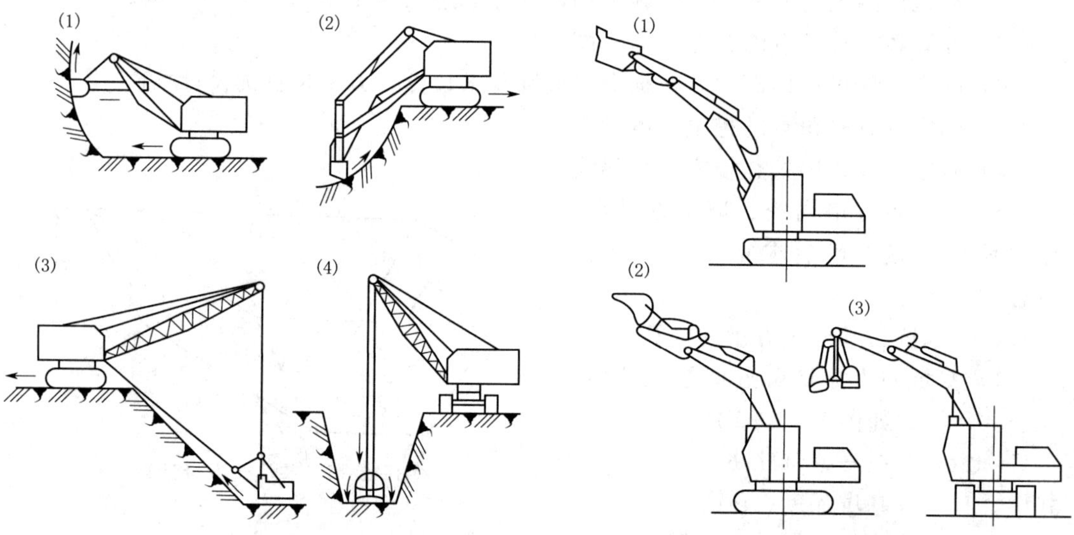

（a）机械式　　（b）液压式

图 3-1-2　单斗挖掘机

（1）—正向铲；（2）—反向铲；（3）—拉铲；（4）—抓铲

1）正向铲挖掘机。正向铲挖掘机由推压和提升完成挖掘，开挖断面是弧形，特点是装车轻便、灵活、回转速度快、位移方便，适应能力强，最适于挖停机面以上的土方，工作面应在 2m 以上，开挖高度超过挖土机挖掘高度时，可采取分层开挖，装车外运。

由于稳定性好，铲土力大，正向铲挖掘机可以挖各种土料及软岩、岩渣进行装车。它的特点是循环式开挖，由挖掘、回转、卸土、返回构成一个工作循环，生产率大小取决于铲斗大小和循环时间长短。正铲的斗容从 $5m^3$ 至几十立方米，工程中常用 1～4m^3。

挖掘的工作面，即挖掘机挖土时的工作空间称为撑子。根据撑子的布置不同，正向铲挖掘机有三种作业方式，如图 3-1-3 所示。正向挖土，后方卸土：开挖工作面较大，但铲臂卸土回转角度大，生产效率低；正向挖土，侧向卸土：正铲向前进方向挖土，汽车位于正铲的侧向装车，装车方便，循环时间短、生产效率高；侧向挖土，侧向卸土。至于采用哪一种作业方式，应根据施工条件确定。一般基坑开挖常采用正面开挖，土料场及渠道土方开挖常采用侧面开挖，还要考虑与运输工具配合问题。

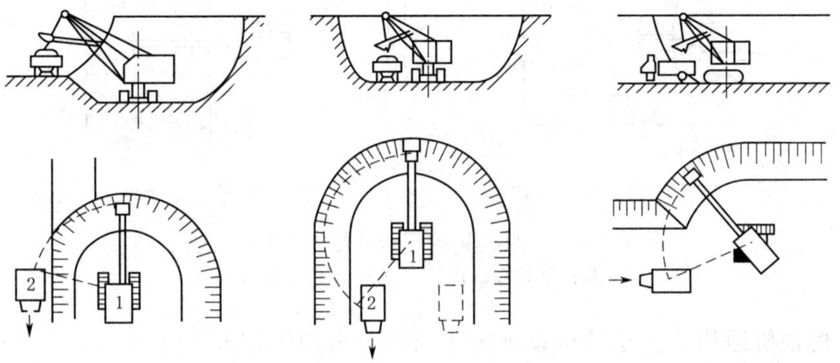

(a) 正向挖土，侧向卸土　(b) 正向挖土，后方卸土　(c) 侧向挖土，侧向卸土

图 3-1-3 正向铲挖掘机的作业方式

1—挖掘机；2—自卸汽车

2）反向铲挖掘机。反向铲挖掘机除具有正向铲挖掘机的性能外，还有较强的爬坡和自救能力。反铲的斗容有 0.5m^3、1.0m^3、1.6m^3 几种，目前最大斗容已超过 3m^3。

作业特点是：①开挖停机面以下的土方；②最大挖土深度和经济合理深度随机型而定；③可装车和两边甩土、堆放；④对于较大、较深基坑可用多层接力开挖。

适用范围：反向铲挖掘机挖土时后退向下，强制切土，挖掘力比正向铲挖掘机小，只用来挖Ⅰ级、Ⅱ级土，硬土要进行预松；可用于小型基坑、基槽和管沟开挖，边坡开挖及坡面修整，部分水下开挖。

反向铲挖掘机工作方式分为以下几种：

a. 沟端开挖：挖掘机停在基坑端部，后退挖土，汽车停在两侧装土，如图 3-1-4 (a) 所示。

b. 沟侧开挖：挖掘机停在基坑一侧移动挖土，可用汽车配合运土，也可将土弃于土堆，如图 3-1-4 (b) 所示。由于挖掘机与挖土方向垂直，挖掘机稳定性差，而且挖土的深度和宽度均较小，故这种开挖方法只是在无法采用沟端开挖或不需将弃土运走时采用。

c. 多层接力开挖：用两台或多台挖掘机设在不同作业高度上同时挖土，边挖土边将土传递到上层，再由地表挖掘机或装载机装车外运。

3）拉铲挖掘机。拉铲挖掘机的施工特点是：依靠铲斗自重下切铲土；可装车和甩土，可将土甩在基坑两边较远处堆放；开挖截面误差较大。

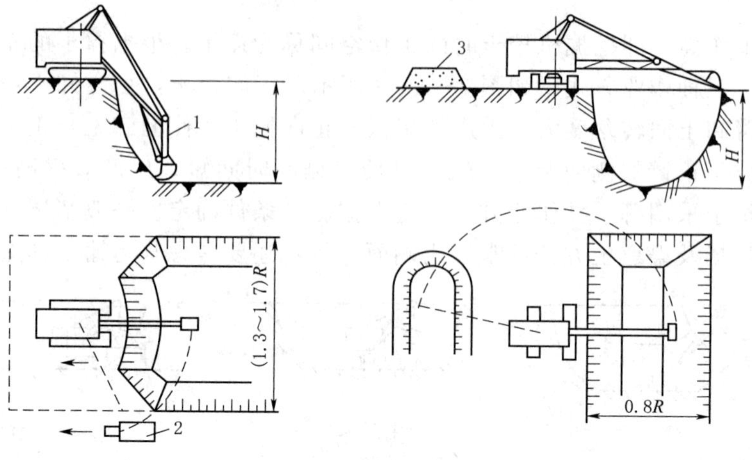

（a）沟端开挖　　（b）沟侧开挖

图 3-1-4　反向铲挖掘机开挖方式与工作面

1—反向铲挖掘机；2—自卸汽车；3—弃土堆

拉铲挖掘机适用于开挖停机以下的土石料，可用于挖掘Ⅰ～Ⅲ类土，最适用于水下土砂及含水量大的土方开挖，在大型渠道、基坑及水下砂卵石开挖中应用广泛，如图 3-1-5 所示。

其开挖方式有沟端开挖和沟侧开挖两种，前者适用于开挖宽度和卸土半径较小的情况，后者用于开挖宽度大、卸土距离远时。

4）抓铲挖掘机。抓铲挖掘机靠铲斗自由下落中斗瓣分开切入土中，抓取土料合瓣后提升，回转卸土。钢绳牵拉灵活性较差，工效不高，不能挖掘硬土。

抓铲挖掘机适用于开挖土质比较松软、施工面狭窄而深的基坑，深槽以及河床清淤等工程，最适用于水下挖土，或用于装卸碎石、矿渣等松散材料，抓铲能在回转半径范围内开挖基坑中任何位置的土方。

水利水电工程中，抓铲挖掘机常用于开挖集水井、深井及挖掘深水中的物料，其挖掘深度可达 30m 以上，如图 3-1-6 所示。

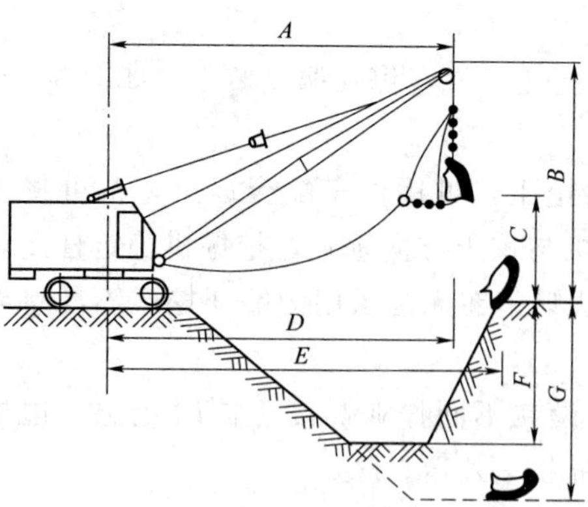

图 3-1-5　履带式拉铲挖掘机

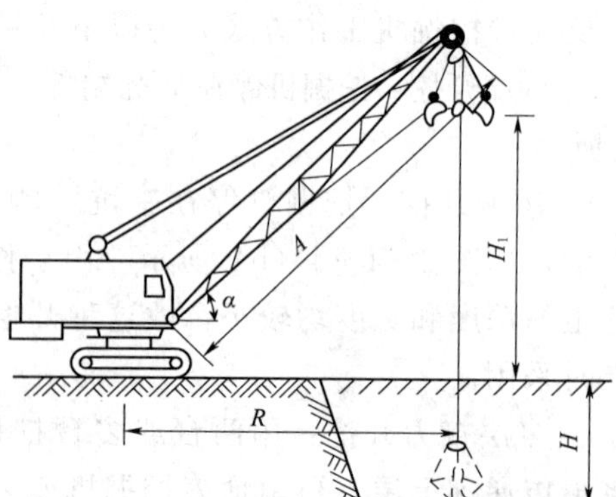

图 3-1-6　履带抓铲挖掘机

（2）多斗挖掘机。多斗挖掘机是一种连续作业式挖掘机械，按构造不同，可分为链斗式采砂船和斗轮式挖掘机两类。链斗式采砂船是由传动机械带固定在传动链条上的土斗进行挖掘的，多用于挖掘河滩及水下砂砾料；斗轮式挖掘机以固定在转动轮上的土斗进行挖掘，多用于挖掘陆地上土料。

1）链斗式采砂船。链斗式采砂船是一种构造简单，生产效率高，适用于大规模采集河道中砂砾料的多斗挖掘机。水利水电工程中常用的采砂船是无自航能力的砂砾石采掘机械，当远距离移动时须靠拖轮拖带；近距离移动时，可借助船上的绞车和钢丝绳移动，如图3-1-7所示。

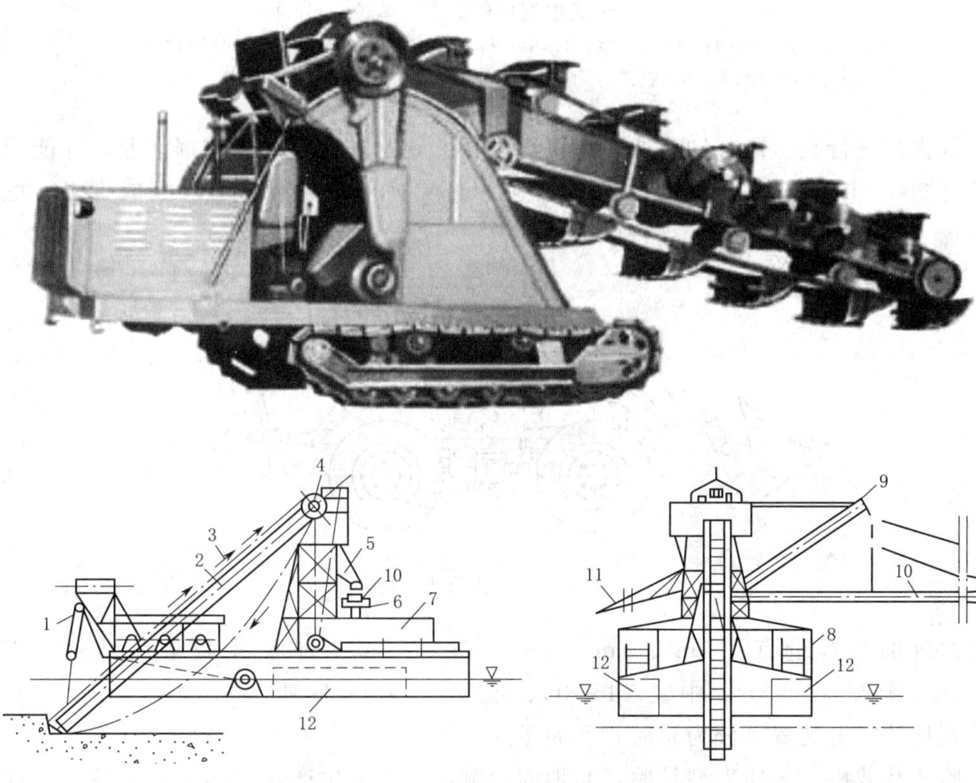

图3-1-7 链斗式采砂船

1—斗架升索；2—斗架；3—链斗；4—主动链轮；5—卸料漏斗；6—回轮盘；7—主机房；8—卷扬机；9—吊杆；10—皮带机；11—泄水槽；12—平衡水箱

2）斗轮式挖掘机。斗轮式挖掘机的斗轮安装在可仰俯的斗轮臂上，斗轮上装有多个铲斗，当斗轮转动时，即行挖土，当铲斗转动到最高位置时，土靠自重卸落到受料皮带机上，最终卸入运输工具或直接送至料堆，斗轮式挖掘机多用于料场大规模取土作业，它的特点是连续作业，生产效率高，斗臂倾角可以改变，开挖范围大，可适应不同形状的工作面，如图3-1-8所示。

（3）铲运机械。

1）装载机。装载机是一种挖运连续作业高效率的综合作业机械设备，主要用于

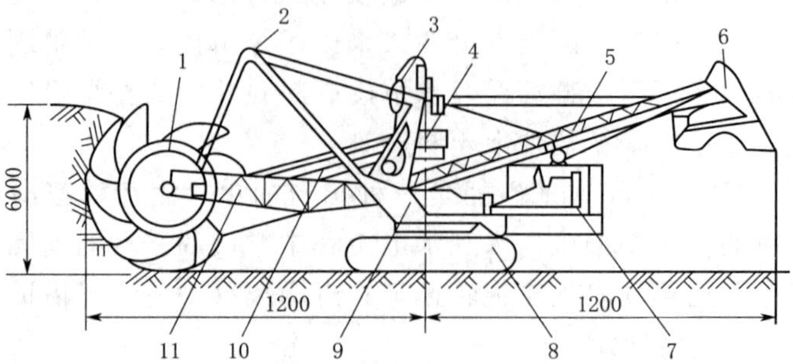

图 3-1-8 斗轮式挖掘机构造图（单位：mm）

1—斗轮；2—升降机构；3—操作室；4—中心料斗；5—送料皮带机；6—双槽卸料斗；7—动力系统；8—履带；9—转台；10—受料皮带机；11—斗轮臂

铲取松散物并进行装、运、卸作业，还可对岩石、硬土进行轻度的铲掘作业，并能用于清理（图 3-1-9）、刮平场地、牵引作业；如更换工作装置，还可完成推土、挖土、起重（抓举）及卸载棒状物料等工作。

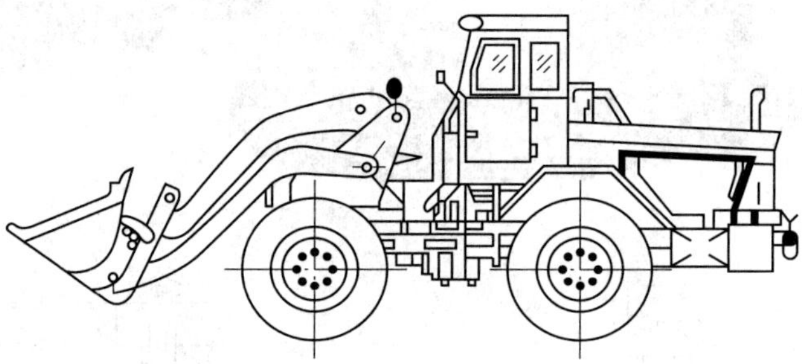

图 3-1-9 装载机

装载机的斗容量有 0.5m³、1m³、2m³、3m³、5m³，按铲斗载重量可分为小型（<1t）、轻型（1～3t）、中型（4～8t）、重型（>10t）四种。

装载机按行走装置可分为轮胎式和履带式两种。

轮胎式装载机，采用大型轮胎，与地面接触压力低、生产效率高、适应性强，具有机动灵活、价格低的优点，因此被广泛使用。其缺点是在潮湿的地面上作业时，易打滑，铲取紧密的原状土较难，轮胎价格昂贵而磨损较快，特别是在潮湿的岩面上作业，轮胎易被割破。其适用于松散土、轻质土、基坑清淤以及无地下水影响的河渠开挖，挖出的土方可直接卸于两侧或外运，也可用于较松软土体的表层剥离、地面平整、场地清理等工作，其运距以不超过 150m 为宜；另外还适用于砂砾石料的采挖和零星材料的装挖及短距离的搬运。

履带式装载机的优点：有大容量的铲斗和较大的生产率，带底盘形成一个稳定的工作平台，使机械在软土和湿地上亦能正常工作；履带有良好的附着性能不易打滑，因而提高了挖掘能力，铲取原状土和砂砾速度较快，操作灵活性较好，能在狭窄的场地上工作，受天气影响，雨后可迅速恢复生产。

2）铲运机。铲运机是一种典型的铲土运输机械，铲斗能从地面薄层取土，并将土斗装满；铲斗装有车轮，便于将土运到较远处卸料；能在行驶中将土从斗中卸出，并铺成所需要的厚度，铲运机能独立完成铲土、运土、卸土和平土作业，对行驶道路要求低，操作灵活，运转方便，生产效率高。

铲运机适用于大面积场地平整，开挖大型基坑、沟槽以及填筑路基、堤坝等，最适合开挖含水量不大于27%的松土和普通土，不宜开挖砂砾石层和沼泽区。当铲运较坚硬的土壤时，宜先用推土机翻松0.2～0.4m，以减少机械磨损，提高效率。

按行走机构不同，铲运机有自行式、拖式两种；按卸土方式分为自由卸土、强制卸土、半强制卸土；按行走装置分为履带式和轮胎式。常用铲运机的铲斗容量为1.5～6m^3。

自行式铲运机的行驶和工作都靠本身的动力设备，不需要其他机械的牵引和操作，如图3-1-10所示。其切土力较小，装满铲斗所需时间和铲土长度较短，行驶速度快，经济运距为800～1500m。

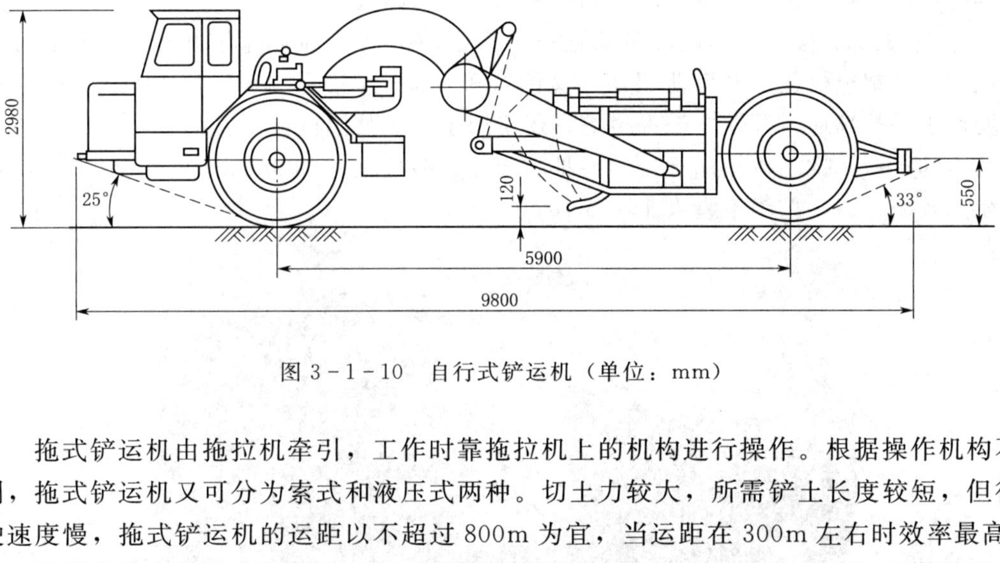

图3-1-10　自行式铲运机（单位：mm）

拖式铲运机由拖拉机牵引，工作时靠拖拉机上的机构进行操作。根据操作机构不同，拖式铲运机又可分为索式和液压式两种。切土力较大，所需铲土长度较短，但行驶速度慢，拖式铲运机的运距以不超过800m为宜，当运距在300m左右时效率最高。

铲运机的生产率主要取决于铲斗容量及铲土、运土、卸土和回返的工作循环时间。为提高生产率，常采用如下措施：

a. 下坡铲土：可采取下坡取土、推土机助推、松土机预松等方法，以加大铲土力、减小铲土阻力，缩短装土时间。

b. 沟槽铲土法：在较坚硬的地段挖土时，采取预留土埂间断铲土。土埂两边沟槽以深度不大于0.3m、宽度大于铲斗宽度10～20cm为宜，作业时与槽交替下挖。

c. 助铲法：在坚硬的土体中，使用自行式铲运机，另配一台推土机松土或在铲运机的后拖杆上进行顶推，协助铲土。可缩短铲土时间，每3～4台铲运机配置一台推土机助铲，可提高生产率30%左右。

铲运机开行路线有纵向环形路线、横向环形路线、大环形路线和8字形路线，如图3-1-11所示。合理地选择开行路线可缩短空程时间，又能减少对铲运机零部件

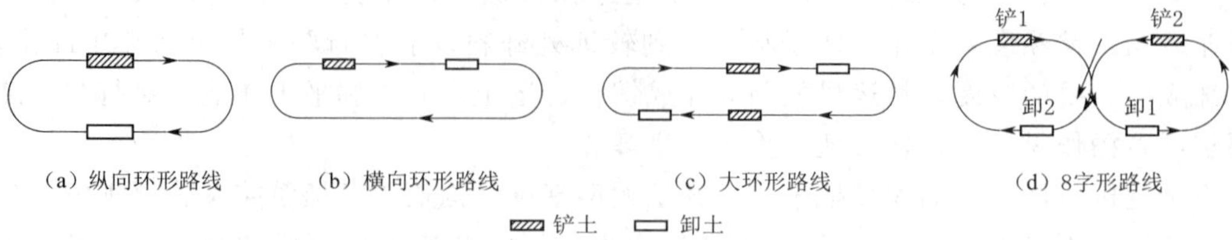

图 3-1-11 铲运机开行路线

的磨损。

环形开行路线：从挖方到填方按椭圆形路线回转，适合长 100m 内基坑开挖、场地平整等工程使用。

8 字形开行路线：即装土、运土和卸土按 8 字形运行，本法可减少转弯次数和缩短空车行驶距离，提高生产率，避免机械行驶部分单侧磨损。

大环形开行路线：从挖方到填方均按封闭的环形路线回转。当挖土和填土交替，而刚好填土区在挖土区的两端时，则可采用大环形路线。

3）推土机。推土机是以履带式拖拉机为原动机械，另加装有切土片的推土器而形成的一种铲土机械，既可薄层切土又能短距离推土，如图 3-1-12 所示。推土机主要用于平整场地、开挖宽浅渠道等，还可用于推平其他机械卸置的土堆，拖拉其他无动力的机械，推土机适用于推Ⅰ～Ⅲ类土，其距离宜在 100m 以内，运距 30～50m 时生产效率较高，挖深不宜大于 1.5～2.0m。

图 3-1-12 推土机

推土机按推土板的操作方式不同，可分为索式和液压式两种。索式推土机的铲刀是借刀具自重切入土中，切土深度较小；液压式推土机能强制切土，推土板的切土角度可以调整，切土深度较大。因此，液压式推土机是目前工程中常用的一种推土机。

推土机按安装方式分为固定式和万能式。固定式推土机的推土板，仅能上下升降，强制切土能力差，但结构简单，应用广泛；而万能式不仅能升降，还可以左右、上下调整角度，用途多。

推土机常用推土方式如图3-1-13所示。①下坡推土法——利用机身和土体在斜面上的重力作用，增大推土板的土量，一般坡度为6°～10°，最大不超过15°；②沟槽推土法——若长距离推土，土料从推土器两侧散失较多，有效推土量大为减少，推土机在运行路线上形成沟槽或在推土器两侧加挡板，可提高生产率10%～30%；③并排推土法——两台或三台推土机并排推土，可减少漏土损失，机群生产率可提高15%～25%；④多铲集运——在硬质土中，切土深度不大，可以采用多次铲土、分批集中、一次推送的方法，以便有效地利用推土机的功率，缩短运土时间。

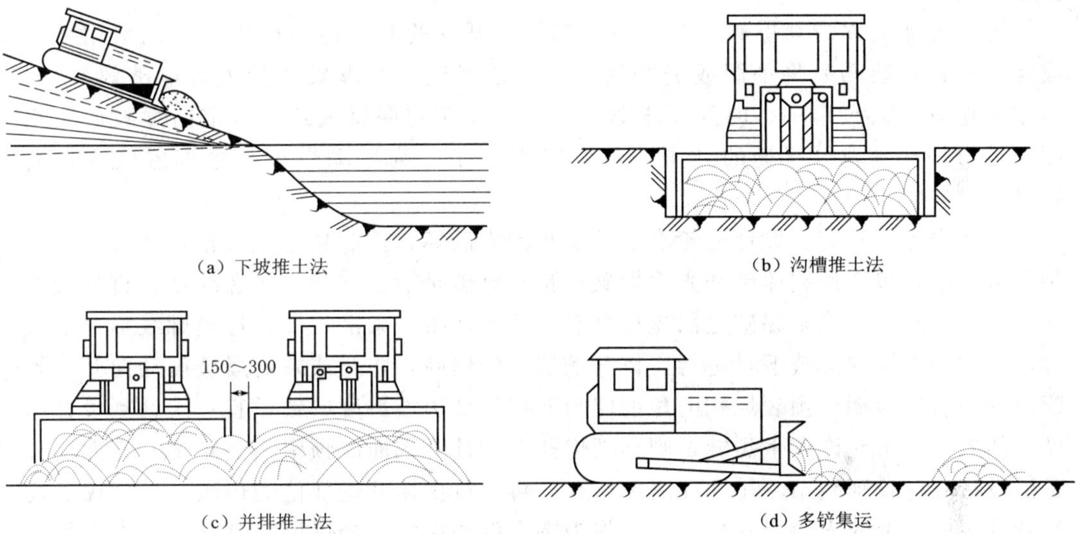

图3-1-13　推土机常用推土方式（单位：mm）

(4) 水力开挖机械。水力开挖机械主要有水枪和吸泥船。

1) 水枪。水枪开挖是利用水枪喷嘴射出的高速度水流切割土体形成泥浆，然后输送到指定地点的开挖方法。水枪可在平面上回转360°，在立面上仰俯50°～60°，射程20～30m，切割分解形成泥浆后，沿输泥沟自流或由吸泥泵经管道输送至填筑地点。利用水枪开挖土料场、基坑，节约劳力和大型挖运机械，经济效果明显。水枪开挖适用于砂土、亚黏土和淤泥，可用于水利冲填筑坝。对于硬土，可进行预松，提高水枪挖土的工效。

2) 吸泥船。利用挖泥船下的铰刀将水下土方绞成泥浆，由泥浆泵吸起经浮动输泥管运至岸上或运泥船上。

3. 石方开挖技术

石方开挖一般采用爆破方法。按照药室的状态不同，爆破分为钻孔爆破和洞室爆破。按照爆破对象的不同，水利水电工程爆破通常分为明挖爆破、地下洞室爆破、水下爆破、岩塞爆破、定向爆破筑坝、围堰爆破等。

钻孔爆破按照孔径大小和钻孔的深度又分为浅孔爆破、深孔爆破。孔径小于75mm、深度小于5m的钻孔爆破称为浅孔爆破。浅孔爆破法能均匀破碎介质，不需要复杂的钻孔设备，操作简单，可适应各种地形条件，而且便于控制开挖面的形状和规格，主要应用于地下工程开挖、中小型料场开采、水工建筑物基础分层开挖等。但是，浅孔爆破法钻孔工作量大，每个炮孔爆下的方量不大，因此生产率较低。孔径大于75mm、孔深大于5m的钻孔爆破称为深孔爆破。爆后有一定数量的大块石产生，往往需要二次爆破。深孔爆破是大型基坑开挖和大型采石场开采的主要方法。与浅孔爆破比较，其单位体积岩石所需的钻孔工作量较小，单位耗药量低，劳动生产率高，并可简化起爆操作过程及劳动组织。其缺点是钻孔设备复杂，设备费高。

洞室爆破又称为大爆破，是指在专门设计开挖的洞室内装药爆破。洞室用平洞或竖井相连，装药后将平洞或竖井堵塞。洞室爆破一次爆破方量大，爆破效率高，适用于挖方量大且集中，时间要求紧的工程；用于定向爆破筑坝（定向爆破截流）、面板堆石坝次堆料区料场的开采。其可以进一步分为松动爆破、抛掷爆破和定向爆破。

为在岩体上开挖成设计的轮廓面并防止围岩破坏、控制超挖或欠挖，需要采用控制爆破技术，包括预裂爆破和光面爆破。预裂爆破是沿设计开挖轮廓线钻一排预裂炮孔，在主体开挖部位未爆破之前先行爆破，从而获得一条沿设计开挖轮廓线贯穿的裂缝，再在该裂缝的屏蔽下，进行主体开挖部位的爆破，防止或减弱爆破震动向开挖轮廓以外的岩体传播。预裂炮孔的角度应与开挖轮廓边坡坡度一致，宜一次钻到设计深度。如果基础不允许产生裂缝，则预裂炮孔至设计开挖面应预留一定距离。光面爆破是沿设计开挖轮廓线钻一排光面爆破炮孔，再进行主体开挖部位的爆破，然后爆破设计开挖轮廓线上的光面爆破炮孔，将作为围岩保护层的“光爆层”爆除，从而获得一个平整的开挖壁面。对于坝基和边坡开挖，预裂爆破和光面爆破的开挖效果差不多。地下洞室开挖选择光面爆破较多。对于高地应力区的地下洞室和强约束力条件下的岩体开挖，光面爆破的效果更好。

相关知识点4：土方运输

土方运输可分为有轨运输、无轨运输和皮带机运输。

1. 有轨运输

（1）标准轨运输（轨距1435mm）工程量一般不少于30万m^3，运距不少于1km，坡度不宜大于2.5%，转弯半径不小于200m。

（2）窄轨运输轨距有1000mm、762mm、610mm三种。窄轨运输设备简单，线路要求比标准轨低，能量消耗少，在工程中得到广泛使用。

有轨运输路基施工较难，效率较低，除窄轨运输有时用于隧洞出渣外，一般较少采用。

2. 无轨运输

（1）自卸汽车运输机动灵活，运输线路布置受地形影响小，但运输效率易受气候条件的影响，燃料消耗多，维修费用高。自卸汽车运输，运距一般不宜小于300m，重车上坡最大允许坡度为8%～10%，转弯半径不宜小于20m。

(2) 拖拉机运输是用拖拉机拖带拖车进行运输。根据行走装置不同，拖拉机分为履带式和轮胎式两种。履带式拖拉机牵引力大，对道路要求低，但行驶速度慢，适用于运距短、道路不良的情况。轮胎式拖拉机对道路的要求与自卸汽车相同，适用于道路良好、运距较大的情况。

3. 皮带机运输

皮带机是一种连续式的运输设备。与车辆运输相比，皮带机具有以下特点：结构简单、工作可靠、管理方便，易于实现自动控制；负荷均匀，动力装置的功率小，能耗低；连续运输，生产效率高。

【任务实施】

(1) 土石方平衡调配原则。

引导问题1：

土石方平衡调配原则是__________、__________、__________。

(2) 土方开挖。

引导问题2：

土方开挖常用方法有__________、__________、__________。

引导问题3：

水利工程中土方开挖常用的机械有________、________、________、________。

引导问题4：

对比说出各种挖掘机械工作特点以及适用范围。

____

____

____

____

____

引导问题5：

水利水电工程爆破通常方法有哪些？

____

____

____

____

____

(3) 土方运输。

引导问题6：

土方运输可分为__________、__________。

【评价反馈】

综合评价表

项目（ ） 任务（ ）：					
班级		姓名		组号	
评价项目	分值	自我评价得分	小组互评得分	教师评价得分	综合得分
按时出勤	10				
学习准备	10				
学习态度	10				
任务是否按时完成	15				
任务完成准确率	15				
参与讨论主动性	10				
沟通协调能力	10				
语言表达能力	10				
安全、文明、规范施工意识	10				
合 计	100				

任务2　土石料回填与压实

【案例背景】

某水利工程中，砂卵石填筑和土石方回填主要工作内容包括：砂卵石料和土石料的运输、填筑、碾压等各项工作的质量检查和验收等。其主要施工项目有非溢流坝工程砂卵石填筑（590m^3）、底格栏栅坝工程砂卵石填筑（760m^3）、防冲槽大块石回填（169m^3）、沉砂池工程砂卵石填筑（748m^3）、进水闸工程砂卵石填筑（94m^3）、压力前池工程土石回填（240m^3）、溢水道工程土石回填（1130m^3）。

施工过程中根据不同的施工条件，合理地选择了平碾、羊角碾、气胎碾、振动碾等压实机械进行施工，经检验填土质量均达到了工程检验标准。

【学习目标】

1. 掌握回填压实的方法，理解各种压实机械的特点。
2. 能根据工程案例背景资料进行分析，合理选用压实机械。
3. 通过对填土质量控制的学习过程，培养学生科学严谨的工作态度。

【任务分组】

学生任务分配表

班级		姓名		学号	
组号		本人任务		指导老师	
其他小组成员					
姓名	学号	任务分工	姓名	学号	任务分工

【任务准备】

相关知识点1：土石料回填压实

1. 压实理论

填筑于土坝或土堤上的土方，通过对其压实，可以达到以下目的：提高土体密度，提高土方承载能力；加大土坝或土堤坡角，减小填方断面面积，减少工程量，从而减少工程投资，加快工程进度；提高土方防渗性能，提高土坝或土堤的渗透稳定性。

土坝或土堤填方的稳定性主要取决于土料的内摩擦力和黏聚力。土料的内摩擦力、黏聚力和防渗性能都随填土的密实程度的增大而提高。例如：某种砂壤土的干密度为1.4g/cm^3，压实提高到1.7g/cm^3，其抗压强度可提高4倍，渗透系数将降低为原来的1/2000。

土体是三相体，即由固相的土粒、液相的水和气相的空气所组成。通常土粒和水是不会被压缩的，土料压实的实质是将水包裹的土粒挤压填充到土粒间的空隙里，排走空气占有的空间，使土料的空隙率减小，密实度提高。所以，土料压实的过程实际上就是在外力作用下土料的三相重新组合的过程。

试验表明，黏性土的主要压实阻力是土体内的凝聚力。在铺土厚度不变的条件下，黏性土的压实效果（即干密度）随含水量的增大而增大。当含水量增大到某一临界值时，干密度达到最大，如此时进一步增加土体含水量，干密度反而减小，此临界含水量值称为土体的最优含水量，即相同压实功能时压实效果最大的含水量。当土料中的含水量超过最优含水量后，土体中的空隙体积逐步被水填充，此时作用在土体上的外荷，有一部分作用在水上，因此即使压实功能增加，但由于水的反作用抵消了一部分外荷，被压实土体的体积变化却很小，而呈此伏彼起的状态，土体的压实效果反而降低。

对于非黏性土，压实的主要阻力是颗粒间的摩擦力。由于土料颗粒较粗，单位土体的表面积比黏性土小得多，土体的空隙率小，可压缩性小，土体含水量对压实效果的影响也小，在外力及自重的作用下能迅速排水固结。黏性土颗粒细，孔隙率大，可压缩性也大，由于其透水性较差，所以排水固结速度慢，难以迅速压实。此外，土体颗粒级配的均匀性对压实效果也有影响。颗粒级配不均匀的砂砾料，较级配均匀的砂土易于压实。

目前，碾压式土石坝是国内外应用最多的土石坝类型。我国碾压式土石坝的修建，自 20 世纪 50 年代末至 70 年代初期，数量迅速增长，机械化程度有所提高，以密云水库、毛家村水库等工程为典型代表。近年来，随着大型高效施工机械的广泛应用，坝体防渗材料及结构的不断优化，使得施工工期进一步缩短，施工造价降低，为土石坝的应用开辟了广阔前景。

3-2

2. 压实方法

土料的物理力学性能不同，压实时要克服的压实阻力也不同。黏性土的压实主要是克服土体内的凝聚力，非黏性土的压实主要是克服颗粒间的摩擦力。压实机械作用于土体上的外力有静压碾压、夯击和振动碾压三种，如图 3-2-1 所示。

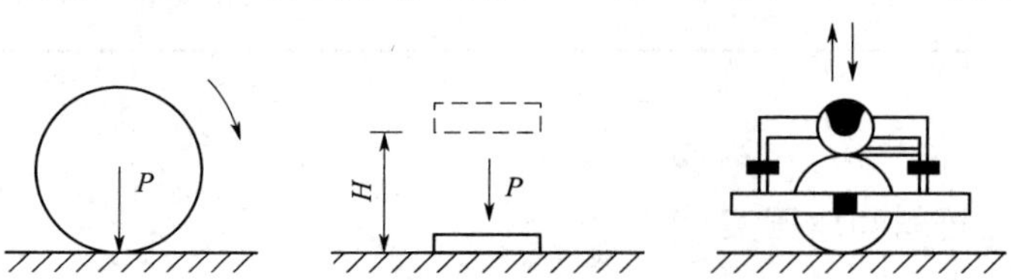

（a）静压碾压　（b）夯击　（c）振动碾压

图 3-2-1 土料压实作用外力示意图

（1）静压碾压。静压碾压作用在土体上的外荷不随时间而变化，如图 3-2-1（a）所示。

（2）夯击。夯击作用在土体上的外力是瞬间冲击力，如图 3-2-1（b）所示。

（3）振动碾压。振动碾压作用在土体上的外力随时间做周期性的变化，如图 3-2-1（c）所示。

3. 压实机械

土方压实机械如图 3 - 2 - 2 所示。

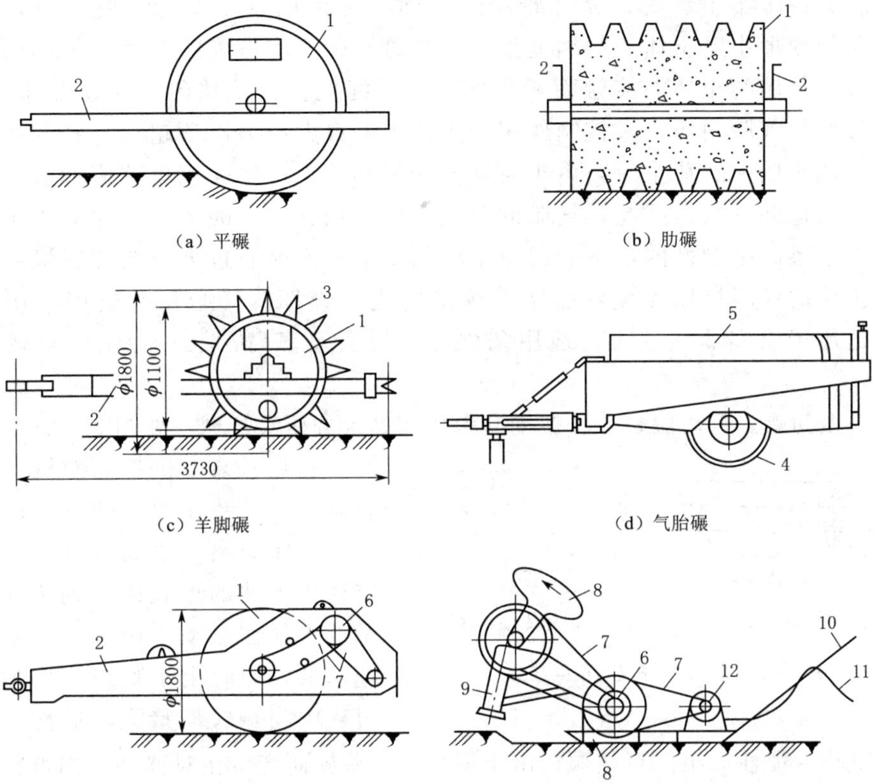

(a) 平碾　(b) 肋碾

(c) 羊脚碾　(d) 气胎碾

(e) 振动碾　(f) 蛙夯

图 3 - 2 - 2　土方压实机械（单位：mm）

1—碾滚；2—机架；3—羊脚；4—充气轮胎；5—压重箱；6—主动轮；7—传动皮带；8—偏心块；9—夯头；10—扶手；11—电缆；12—电动机

(1) 平碾。平碾的构造如图 3 - 2 - 2 (a) 所示。钢铁空心滚筒侧面设有加载孔，加载大小根据设计要求而定。平碾碾压质量差，效率低，较少被采用。

(2) 肋碾。肋碾的构造如图 3 - 2 - 2 (b) 所示。其一般采用钢筋混凝土预制。肋碾单位面积压力较平碾大，压实效果比平碾好，用于黏性土的碾压。

(3) 羊脚碾。羊脚碾的构造如图 3 - 2 - 2 (c) 所示。其碾压滚筒表面设有交错排列的羊脚。钢铁空心滚筒侧面设有加载孔，加载大小根据设计要求而定。

羊脚碾的羊脚插入土中，不仅使羊脚底部的土体受到压实，而且使其侧向土体受到挤压，从而达到均匀压实的效果。碾筒滚动时，表层土体被翻松，有利于上、下层间结合。但对于非黏性土，由于插入土体中的羊脚使无黏性颗粒产生向上和侧向移动，会降低压实效果，所以羊脚碾不适于非黏性土的压实。

(4) 气胎碾。气胎碾是一种拖式碾压机械，分单轴和双轴两种。图 3 - 2 - 2 (d) 所示是单轴气胎碾。单轴气胎碾主要由装载荷载的金属车厢和装在轴上的 4～6 个充气轮胎组成。碾压时在金属车厢内加载同时将气胎充气至设计压力。为避免气胎损坏，停工时用千斤顶将金属车厢顶起，并把胎内的气放出一些。

气胎碾在压实土料时，充气轮胎随土体的变形而发生变形。开始时，土体很松，轮胎的变形小，土体的压缩变形大。随着土体压实密度的增大，气胎的变形也相应增大，气胎与土体的接触面积也增大，始终能保持较均匀的压实效果。另外，还可通过调整气胎内压，来控制作用于土体上的最大应力不致超过土料的极限抗压强度。增加轮胎上的荷重后，由于轮胎的变形调节，压实面积也相应增加，平均压实应力的变化并不大。因此，气胎的荷重可以增加到很大的数值。而对于平碾和羊脚碾，由于碾滚是刚性的，不能适应土壤的变形，当荷载过大就会使碾滚的接触应力超过土壤的极限抗压强度，而使土壤结构遭到破坏。气胎碾既适用于压实黏性土，又适用于压实非黏性土，适用条件好，压实效率高，是一种十分有效的压实机械。

（5）振动碾。振动碾是一种振动和碾压相结合的压实机械，如图 3-2-2（e）所示。它是由柴油机带动与机身相连的轴旋转，使装在轴上的偏心块产生旋转，迫使碾滚产生高频振动。振动功能以压力波的形式传递到土体内。非黏性土料在振动作用下，内摩擦力迅速降低，同时由于颗粒不均匀，振动过程中粗颗粒质量大、惯性力大，细颗粒质量小、惯性力小。粗细颗粒由于惯性力的差异而产生相对移动，细颗粒填入粗颗粒间的空隙，使土体密实。而对于黏性土，由于土粒比较均匀，在振动作用下，不能取得像非黏性土那样的压实效果。

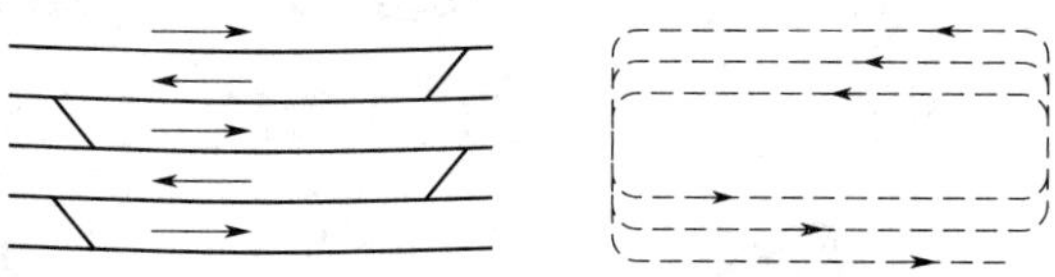

（a）进退错距法　（b）圈转套压法

图 3-2-3　碾压机械压实方法

（6）蛙夯。夯击机械是利用冲击作用来压实土方，具有单位压力大、作用时间短的特点，既可用来压实黏性土也可用来压实非黏性土，如图 3-2-2（f）所示。蛙夯由电动机带动偏心块旋转，在离心力的作用下带动夯头上下跳动而夯击土层。夯击作业时各夯之间要套压，如图 3-2-3（b）所示。其一般用于施工场地狭窄、碾压机械难以施工的部位。

以上碾压机械压实土料的方法有两种：进退错距法和圈转套压法，如图 3-2-3 所示。

进退错距法，碾压机械沿直线错距进行往复碾压。这种方法操作简单，碾压、铺土和质检等工序协调，便于分段流水作业，压实质量容易保证。用这种开行方式，为避免漏压，可在碾压带的两侧先往复压够遍数后，再进行错距碾压。错距宽度 b（m）按式（3-2-1）计算：

$$b=B/n \tag{3-2-1}$$

式中　B——碾滚净宽，mm；

n——设计碾压遍数。

圈转套压法，碾压机械从填方一侧开始，转弯后沿压实区域中心线另一侧返回，逐圈错距，以螺旋形线路移动进行压实。这种方法适用于碾压工作面大的情况，多台碾具同时碾压，生产效率高。但转弯处重复碾压过多，容易引起超压剪切破坏，转角处易漏压，难以保证工程质量。

4. 压实机械的选择

黏性土料黏聚力是主要的，要求压实作用外力能克服黏聚力；非黏性土料内摩擦力是主要的，要求压实作用外力能克服颗粒间的内摩擦力，选择压实机械主要考虑以下原则。

（1）适应筑坝材料的特性。黏性土应优先选用气胎碾、羊脚碾；砾质土宜用气胎碾、夯板；堆石与含有特大粒径（大于500mm）的砂卵石宜用振动碾。

（2）与土料含水量、原状土的结构状态和设计压实标准相适应。对含水量高于最优含水量1%～2%的土料，宜用气胎碾压实；当重黏土的含水量低于最优含水量，原状土天然密度高并接近设计标准，宜用重型羊脚碾、夯板；当含水量很高且要求的压实标准低时，黏性土也可选用轻型的肋碾、平碾。

（3）与施工强度大小、工作面宽窄和施工季节相适应。气胎碾、振动碾适用于生产强度要求高和抢时间的雨季作业；夯击机械宜用于坝体与岸坡或刚性建筑物的接触带，边角和沟槽等狭窄地带。冬季作业选择大功率、高效能的机械。

（4）施工队伍现有装备和施工经验等。

5. 压实参数与压实试验

（1）压实标准。土料压实标准是根据水工设计要求和土料的物理力学特性提出来的，黏性土由干密度 γ_d 控制，非黏性土由相对密度 D_r 控制。控制标准随建筑物的等级不同而不同。在现场通常将相对密度 D_r 转换成对应的干密度 γ_d 来控制施工质量。

（2）压实参数的确定。当初步选择了压实机械类型后，还应进一步确定机械所能达到的、具有最佳技术经济效果的各种压实参数。为了使土料达到设计要求的压实效果，且技术经济效果最佳，要求在施工现场进行压实试验，以确定碾重、铺土厚度。压实遍数及土料的最优含水量等，对于振动碾还应包括振动频率及行走速率，以单位压实遍数的压实厚度最大者为最经济、合理。

6. 综合机械化方案选择

土石方施工工程量大，挖、运、填、压等多个工艺环节环环相扣。提高劳动生产率、改善工程质量、降低工程成本的有效措施是采用综合机械化施工。选择机械化施工方案通常考虑如下原则：

（1）适应当地条件，生产能力满足整个施工过程的要求。

（2）机械设备性能机动、灵活、高效、低耗、运行安全、耐久可靠。

（3）通用性强，设备利用率高。

（4）机械设备配套，各类设备均能充分发挥效率。

（5）设备购置及运行费用低，易于获得零、配件，便于维修、保养、管理和调度。

（6）开挖和运输机械的选择应根据填料上坝强度、料场位置、填料特性、储量、分布以及可供选择的机械型号、容量、能耗等多种因素确定。

相关知识点2：填土质量控制

1. 填土质量控制要点

(1) 严格控制每层回填厚度，禁止汽车直接卸土入槽。

(2) 严格选用回填土料质量，控制含水量、夯实遍数等是防止回填土下沉的重要环节。

(3) 管沟下部、机械夯填的边角位置及墙与地坪、散水的交接处，应仔细夯实，并应使用细粒土料回填。

(4) 雨天不应进行填方施工。如必须施工，应分段尽快完成，且宜采用碎石类土和砂土、石屑等填料。现场应有防雨和排水措施，防止地面水流入坑（槽）内。

2. 填土密实度的检验

填土压实后应达到一定的密实度及含水量要求。检验指标为压实系数（压实度）λ_c，即

$$\lambda_c=\frac{\text{土的控制干密度}\ \rho_d}{\text{土的最大干密度}\ \rho_{\max}} \tag{3-2-2}$$

式中 ρ_d——一般用环刀法或灌砂或灌水法测定；

$\rho_{\max}$——一般由击实试验确定。

检验的干密度应有90%以上符合设计要求，其余10%的最低值与设计值之差不得大于0.08t/m^3，且不得集中。

3. 密实度试验的取样

密实度试验的传统方法有：环刀法、灌砂法、灌水法、蜡封法。其中环刀法与灌砂法应用较为广泛。

(1) 环刀法取样。取样部位应在每层填土压实后的下半部。取样时应事先在环刀内壁薄涂一层凡士林，刃口向下放在土样上，将环刀垂直下压，直至土样高出环刀。用环刀整个挖出，用切土刀将环刀外侧土样削掉，用钢丝锯整平环刀两端土样。取出环刀内土，编号、装入密封袋内。

环刀法取样适用于细粒土及无机结合料稳定细粒土的密度。

(2) 灌砂法测密实度。在取样部位凿洞挖试洞，将凿松的试样取出、收集装入密封袋内，称重，精确至1g；从试样中取有代表性的样品，用酒精燃烧法测其含水量；将装满标准砂的灌砂筒安放在挖好的试洞上，打开开关使砂注入试洞内，当砂注满试洞时，关闭开关取走灌砂筒，称量灌砂筒内剩余砂的质量，精确至1g。

灌砂法适用于现场测定细粒土、砂类土和砾类土的密实度。

【任务实施】

(1) 土石料回填压实。

引导问题1：

回填压实的方法有__________、__________、__________。

引导问题2：

回填压实常用的机械有哪些？

____

____

____

（2）填土质量控制。

引导问题3：

填土压实指标用__________表示。

引导问题4：

密实度试验常用方法有__________、__________。

【评价反馈】

综合评价表

项目（　　）　　任务（　　）：________					
班级		姓名		组号	
评价项目	分值	自我评价得分	小组互评得分	教师评价得分	综合得分
按时出勤	10				
学习准备	10				
学习态度	10				
任务是否按时完成	15				
任务完成准确率	15				
参与讨论主动性	10				
沟通协调能力	10				
语言表达能力	10				
安全、文明、规范施工意识	10				
合　计	100				

任务3　砌　石　工　程

【案例背景】

本标段砌石工程主要为渠坡防护和截流沟，在渠道开口线与永久占地线之间设有截（导）流沟、防洪堤、林带。截流沟纵比降根据地形确定，全断面采用干砌石护砌。渠坡防护主要为干砌石，砌石厚300mm，砂石垫层厚100mm，坡面上铺设反滤土工布，每隔30m设置一道横坡排水沟。

【学习目标】

1. 掌握干砌石、浆砌石的施工工艺。
2. 能根据工程案例背景资料进行分析，合理选用砌筑方式。
3. 通过对砌筑质量控制的学习过程，培养学生科学严谨的工作态度。

【任务分组】

学生任务分配表

班级		姓名		学号	
组号		本人任务		指导老师	
其他小组成员					
姓名	学号	任务分工	姓名	学号	任务分工

【任务准备】

水利工程中石砌体施工包括干砌石和浆砌石两种主要形式。干砌石不用砂浆，浆砌石用砂浆。石砌体可就地取材，节约主材，造价低廉，施工技术容易掌握，故被广为采用。

相关知识点1：干砌石施工

干砌石是指不用任何胶凝材料把石块砌筑起来，包括干砌块（片）石、干砌卵石，一般用于土坝（堤）迎水面护坡、渠系建筑物进出口护坡及渠道衬砌、水闸上下游护坦、河道护岸等工程。

1. 砌筑前的准备工作

（1）备料。在砌石施工中为缩短场内运距，避免停工待料，砌筑前应尽量按照工程部位及需要数量分片备料，并提前将石块的水锈、淤泥洗刷干净。

（2）基础清理。砌石前应将基础开挖至设计高程，淤泥、腐殖土以及混杂有建筑残渣应清除干净，必要时将坡面或底面夯实，然后才能进行铺砌。

（3）铺设反滤层。在干砌石砌筑前应铺设砂砾反滤层，其作用是将块石垫平，不致使砌体表面凹凸不平，减小其对水流的摩阻力；减少水流或降水对砌体基础土壤的冲刷；防止地下渗水逸出时带走基础土粒，避免砌筑面下陷变形。

反滤层的各层厚度、铺设位置、材料级配和粒径以及含泥量均应满足规范要求，铺设时应与砌石施工配合，自下而上，随铺随砌，接头处各层之间的连接要层次清楚，防止层间错动或混淆。

2. 干砌石施工

干砌石施工工序为选石、试放、修凿和安砌。

（1）施工方法。常采用的干砌块石的施工方法有两种，即花缝砌筑法和平缝砌筑法。

1）花缝砌筑法。花缝砌筑法多用于干砌片（毛）石。砌筑时，依石块原有形状，使尖对拐、拐对尖，相互联系砌成。砌石不分层，一般多将大面向上，如图 3－3－1 所示。这种砌法的缺点是底部空虚，容易被水流淘刷变形，稳定性较差，且不能避免重缝、迭缝、翘口等毛病。但此法优点是表面比较平整，故可用于流速不大、不承受风浪淘刷的渠道护坡工程。

2）平缝砌筑法。平缝砌筑法一般多适用于干砌块石的施工，如图 3－3－2 所示。砌筑时将石块宽面与坡面竖向垂直，与横向平行。砌筑前，安放一块石块必须先进行试放，不合适处应用小锤修整，使石缝紧密，最好不塞或少塞小片石。这种砌法横向设有通缝，但竖向直缝必须错开。如砌缝底部或块石拐角处有空隙，则应选用适当的片石塞满填紧，以防止底部砂砾垫层由缝隙淘出，造成坍塌。

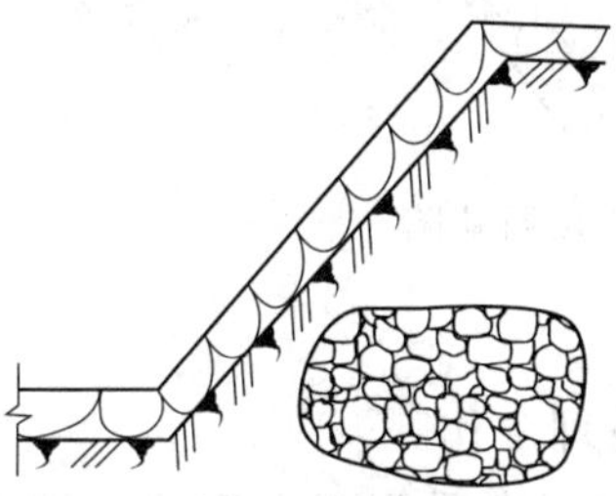

图 3－3－1　花缝砌筑

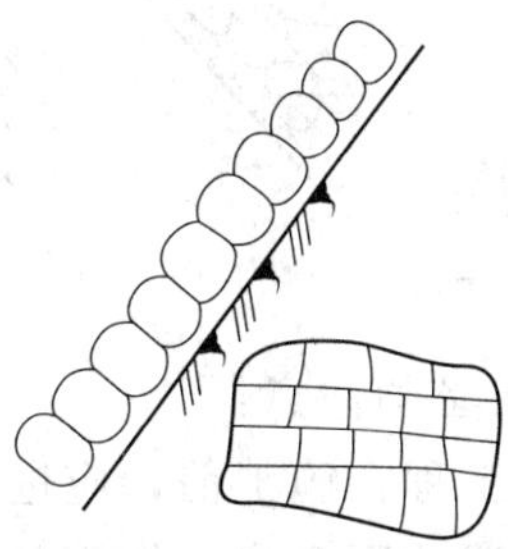

图 3－3－2　平缝砌筑

（2）封边。干砌石是依靠块石之间的摩擦力来维持其整体稳定的。若砌体发生局部移动或变形，将会导致整体破坏。边口部位是最易损坏的地方，所以，封边工作十分重要。对护坡水下部分的封边，常采用大块石单层或双层干砌封边，然后将边外部分用黏土回填夯实，有时也可采用浆砌石埂进行封边。对护坡水上部分的顶部封边，则常采用比较大的方正块石砌成 40cm 左右宽度的平台，平台后所留的空歇用黏土回填夯实（图 3－3－3）。对于挡土墙、闸翼墙等重力式墙身顶部，一般用混凝土封闭。

（3）干砌石的砌筑要点。造成干砌石施工缺陷的原因主要是砌筑技术不良、工作马虎、施工管理不善以及测量放样错漏等。其缺陷主要有缝口不紧、底部空虚、鼓心凹肚、重缝、飞缝、飞口（即用很薄的边口未经砸掉便砌在坡上）、翘口（上下两块都是一边厚一边薄，石料的薄口部分互相搭接）、悬石（两石相接不是面的接触，而是点的接触）、浮塞叠砌、严重蜂窝以及轮廓尺寸走样等（图 3－3－4）。

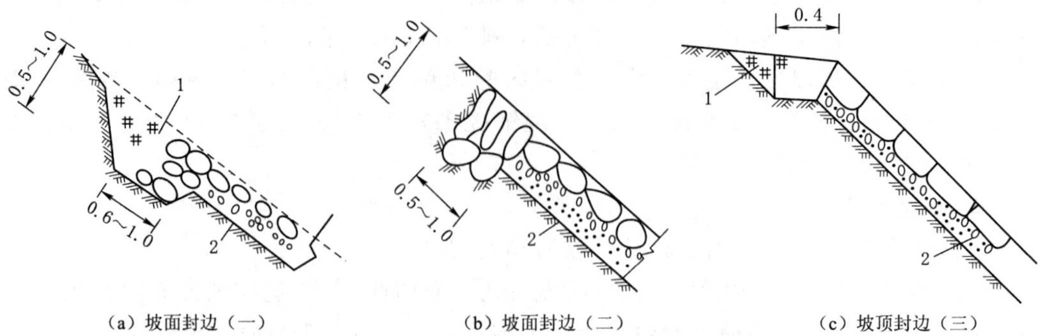

图 3-3-3　干砌石封边方法（单位：m）

1—黏土夯实；2—反滤料

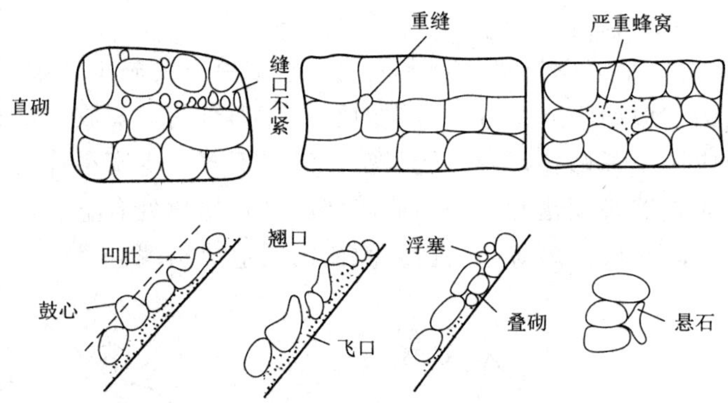

图 3-3-4　干砌石缺陷

干砌石施工必须注意：

1）干砌石工程在施工前，应进行基础清理工作。

2）凡受水流冲刷和浪击作用的干砌石工程中采用竖立砌法（即石块的长边与水平面或斜面呈垂直方向）砌筑，使其空腐为最小。

3）重力式挡土墙施工，严禁先砌好里、外砌石面，中间用乱石充填并留下空隙和蜂窝。

4）干砌块石的墙体露出面必须设丁石（拉结石），丁石要均匀分布。如墙厚等于或小于 40mm，同一层的丁石长度应等于墙厚；如墙厚大于 40cm，则要求同一层内外的丁石相互交错搭接，落接长度不小于 15cm，其中一块的长度不小于墙厚的 2/3。

5）如用料石砌墙，则两层顺砌后应有一层丁砌，同一层采用丁顺组砌时，丁石间距不宜大于 2m。

6）用干砌石做基础，一般下大上小，呈阶梯状，底层应选择比较方整的大块石，上层阶梯至少压住下层阶梯块石宽度的 1/3。

7）大体积的干砌块石挡土墙或其他建筑物，在砌体每层转角和分段部位，应先采用大而平整的块石砌筑。

8）护坡干砌石应自坡脚开始自下而上进行。

9）砌体缝口要砌紧，空隙应用小石填塞紧密，防止砌体在受到水流的冲刷或外力撞击时滑脱沉陷，以保持砌体的坚固性。一般规定干砌石砌体空隙率应为30％～50％。

10）干砌石护坡的每一块石顶面一般不应低于设计位置5cm，不高出设计位置15cm。

相关知识点2：浆砌石施工

浆砌石是用胶结材料把单个的石块联结在一起，使石块依靠胶结材料的黏结力、摩擦力和块石本身重量结合成为新的整体，以保持建筑物的稳固，同时充填着石块间的空隙，堵塞了一切可能产生的漏水通道。浆砌石具有良好的整体性、密实性和较高的强度，使用寿命更长，还具有较好的防止渗水和抵抗水流冲刷的能力。

1. 浆砌石工艺

浆砌石工程砌筑的工艺流程如图3-3-5所示。

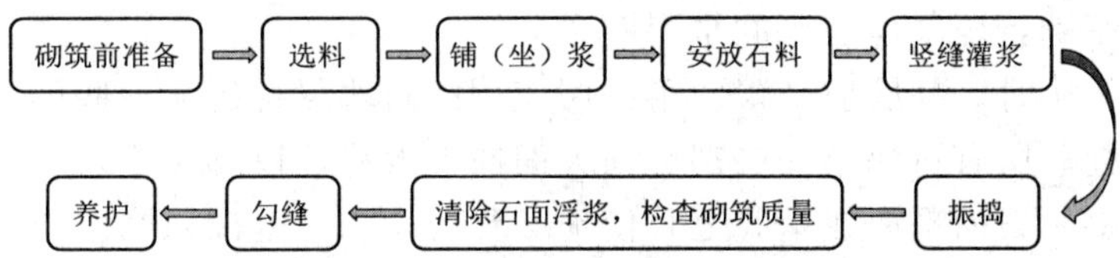

图3-3-5 浆砌石工程砌筑的工艺流程

（1）砌筑前准备。对开挖成形的岩基面，在砌石开始之前应将表面已松散的岩块剔除，具有光滑表面的岩石须人工凿毛，并清除所有岩屑、碎片、泥沙等杂物。土壤地基按设计要求处理。

对于水平施工缝，一般要求在新一层块石砌筑前凿去已凝固的浮浆，并进行清扫、冲洗，使新旧砌体紧密结合。对于临时施工缝，在恢复砌筑时，必须进行凿毛、冲洗处理。

（2）选料。砌筑所用石料，应是质地均匀、没有裂缝、没有明显风化迹象、不含杂质的坚硬石料。严寒地区使用的石料，还要求具有一定的抗冻性。

（3）铺（坐）浆。对于块石砌体，由于砌筑面参差不齐，必须逐块坐浆、逐块安砌，在操作时还须认真调整，务使坐浆密实，以免形成空洞。

坐浆一般只宜比砌石超前0.5～1m左右，坐浆应与砌筑相配合。

（4）安放石料。把洗净的湿润石料安放在坐浆面上，用铁锤轻击石面，使坐浆开始溢出为度。

石料之间的砌缝宽度应严格控制，采用水泥砂浆砌筑时，块石的灰缝厚度一般为2～4cm，料石的灰缝厚度为0.5～2cm，采用小石混凝土砌筑时，一般为所用骨料最大粒径的2～2.5倍。

安放石料时应注意，不能产生细石架空现象。

（5）竖缝灌浆。安放石料后，应及时进行竖缝灌浆。一般灌浆与石面齐平，水泥砂浆用捣插棒捣实，小石混凝土用插入式振捣器振捣，振实后缝面下沉，待上层摊铺坐浆时一并填满。

(6) 振捣。水泥砂浆常用捣排人工插捣，小石混凝土一般采用插入式振动器振捣。应注意对角缝的振捣，防止重振或漏振。

每一层铺砌完 24～36h 后（视气温及水泥种类、胶结材料强度等级而定），即可冲洗，准备上一层的铺砌。

(7) 清除石面浮浆，检查砌筑质量。将石面上的浮浆清理干净，并检查所砌筑石体质量是否合格。

(8) 勾缝。根据工程需要对石料进行勾缝处理。

(9) 养护。对所砌筑的石体进行定时洒水养护。

2. 浆砌石施工砌筑方法

(1) 基础砌筑。基础施工在地基验收合格后方可进行。基础砌筑前，应先检查基槽（或基坑）的尺寸和标高，清除杂物，接着放出基础轴线及边线。对于土质基础，砌筑前应先将基础夯实，并在基础面上铺上一层 3～5cm 厚的稠砂浆，然后安放石块。对于岩石基础，坐浆前还应洒水湿润。

砌第一层石块时，基底应坐浆。第一层使用的石块尽量挑大一些的，这样受力较好，并便于错缝。所有石块第一层都必须大面向下放稳，以脚踩不动即可。不要用小石块来支垫，要使石面平放在基底上，使地基受力均匀、基础稳固。选择比较方正的石块，砌在各转角上，称为角石，角石两边应与准线相合。角石砌好后，再砌里、外面的石块，称为面石；最后砌填中间部分，称为腹石。砌填腹石时应根据石块自然形状交错放置，尽量使石块间缝隙最小，再将砂浆填入缝隙中，最后根据各缝隙形状和大小选择合适的小石块放入，用小锤轻击，使石块全部挤入缝隙中。禁止采用先放小石块后灌浆的方法。

砌第二层以上石块时，每砌一块石块，应先铺好砂浆，砂浆不必铺满、铺到边，尤其在角石及面石处，砂浆应离外边约 4.5mm，并铺得厚一些，当石块往上砌时，恰好压到要求厚度，并刚好铺满整个灰缝。灰缝厚度宜为 20～30mm，砂浆应饱满。阶梯形基础上的石块应至少压砌下级阶梯的 1/2，相邻阶梯的块石应相互错缝搭接。基础的最上一层石块，宜选用较大的块石砌筑。基础的第一层及转角处和交接处，应选用较大的块石砌筑。块石基础的转角及交接处应同时砌起。如不能同时砌筑又必须留槎，应砌成斜槎。

块石基础每天可砌高度不应超过 4.2m。在砌基础时还必须注意不能在新砌好的砌体上抛掷块石，这会使已粘在一起的砂浆与块石受振动而分开，影响砌体强度。

(2) 挡土墙。砌筑块石挡土墙时，块石的中部厚度不宜小于 20cm；每砌 3～4 皮为一分层高度，每个分层高度应找平一次；外露面的灰缝厚度，不得大于 4cm，两个分层高度间的错缝不得小于 8cm。

料石挡土墙宜采用同皮内丁顺相间的砌筑形式。当中间部分用块石填筑时，丁砌料石伸入块石部分的长度应小于 20cm。

3. 勾缝与伸缩缝

（1）勾缝。石砌体表面进行勾缝的目的，主要是加强翻体整体性，同时还可增强砌体的抗渗能力，另外也美化外观。

勾缝按其形式可分为凹缝、凸缝、平缝三种。在水工建筑物中，一般采用平缝。

勾缝的程序是在砌体砂浆未凝固以前，先沿砌缝将灰缝剔深 20～30mm 形成缝槽，待砌体完成和砂浆凝固以后再进行勾缝。勾缝前，应将缝槽冲洗干净，自上而下，不整齐处应修整。勾缝的砂浆宜用水泥砂浆，砂用细砂。砂浆稠度要掌握好，过稠勾出缝来表面粗糙不光滑，过稀容易坍落走样。最好不使用火山灰质水泥，因为这种水泥干缩性大，勾缝容易开裂。砂浆强度等级应符合设计规定，一般应高于原砌体的砂浆强度等级。

砌体的隐蔽回填部分，可不专门做勾缝处理，但有时为了加强防渗，应事前在砌筑过程中，用原浆将砌缝填实抹平。

（2）伸缩缝。浆砌体常因地基不均匀沉陷或砌体热胀冷缩可能导致产生裂缝。为避免砌体发生裂缝，一般在设计中均要在建筑物某些接头处设置伸缩缝（沉陷缝）。施工时，可按照设计规定的厚度、尺寸及不同材料做成缝板。缝板有油毛毡（一般常用三层油毛毡刷柏油制成）、柏油杉板（杉板两面刷柏油）等。其厚度为设计缝宽，一般均砌在缝中。如采用前者，则需先立样架，将伸缩缝一边的砌体砌筑平整，然后贴上油毡，再砌另一边；如采用柏油杉板做缝板，最好是架好缝板，两面同时等高砌筑，不需再立样架。

4. 砌体养护

为使水泥得到充分的水化反应，提高胶结材料的早期强度，防止胶结材料干裂，应在砌体胶结材料终凝后（一般砌完 6～8h）及时洒水养护 14～21d，不得少于 7d。其养护方法是配专人洒水，经常保持砌体湿润，也可在砌体上加盖湿草袋，以减少水分的蒸发。夏季的洒水养护还可起降温的作用，由于日照长、气温高、蒸发快，一般在砌体表面要覆盖草袋、草帘等，白天洒水 7～10 次，夜间蒸发少且有露水，只需洒水 2～3 次即可满足养护需要。

冬季当气温降至 0℃以下时，要增加覆盖草袋、麻袋的厚度，加强保温效果。冰冻期间不得洒水养护。砌体在养护期内应保持正温。砌筑面的积水、积雪应及时清除，防止结冰。冬季水泥初凝时间较长，砌体一般不宜采用洒水养护。

养护期间不能在砌体上堆放材料、修凿石料、碰动块石，否则会引起胶结面的松动脱离。砌体后隐蔽工程的回填，在常温下一般要在砌后 28d 方可进行，小型砌体可在砌后 10～12d 进行回填。

5. 浆砌石施工的砌筑要领

浆砌石砌筑要领可概括为“平、稳、满、错”四个字。平，同一层面大致砌平，相邻石块的高差宜为 2～3cm；稳，单块石料的安砌务求自身稳定；满，灰缝饱满密实，严禁石块间直接接触；错，相邻石块应错缝砌筑，尤其不允许顺水流方向通缝。

6. 石砌体质量要求

(1) 砌石工程所用石材必须质地坚硬，不风化，不含杂质，并符合一定的规格尺寸。

(2) 砌石工程所用胶结材料必须符合国家标准及设计要求。

(3) 石砌体的砌筑必须严格遵照《砖石工程施工及验收规范》(GBJ 203—83) 中的规定。

【任务实施】

(1) 干砌石施工。

引导问题 1：

干砌石施工工序为__________、__________、__________、__________。

引导问题 2：

干砌块石常采用的施工方法有哪些？

____

____

____

(2) 浆砌石施工。

引导问题 3：

浆砌石工程砌筑的工艺包括哪些？

____

____

____

引导问题 4：

勾缝按其形式可分为__________、__________、__________。

【评价反馈】

综 合 评 价 表

项目（　　）　任务（　　）：					
班级		姓名		组号	
评价项目	分值	自我评价得分	小组互评得分	教师评价得分	综合得分
按时出勤	10				
学习准备	10				
学习态度	10				
任务是否按时完成	15				
任务完成准确率	15				
参与讨论主动性	10				
沟通协调能力	10				
语言表达能力	10				
安全、文明、规范施工意识	10				
合　计	100				

任务4 土工合成材料

【案例背景】

本工程使用土工合成材料的范围包括立交地涵底部、上下游防冲护坦底部、护坡底部和软式排水管作为反滤和排水设施的土工布、立交地涵底部的防渗土工膜及翼墙墙后土工格栅。

根据工程需要合理安排土工合成材料施工。

【学习目标】

1. 掌握土工合成材料的种类以及各自特点。
2. 能根据工程资料进行分析，合理选用适合的土工合成材料进行施工。
3. 通过对土工合成材料质量控制的学习过程，培养学生科学严谨的工作态度。

【任务分组】

学生任务分配表

班级		姓名		学号	
组号		本人任务		指导老师	
其他小组成员					
姓名	学号	任务分工	姓名	学号	任务分工

【任务准备】

土工合成材料是工程建设中应用的与土、岩石或其他材料接触的聚合物材料的总称，包括土工织物、土工膜、土工复合材料、土工特种材料等。下面介绍两种水利工程中常用的土工合成材料施工。

相关知识点1：土工布施工

1. 储存、运输和处理土工布

土工布卷在安装展开前要避免受到损坏。土工布卷应该堆放于经平整不积水的地方，堆高不超过四卷的高度，并能看到卷的识别片。土工布卷必须用不透明材料覆盖以防紫外线老化。在储存过程中，要保持标签的完整和资料的完整。

在运输过程中（包括现场从材料储存地到工作地的运输），土工布卷必须避免受到损坏。

受到物理损坏的土工布卷必须修复。受严重磨损的土工布不能使用。任何接触到泄漏化学试剂的土工布，都不允许使用在本工程上。

2. 土工布的铺设方法

（1）软基处理经监理工程师验收同意后，在其上方采用人工滚铺土工布；布面要平整，并适当留有变形余量。

（2）在施工中，布的搭接根据地形及使用功能可分为自然搭接、缝接或焊接，可能长期外露的土工布，则应焊接或缝合。

热风焊接是首选的长丝土工布的连接方法，即用热风枪对两片布的连接瞬间高温加热，使其部分达到融熔状态，并立即使用一定的外力使其牢牢地黏合在一起；在潮湿天气不能进行热粘连接的情况下，土工布应采取另一方法——缝合连接法，即用专用缝纫机进行双线缝合连接，且采用防化学紫外线的缝合线，所有的缝合必须连续进行（例如，点缝是不允许的）。在重叠之前，土工布必须重叠最少150mm。缝针距离织边（材料暴露的边缘）至少是25mm。用于缝合的线应为最小张力超过60N的树脂材料，并有与土工布相当或超出的抗化学腐蚀和抗紫外线能力。

任何在缝好的土工布上的“漏针”必须在受到影响的地方重新缝接。

必须采取相应的措施避免在安装后，土壤、颗粒物质或外来物质进入土工布层。

缝合时最小宽度10cm，自然搭接时最小宽度为20cm，热风焊接时最小宽度为20cm。对于缝接，要采用质量与土工布相同的缝合线，缝合线要采用抗化学破坏和紫外光照射能力更强的材质。

（3）土工布铺设完毕由现场监理工程师认可后方可填筑其他填料。

3. 土工布铺设工艺要求

（1）基层检查：检查基层是否平整、坚实，如有异物，应事先处理妥善。

（2）试铺：根据现场情况，确定土工布尺寸，裁剪后予以试铺，裁剪尺寸应准确。

（3）检查搭接宽度是否合适，搭接处应平整，松紧适度。

（4）定位：用热风枪将两幅土工布的搭接部位粘接，粘接点的间距应适宜。

（5）对搭接部位进行缝合时缝合线应平直，针脚应均匀。

（6）缝合后应检查土工布是否铺设平整，是否存在缺陷。

（7）如存在不合要求的现象，应及时进行修补。

相关知识点2：土工膜施工

HDPE（高密度聚乙烯）防渗土工膜具体施工工艺如下。

当选择焊接接缝时，施工工艺为：铺设、剪裁→对正、搭齐→压膜定型→擦拭尘土→焊接试验→焊接→检测修补→复检→验收。

1. 土工膜的铺设

（1）HDPE膜裁切之前，应该准确丈量其相关尺寸，然后按实际裁切，一般不宜按图示尺寸裁切，应逐片编号，并详细记录在专用表格上。

（2）铺设HDPE土工膜时应力求焊缝最少，在保证质量的前提下，尽量节约原材料。

（3）土工膜与土工膜之间接缝的搭接宽度一般不小于10cm，通常就使焊缝排列方向平行于最大坡度，即沿坡度方向排列。在拐角及畸形地段，应尽量减小焊缝长度。

（4）HDPE土工膜在铺设中，应避免产生人为褶皱，温度较低时，应尽量拉紧、铺平。

（5）HDPE 土工膜在铺设完成后，应尽量减少在膜面上行走、搬动工具等，凡能对 HDPE 土工膜造成危害的物件，均不应放在膜上或携带在膜上行走，以免对膜造成意外损伤。

2. 土工膜的焊接

（1）热楔焊机焊接工序为：调节压力→设定温度→设定速度→焊缝搭接检查→装膜入机→启动马达→加压焊接。

（2）焊缝处不得有油污、灰尘，HDPE 土工膜的搭接段面不应夹有泥沙等杂物，当有杂物时必须在焊接前清洗干净。

（3）每天焊接开始时，必须在现场先试焊一条 0.9mm×0.3mm 的试样，搭接宽度不小于 10cm，并用拉力机现场进行剥离和剪切试验，试样合格后，便可用当时调整好的速度、压力、温度进行正式焊接。试样上需标明日期、时刻、环境温度。在焊接过程中，需随时注意热楔焊机的运行情况，要根据现场的实际情况对速度和温度进行微调。

（4）焊缝要求整齐、美观，不得有滑焊、跳走现象。

（5）在遇上土工膜长度不够的情况时，需要长向拼接，应先把横向焊缝焊好，再焊纵缝，横向焊缝相距大于 50cm 应呈 T 字形，不得十字交叉。

（6）相邻土工膜焊缝应尽量错缝搭接，膜块间形成的结点，应为 T 字形，尽量减少十字形，纵膜向焊缝交点处应用挤压焊机加强。

（7）焊膜时不许压出死折，铺设 HDPE 土工膜时，根据当地气温变化幅度和 HDPE 土工膜性能要求，预留出温度变化引起的伸缩变形量。

（8）当手提焊机的温度控制所指示的焊机温度低于 2000℃时，要用干净的布或棉纱擦干再焊，必要时应重新打磨，切忌用手擦拭。

（9）当接缝处有结露、潮湿、泥沙等影响时，处理后再进行焊接。

（10）在下雨期间或接缝有潮气、露水或者大沙的情况下不能进行焊接，但采取防护措施时除外。

（11）温度低于 50℃时，按照规范要求不应施工，如果必须施工的话，焊接前应对焊机进行预热处理。

（12）挤压焊接机在焊接过程中，应经常检查枪头的滑块，磨损较严重时应及时更换滑块，以免损伤膜面。

（13）土工膜在焊接时应采用稳压性能好的发电机供电，在特殊情况下采用当地用电时，必须使用稳压器。

3. HDPE 膜的锚固

锚固的方法分为三种：沟槽锚固、射钉锚固和膨胀螺栓锚固；通常情况下，采用沟槽锚固。

（1）采用沟槽锚固时，视 HDPE 土工膜的使用条件及受力情况，其锚固沟槽宽度一般为 0.5～1.0m，其深度为 0.5～1.0m。

（2）采用射钉锚固时，压条宽度不小于 2cm，厚度不得小于 2mm，射钉间距不应大于400mm，压条明露处应有防腐措施。

(3) 采用膨胀螺栓锚固时，螺栓直径不小于4mm，其间距不大于0.5mm，施工时，先用备好的沙袋将摆好位置的膜临时固定，防止大风将HDPE膜吹动移位，然后再进行膨胀螺栓锚固。

4. 施工注意事项

(1) 电器设备、电源线路应符合有关专业规范要求。

(2) 热风枪、砂轮机和焊机拖带的电源线在使用过程中，必须最大限度地远离其工作部位，以免损伤电线发生漏电。

(3) 除热风焊接处，热风枪的嘴部在任何情况下都不得与HDPE膜面接触，并且尽可能远离膜面、人体、机械等物体。

(4) 焊机在不使用时，不得直接放置在HDPE膜面上，应放置在支架或沙袋上。

(5) 裁膜刀使用完毕后，应立即将刀片收回刀盒内。

(6) 在现场使用的各种临时性小型工具，使用完毕，应及时放入工具箱内。

(7) 严禁将从挤压焊接机枪头摘下的焊料物直接丢弃在土工膜面上。

(8) HDPE土工膜施工现场严禁吸烟，还应配备消防设施，不得穿带铁钉的鞋或高跟硬底鞋到膜面上行走，不允许从事有可能破坏土工膜成品的一切活动。

【任务实施】

(1) 土工布施工。

引导问题1：

在施工中常用的土工布的铺设方法有哪些？

(2) 土工膜施工。

引导问题2：

HDPE防渗土工膜具体施工工艺包括哪些？

【评价反馈】

综合评价表

项目（　　）　　　　任务（　　）：______					
班级		姓名		组号	
评价项目	分值	自我评价得分	小组互评得分	教师评价得分	综合得分
按时出勤	10				
学习准备	10				
学习态度	10				
任务是否按时完成	15				
任务完成准确率	15				
参与讨论主动性	10				
沟通协调能力	10				
语言表达能力	10				
安全、文明、规范施工意识	10				
合　计	100				

项目四　地基与基础工程

任务1　岩基灌浆施工

【案例背景】

某水库主坝坝基进行帷幕灌浆施工，本工程灌浆方式为孔口封闭、孔内循环、自上而下分段灌浆法，采用清水钻进法造孔。

裂隙冲洗后或结合裂隙冲洗进行简易压水试验，按灌浆压力的80%确定钻孔冲水和试验压力，超过1.0MPa时，采用1.0MPa。施灌过程按照灌浆试验确定的或监理工程师批准的水灰比（重量比）进行，初步选定为3∶1、2∶1、1∶1、0.8∶1、0.6∶1、0.5∶1六个比级。钻孔终孔段灌浆结束后，申报监理工程师及时进行单孔验收，验收合格后对灌浆孔进行封孔。

【学习目标】

1. 理解岩基灌浆概念、分类、各自特点。

2. 能够说出岩基灌浆主要施工工序及施工要点。

3. 引导学生理解灌浆施工对于岩基质量影响的重要性，逐步培养学生规范、严谨的施工意识。

【任务分组】

学生任务分配表

班级		姓名		学号	
组号		本人任务		指导老师	
其他小组成员					
姓名	学号	任务分工	姓名	学号	任务分工

【任务准备】

岩石基础灌浆（简称基岩灌浆），就是按一定的配比要求，制备成某种具有流动性和胶凝性的浆液，通过钻孔用灌浆设备压入岩层的裂隙中，经过硬化胶结后，形成结石，以此达到提高基岩强度与整体性，改善基岩抗渗性的目的。基岩灌浆处理要在分析研究基岩地质条件、地基应力与变位、承受水头、建筑物类型和级别等因素后选择确定。

灌浆技术除运用于大坝的基岩处理，还广泛应用于水下隧洞围岩固结、混凝土坝体接缝以及建（构）筑物补强、超前支护、衬砌回填、堵漏等方面。

相关知识点1：岩基灌浆分类

水工建筑物的岩石基础灌浆主要包括帷幕灌浆、固结灌浆和接触灌浆。

1. 帷幕灌浆

帷幕灌浆是用灌注浆液灌入岩基的裂隙或砂砾石地基的空隙中去，形成一道或几道阻水帷幕，以减小坝基的渗流量，降低坝底扬压力，保证基础渗透稳定的灌浆方式。

帷幕灌浆的深度主要取决于作用水头及地质条件等因素，与固结灌浆相比较要深得多，有些工程的帷幕深度超过百米。在施工中，通常采用单孔灌浆，所使用的灌浆压力比较大。

为保证灌浆质量，帷幕灌浆一般安排在水库蓄水前完成。为解决帷幕灌浆工程量较大与坝体施工时间安排两者的矛盾，通常帷幕灌浆施工安排在坝体基础灌浆廊道内进行。这样既可实现坝体上升与基岩灌浆同步进行，也使灌浆施工具备了一定厚度的混凝土压重，有利于提高灌浆压力、保证灌浆质量。对于高坝的帷幕灌浆，常常要深入两岸坝肩较大范围的岩体中，一般需要在两岸分层开挖灌浆平洞。许多工程布置在坝基与两岸山体中的地下帷幕灌浆，其面积与可见的坝体挡水面相比要大得多。

2. 固结灌浆

固结灌浆是将浆液灌入有裂隙或软弱的地基，以改善基岩的整体性与强度，降低基础透水性的灌浆方式。

固结灌浆的主要施工范围：对于地质条件较好基岩，一般可在坝基上、下游应力较大的部位布置固结灌浆孔；对于地质条件较差而坝体较高情况，则需要对坝基进行全面的固结灌浆，甚至在坝基以外上下游一定范围内进行固结灌浆。灌浆孔的深度一般为5～8m，也有深达15～40m的，各孔在平面上呈网格交错布置，通常采用群孔冲洗和群孔灌浆施工方法。

固结灌浆宜在一定厚度的坝体基层混凝土上进行，这样可以防止基岩表面冒浆，并采用较大的灌浆压力，提高灌浆效果，同时也兼顾坝体与基岩的接触灌浆。若基岩比较坚硬、完整，为加快施工进度，也可直接在基岩表面进行无混凝土压重的固结灌浆。在基层混凝土上进行钻孔灌浆，必须在相应部位混凝土的强度达到50%设计强度后，方可开始。或者先在岩基上钻孔，预埋灌浆管，待混凝土浇筑到一定厚度后再灌浆。

长江三峡工程的部分坝基固结灌浆采用找平混凝土进行浇筑。找平混凝土的强度等级与大坝基础混凝土相同，浇筑厚度一般为30～40cm，以填平低洼坑槽为主，待找平混凝土强度达到70%设计强度后，开始固结灌浆作业。

黄河小浪底水利枢纽进水塔基岩进行的无盖重固结灌浆在基岩面上浇筑了30～40cm的垫层混凝土，在垫层混凝土的保护下，先进行表层3m的固结灌浆，在基岩面形成盖板后，再进行下部岩体灌浆。

二滩水电站拱坝坝基固结灌浆原则上由无盖重灌浆开始，至有盖重灌浆结束。无盖重灌浆在岩石裸露条件下施工，主要进行3m孔深以下岩体的灌浆，3m以上通过接管引至坝后集中地点，在浇筑坝体基础混凝土后再进行灌浆。同一地段的基岩灌浆应按先固结灌浆后帷幕灌浆的顺序进行。

3. 接触灌浆

接触灌浆是利用浆液灌入混凝土坝体与基岩之间，以加强坝体混凝土与坝基或岸肩之间的结合能力，提高坝体抗滑稳定性的灌浆方式。通常采用混凝土钻孔压浆或预先在接触面上埋设灌浆盒及相应的管道系统的方法，也可结合固结灌浆进行。接触灌浆应安排在坝体混凝土达到稳定温度以后进行，以防止混凝土收缩产生拉裂。

相关知识点 2：灌浆材料

灌浆材料主要有水泥、黏土、膨润土、化学材料等，其中水泥作为一种最为普遍的灌浆材料，具有灌浆设备与工艺比较简单、灌浆效果可靠、材料成本低廉等优点。

灌入岩基的水泥浆液，由水泥与水按一定配比制成，其浆液呈悬浮状态。水泥浆液所采用的水泥品种，应综合考虑灌浆目的、环境水的侵蚀作用等因素确定。一般情况下，可采用强度等级不低于 C45 的普通硅酸盐水泥或硅酸盐大坝水泥，如有耐酸等要求，则选用抗硫酸盐水泥。矿渣水泥与火山灰质硅酸盐水泥具有析水快、稳定性差、早期强度低等缺点，一般不宜使用。

水泥颗粒的细度对灌浆效果影响较大。水泥颗粒越细，越能够灌入细微的裂隙中，水泥的水化作用也越完全。对于帷幕灌浆，对水泥细度的要求为通过 80m 方孔筛的筛余量不大于 5%。灌浆用的水泥要符合质量标准，不得使用过期、结块或细度不合要求的水泥。

相关知识点 3：灌浆施工

灌浆施工主要程序是：钻孔、冲洗、压水试验、灌浆等。

1. 钻孔

钻孔一般采用回转式钻机钻成，孔深小于 10m 的，也可利用风钻或架钻进行。

钻孔的质量对灌浆质量影响较大。其总的要求是：确保钻孔方向、钻孔深度符合设计要求，力求钻孔直径上下均匀，孔壁平整，钻孔产生的岩粉细屑少，尽可能少地堵塞孔壁裂隙，灌浆质量好。钻孔方向偏斜，钻孔深度不足，则帷幕灌浆将出现缺口，留下漏水通道，降低防渗效果。

2. 冲洗

钻孔后须将残留在孔底和孔壁的岩粉冲出孔外，并将岩层裂隙和孔洞中的充填物冲洗干净，以保证灌浆质量。

冲洗应按先冲洗钻孔，再冲洗岩层裂缝的顺序进行，一般采用压力水冲洗的方法。如用压力水和压缩空气轮流冲洗或混合冲洗，可提高冲洗效率和质量。冲洗压力不宜大于同孔段灌浆压力的 80%，该值若大于 1MPa，采用 1MPa，以免引起裂缝扩张和岩层的松动、变形。

3. 压水试验

灌浆前进行压水试验，可通过测定单位吸水率来了解岩层的渗透性能（裂隙情况和漏水量大小），为岩基灌浆设计施工提供依据。灌浆后可通过压水试验检查灌浆的质量和效果。

单位吸水率指的是在每米水柱压力下，每米试验孔段长度，每分钟内的压入流量，即单位压力、单位孔长和单位时间内岩层的吸水量，其计算公式为

$$W=Q/L \cdot s \tag{4-1-1}$$

式中 Q——压入流量，L/min；

s——试验压力，以计算水头计，m；

L——试验孔段长度，m；

W——单位吸水率，L/(min·m·m)。

4. 灌浆

(1) 灌浆设备。一般采用活塞式灌浆泵，按缸体轴线方向不同可分为立式和卧式两种：立式一般为单缸的，卧式又分为单缸、双缸两类。

卧式单缸活塞灌浆泵工作方式如下所述：活塞右移时，自吸浆阀吸入水泥浆；活塞左移时，水泥浆被压至空气室（又称稳压室），进而压入压力管路。空气室依靠上部封闭空腔内被压缩气体的压力作用，使阀室间断脉冲压出的水泥浆能稳定均匀地压入管路。为了使出浆均衡，也可采用双缸灌浆机。为了防止浆液与活塞、活塞滑移段缸壁直接接触导致严重磨损，现已广泛使用隔膜泵，隔膜间充满水，通过水来传递压力和吸力。

(2) 钻灌次序。帷幕灌浆与固结灌浆均遵循分序加密原则进行钻孔灌浆。

单排帷幕孔第一次序孔的孔距多为8～12m，然后内插加密二次、三次、四次序孔，孔距分别为4～6m、2～3m、1～1.5m。双排帷幕孔通常先钻灌下游排，再钻灌上游排。多排帷幕孔一般是先边排后中排，但在坝前已壅水或有地下水活动时，则须先上游排、再下游排，后中间排，以避免浆液过多流失。帷幕灌浆孔每排内各次序孔的距离，视岩层完整程度确定。

固结灌浆孔至少布置两次序孔。第一次序孔多为正方形布点，以后的各次序均按梅花形内插。最后一次序孔的孔距一般设置为3～6m。

(3) 灌浆方法。按照灌浆时浆液是否部分返回地面以及重复使用，灌浆方法分为纯压式和循环式两种。纯压式采用单根灌浆管，浆液压入钻孔后，只能从缝隙扩散。该种方法具有设备简单、操作方便的优点，但浆液流速小，若是粒状灌浆材料（如水泥、黏土），容易产生沉淀并堵塞岩隙和管道，影响灌浆质量。纯压式适用于吸浆量大，有大裂隙存在和孔深不超过15m的情况。化学浆材由于为稀溶液，不存在中途沉淀问题，所以采用纯压法。循环式既使浆液始终保持循环流动不沉淀，灌浆效果好，又可根据进浆与回浆浆液比重的差值，判断岩层吸浆情况。

按照灌浆顺序，灌浆方法又可分为全孔一次灌浆法、自上而下分段灌浆法、自下而上分段灌浆法和综合灌浆法。

1) 全孔一次灌浆法。全孔一次灌浆法是将灌浆孔一次钻至全深，灌浆塞布置于孔口，全孔一次灌浆。此法施工简单，但灌浆效果较差，仅适用于孔深不超过10m、岩基裂隙少、透水性不大的情况。

2) 自上而下分段灌浆法。自上而下分段灌浆法是将孔深分为段长3～5m的若干段，自上而下钻一段灌一段，待前一段浆液凝固后再钻至下一段，将灌浆塞移至前一段底，灌

下一段，如此反复，直至全深。该种方法优点是：随段深的加大，可逐段加大灌浆压力，以提高灌浆质量；上部灌实后形成完整结石，灌下部时，不会产生地面冒浆、岩层被抬动等情况；分段钻灌，分段进行压水试验，成果准确，有利于判断各段的灌浆质量。其缺点是：钻机移动次数较多，钻孔工作量大，待凝时间长，工效低。该种方法多用于地质条件较差、岩层破碎、竖向节理裂隙发育、灌浆质量要求较高的情况下。

3）自下而上分段灌浆法。自下而上分段灌浆法一次将孔钻至全深，然后自下而上逐段灌浆。此法钻孔工作量小，施工简便、工效高，但当上部岩隙多时，地层易松动，易冒浆，不能提高灌浆压力，灌浆质量不如自上而下分段灌浆法高，仅适用于岩层较完整，裂隙少或岩层倾角小，地面不易冒浆的情况。

4）综合灌浆法。实际工作中，岩层通常是上部裂隙多而下部较完整。深孔灌浆时，可兼取以上两法的优点，即上部采用自上而下、下部采用自下而上的钻灌方法，称为综合灌浆法。

（4）灌浆压力。灌浆压力指灌浆时灌浆段中心处浆液承受的实际压力。压力高，浆液可以更好地压入细小裂缝，同时增大浆液的扩散半径，析出多余的水分，提高灌浆结石的密实度，有利于提高防渗和固结质量。但压力过高，可能导致裂缝扩大或抬动上部岩层和坝体，同时浆液压出应灌范围外，造成浪费。灌浆允许压力与岩层情况、孔深和有无压重等因素有关，一般以不松动地层为原则。

对于帷幕灌浆，经验认为灌浆压力在表层段不应小于1.5倍最大工作水头，在底部宜为最大工作水头的2～3倍。至于固结灌浆，多为浅孔，在坝体浇筑前灌浆时，其灌浆压力采用0.2～0.5MPa；在坝体浇筑后灌浆，可采用0.3～0.7MPa；在地质条件较差或软弱岩层地区，可适当降低灌浆压力；深孔固结灌浆可参照帷幕灌浆确定。灌浆压力值大小最终通过灌浆试验确定。

（5）浆液浓度控制。灌浆过程中，须根据吸浆量的变化情况及时调整浆液的浓度。稀浆流动性好，但容易扩散到灌浆范围外，造成浪费，而且凝固时收缩大，水泥结石与岩石缝面脱开，防渗和固结质量降低。稠浆流动性差，扩散范围小，不易灌入细小裂缝，但凝固时收缩小，与缝面黏结较好，防渗、固结质量相对提高。

坝基灌浆浓度，以水灰比表示，采用8∶1、5∶1、3∶1、2∶1、1.5∶1、1∶1、0.8∶1、0.6∶1、0.5∶1（重量比）九个等级。灌浆过程从稀浆开始，灌满细裂缝，而后逐级变浓，充填较大裂隙。这种由稀到浓的变换方式，使灌浆的整体质量最好。

浆液浓度的变换，根据每一级浓度的浆液灌入量进行控制，称为量法。主要控制方法为：当某一级浓度的浆液灌入量已达到限量标准，而灌浆压力及吸浆量均无改变，或改变不显著时，则换浓一级浆液灌注。但若变浓后浆量突然显著下降或灌浆压力突然上升，说明裂隙在尚未充填密实情况下被浓浆堵塞，变浓不适当，应迅速恢复原浓度继续灌注。

（6）灌浆结束。

1）帷幕灌浆：采用自上而下分段灌浆法时，在规定的压力下，当注入率不大于0.4L/min时，继续灌注60min；或不大于1L/min时，继续灌注90min，灌浆可以结束。采用自下而上分段灌浆法时，继续灌注的时间可相应地减少为30min和60min，灌浆可以结束。

2）固结灌浆：当注入率不大于0.4L/min时，继续灌注30min，灌浆可以结束。

每个灌浆孔灌浆完毕后，应用浓的水泥浆或水泥砂浆予以回填密实，回填封孔应使用机械进行。

【任务实施】

（1）岩基灌浆分类。

引导问题1：

地基处理中的灌浆按其目的可分为__________、固结灌浆、__________等。

用浆液灌入岩体或土层的裂隙、孔隙，形成防水幕，以减小渗流量或降低氧压力的灌浆称为__________。

用浆液灌入岩体裂隙或破碎带，以提高岩体的整体性和抗变形能力的灌浆称为__________。

为了使坝基与基岩接触面结合密实而进行的灌浆称为__________。

（2）灌浆材料。

引导问题2：

水泥颗粒的细度对于灌浆的效果有较大影响。水泥颗粒越细，越能够灌入细微的裂隙中，帷幕灌浆对水泥细度的要求为通过80m方孔筛的筛余量不大于__________。

（3）灌浆施工。

引导问题3：

灌浆施工分为__________、__________、__________、__________四个工序。

引导问题4：

简述灌浆钻孔一般使用的机械类型及钻孔质量要求。

____

____

____

____

引导问题5：

冲洗钻孔与冲洗岩层裂缝的顺序应是__________在先。冲洗压力不宜大于同孔段灌浆压力的__________，该值若大于1MPa，采用__________。

引导问题6：

依据分序加密原则进行帷幕灌浆时，若设置双排帷幕孔，共分为三个次序，绘制简图体现施工次序。

引导问题 7：

利用思维导图自行总结全孔一次灌浆法、自上而下分段灌浆法、自下而上分段灌浆法和综合灌浆法主要施工特点。

引导问题 8：

除公式法确定灌浆压力外，根据经验如何选择帷幕灌浆、固结灌浆压力？

____

____

____

引导问题 9：

灌浆过程从__________浆开始，使细裂缝首先灌满，而后逐级变__________，充填较大裂隙，以这种变换方式灌浆的整体质量最好。

引导问题 10：

灌浆结束封孔的原则。

____

____

____

【评价反馈】

综合评价表

项目（　） 任务（　）：______					
班级		姓名		组号	
评价项目	分值	自我评价得分	小组互评得分	教师评价得分	综合得分
按时出勤	10				
学习准备	10				
学习态度	10				
任务是否按时完成	15				
任务完成准确率	15				
参与讨论主动性	10				
沟通协调能力	10				
语言表达能力	10				
安全、文明、规范施工意识	10				
合　计	100				

任务2 防渗墙施工

【案例背景】

某水电站枢纽建筑物主要由拦河坝、左岸岸边式地面厂房、左岸引水系统等组成。

坝基混凝土防渗墙设置在坝0－006.500处，连续墙厚0.7m，连续墙底部深入基岩1.0m，最大墙深25.8m，顶部相接于钢筋混凝土铺盖。防渗墙墙体混凝土为C25二级配普通混凝土，抗渗等级为W10，抗冻等级为F50。

根据现场的地形地质条件，防渗墙采用“钻劈法”施工造孔；槽段连接采用钻凿法（套接）；混凝土运输采用$4m^3$混凝土搅拌车运至槽口，以水下直升导管法灌注混凝土。

【学习目标】

1. 了解混凝土防渗墙的分类、适用条件、墙体材料。

2. 能够说出防渗墙施工工艺流程，具备施工质量检查的能力。

3. 通过探索交流防渗墙施工的质量控制措施，潜移默化，使学生具备吃苦耐劳、踏实肯干的职业精神。

【任务分组】

学生任务分配表

班级		姓名		学号	
组号		本人任务		指导老师	
其他小组成员					
姓名	学号	任务分工	姓名	学号	任务分工

【任务准备】

相关知识点1：防渗墙的分类

水工混凝土防渗墙可按墙体结构形式、墙体材料和成槽方法进行分类。

1. 按墙体结构形式分类

按墙体结构形式，水工混凝土防渗墙分为槽孔型防渗墙、桩柱型防渗墙和混合型防渗墙三类，其中槽孔型防渗墙应用更加广泛（图4-2-1）。

2. 按墙体材料分类

按墙体材料，水工混凝土防渗墙主要有普通混凝土防渗墙、钢筋混凝土防渗墙、黏土混凝土防渗墙、塑性混凝土防渗墙和灰浆防渗墙。

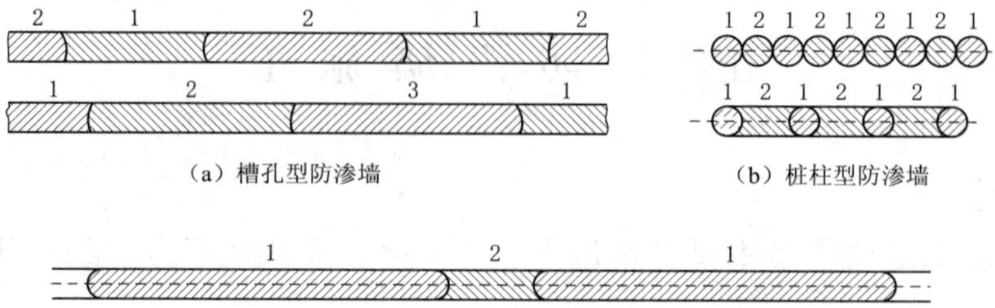

（a）槽孔型防渗墙　（b）桩柱型防渗墙

（c）混合型防渗墙

图 4-2-1　水工混凝土防渗墙的结构形式

1、2、3—槽孔编号

3. 按成槽方法分类

按成槽方法，水工混凝土防渗墙主要有钻挖成槽防渗墙、射水成槽防渗墙、链斗成槽防渗墙和锯槽防渗墙。

成槽机械有钢绳冲击钻机、回转式钻机、冲击式反循环钻机、锯槽机、抓斗挖槽机、射水成槽机及链斗式挖槽机等。

相关知识点 2：防渗墙的墙体材料

防渗墙的墙体材料主要有普通混凝土、黏土混凝土、粉煤灰混凝土、塑性混凝土等。

1. 普通混凝土

普通混凝土为不加其他掺合料的高流动性混凝土，强度一般为 7.5～20MPa；在泥浆下浇筑，故要求混凝土能在自重下自行流动，并有抗离析与保持水分的性能。其坍落度一般为 18～22cm，扩散度为 34～38cm。

2. 黏土混凝土

黏土混凝土强度一般在 10MPa 左右，在混凝土中掺入一定量的黏土（一般为总量的 12%～20%）。其主要特点为降低混凝土的弹性模量，改变其变形性能，提升其和易性，改善其易堵性，节省水泥，抗渗性与普通混凝土相比要差一些。

3. 粉煤灰混凝土

粉煤灰混凝土为混凝土中掺加一定比例的粉煤灰，改善混凝土的和易性，降低混凝土发热量，提高混凝土密实性和抗侵蚀性，并具有较高的后期强度。

4. 塑性混凝土

塑性混凝土是以黏土和（或）膨润土取代普通混凝土中的大部分水泥所形成的一种柔性墙体材料，其抗压强度一般为 0.5～2MPa，弹性模量为 0.1～0.5GPa，渗透系数为 10^{-7}～10^{-6}cm/s。

塑性混凝土的水泥用量仅为 80～100kg/m^3，使得其强度低，特别是弹性模量值低至与周围介质相接近，墙体适应变形的能力大大提高，几乎不产生拉应力，降低了墙体出现开裂现象的可能性。

相关知识点 3：防渗墙的施工工艺

防渗墙主要施工工序包括导墙设置、泥浆制备和使用、槽段开挖、清槽、钢筋笼制作及安放、浇筑水下混凝土、接头施工等。

1. 导墙设置

防渗墙槽段开挖前，沿连续墙纵向轴线位置设置导墙，采用现浇混凝土或钢筋混凝土浇筑。导墙深度一般为1～2m，其顶面高于地面50～100mm，目的是防止地表水流入导沟。导墙的厚度一般为100～200mm，内墙面应垂直，内壁净距为连续墙设计厚度加施工余量（一般为40～60mm）。墙面与纵轴线距离的允许偏差为±10mm，内外导墙间距允许偏差±5mm，导墙顶面应保持水平。

导墙顶面应高出地下水位1m以上，以保证槽内泥浆液面高于地下水位0.5m以上，且不低于导墙顶面0.3m。导墙混凝土强度达到70%以上时方可拆模。拆模后，应立即将导墙间加木支撑至槽段开挖拆除，严禁重型机械通过、停置或作业，防止导墙开裂或变形。

2. 泥浆制备和使用

泥浆必须经过充分搅拌，常用螺旋桨式搅拌机搅拌、低速卧式搅拌机搅拌、离心泵重复循环、压缩空气搅拌等方法。泥浆搅拌后应在储浆池内静置24h以上，或加分散剂膨润土或黏土充分水化后方可使用。在施工过程中应加强检查和控制泥浆的性能，定时对泥浆性能进行测试，随时调整泥浆配合比，对于泥浆质量要做好检测记录。

通过沟槽循环或混凝土置换排出的泥浆，如重复使用，必须经过净化再生处理。在容易产生泥浆渗漏的土层施工时，应适当提高泥浆黏度和增加储备量，并备堵漏材料。如发生泥浆渗漏，应及时补浆和堵漏，确保槽内泥浆正常。

3. 槽段开挖

挖槽施工前应预先将连续墙划分为若干个单元槽段，其长度一般为4～7m，每个单元槽段由若干个开挖段组成。在导墙顶面进行槽段的控制标记，如有封闭槽段，须采用两段式成槽，以免导致最后一个槽段无法钻进。

成槽前对钻机进行一次全面检查，各部件必须连接可靠，特别是钻头连接螺栓不得有松脱现象。

为保证机械运行和工作平稳，轨道铺设应牢固可靠，道砟应铺填密实。轨道宽度允许误差为±5mm，轨道标高允许误差为±10mm。连续墙钻机就位后应使机架平稳，确保悬挂中心点和槽段中心一致。钻机调好后，利用夹轨器固定牢靠。

挖槽过程中，应保持槽内始终充满泥浆，以确保槽壁稳定。成槽时，根据排渣和泥浆循环方式不同分为正循环和反循环。当采用砂泵排渣时，依砂泵是否潜入泥浆中，又分为泵举式和泵吸式。一般采用泵举式反循环方式排渣，操作简便，排泥效率高，但开始钻进须先用正循环方式，待潜水砂泵电机潜入泥浆中后，再改用反循环排泥。

当遇到坚硬地层或遇到局部岩层无法钻进时，可辅助通过冲击钻进行破碎，用空气吸泥机或砂泵将土渣吸出地面。

成槽时要随时掌握槽孔的垂直精度，通过钻机的测斜装置经常观测偏斜情况，不断调整钻机操作，并利用纠偏装置调整下钻偏斜。

挖槽时应加强观测，如槽壁出现较严重的局部坍落，应及时回填并妥善处理。槽段开挖结束后，应检查槽位、槽宽、槽深及槽壁垂直度等，合格后方可进行清槽换浆。在挖槽过程中应做好施工记录。

4. 清槽

在槽段开挖结束后，灌注槽段混凝土前，应进行清槽工作，确保沉渣厚度符合设计要求，以便清洁防渗墙的底部，提高防渗墙的防渗功能。

清槽作业可在挖槽结束后立即进行，也可在灌注槽段混凝土之前进行，测定槽内泥浆的指标及沉渣厚度，满足设计要求后，才可以灌注槽段混凝土。清槽时应注意保持槽内泥浆始终处于充满状态，以维持槽壁的稳定。

5. 钢筋笼制作及安放

钢筋笼的加工制作，要求主筋净保护层为70～80mm。为防止在插入钢筋笼时擦伤槽面，并确保钢筋保护层厚度，宜在钢筋笼上设置定位钢筋环、混凝土垫块。纵向钢筋底端距槽底的距离应有100～200mm，当采用接头管时，水平钢筋的端部至接头管或混凝土及接头面应留有100～150mm间隙。纵向钢筋应布置在水平钢筋的内侧。为便于插入槽内，钢筋底端宜稍向内弯折。钢筋笼的内径尺寸，应比导管连接处的外径大100mm以上。

钢筋笼制作允许偏差值为：主筋间距±10mm、箍筋间距±20mm、钢筋笼厚度和宽度±10mm、钢筋笼总长度±50mm。

钢筋笼吊放应使用起吊架，采用双索或四索起吊，以防起吊时因钢索的收紧力而导致钢筋笼变形。同时要注意在起吊时不得拖拉钢筋笼，避免造成弯曲变形。为避免钢筋吊起后在空中摆动，应在钢筋笼下端系有溜绳，通过人力加以控制。

钢筋笼需要分段吊入接长时，应注意不得使钢筋笼产生变形。下段钢筋笼入槽后，临时穿钢管搁置在导墙上，再焊接接长上段钢筋笼。钢筋笼吊入槽内时，吊点中心必须对准槽段中心，竖直缓慢放至设计标高，再通过吊筋穿管搁置在导墙上。如果钢筋笼不能顺利地吊入槽内，应重新吊出，查明原因，采取相应措施加以解决，不得强行插入。所有用于内部结构连续的预埋件、预埋钢筋等，应与钢筋笼焊接牢固。

6. 浇筑水下混凝土

混凝土配合比应符合下列要求：混凝土的实际配制强度等级应比设计强度等级高一级，水泥用量不宜少于370kg/m^3，水灰比不应大于0.6。坍落度宜为18～20cm，并应有一定的流动度保持率；坍落度降低至15cm的时间，一般不宜小于1h；扩散度宜为34～38cm。混凝土拌合物的含砂率不小于45%；混凝土的初凝时间，应能满足混凝土浇灌和接头施工工艺要求，一般不宜低于3h。

在接头管和钢筋就位后，应检查沉渣厚度，并且在4h以内浇灌混凝土。浇灌混凝土须使用导管，其内径一般选用250mm，每节长度一般为2.0～2.5m。导管要求连接牢靠，接头用橡胶圈密封，防止漏水。在使用导管前应认真检查和清理，使用后要立即将黏附在导管上的混凝土清除干净。

在单元槽段较长时，应使用多根导管浇灌，导管内径与导管间距的关系一般是：导管内径为150mm、200mm、250mm时，其间距分别为2m、3m、3～4m，且距槽段端部均不得超过1.5m。为防止泥浆卷入导管，导管在混凝土中须处于合适的埋置深度，一般宜控制在2～4m。在任何情况下，不得小于1.5m或大于6m。

导管下口与槽底的间距，以能放出隔水栓和混凝土为度，一般比栓长100～200mm，隔水栓应放在泥浆液面上。在浇筑混凝土前常先灌入适量的水泥砂浆，以免导致粗骨料卡住隔水栓。隔水栓用铁丝吊住，待导管上口贮斗内混凝土的存量满足首次浇筑，导管底端能埋入混凝土中0.8～1.2m时，才能剪断铁丝，继续浇筑。

混凝土浇灌应连续进行，槽内混凝土面上升速度一般不宜小于2m/h，中途不得间歇。当混凝土不能畅通时，应将导管上下提动，慢提快放，但不宜超过300mm。不能横向移动导管，提升导管时应避免碰刮钢筋笼。

随着混凝土的上升，要适时提升和拆卸导管，导管底端一般位于混凝土面以下2～4m，不宜大于6m，且不小于1m，禁止把导管底端提出混凝土上面。

在同一个槽段内使用两根导管浇灌混凝土时，其间距不应大于3.0m，导管距槽段端头不宜大于1.5m，混凝土应均匀上升，各导管处混凝土表面高差不宜大于0.3m。混凝土浇筑完毕，终浇混凝土面高程应高于设计要求0.3～0.5m，该部分浮浆层之后应凿去。

在浇灌过程中应随时掌握混凝土浇灌量，设专人每30min测量一次导管埋深及管外混凝土标高。测定时应取三个以上测点，用平均值确定混凝土上升情况，以此决定导管的提拔长度。

7. 接头施工

连续墙各单元槽段间的接头，通常采用半圆形。其方法是在未开挖一侧的槽段端部先放置接头管，后放入钢筋笼，浇灌混凝土，根据混凝土的凝结硬化速度，徐徐将接头管拔出，最后在浇灌段的端面形成半圆形的接合面，在浇筑下段混凝土前，应用特制的钢丝刷子沿接头处上下往复移动数次，将接头处的残留泥浆刷去，以利于新旧混凝土结合。

接头管一般用10mm厚钢板卷成。槽孔较深时，做成分节拼装式组合管，各单节长度为6m、4m、2m不等，便于根据槽深接成合适的长度。外径比槽孔宽度小10～20mm，直径误差控制在±3mm以内。接头管表面应平整光滑，连接紧密可靠，一般采用承插式连接。各单节组装好后，应保持上下垂直。

接头管一般用起重机组装、吊放。吊放时要紧贴单元槽段的端部和对准槽段中心，保持接头管垂直并缓慢地插入槽内。下端放至槽底，上端固定在导墙或顶升架上。

提拔接头管宜使用顶升架（或较大吨位吊车），顶升架上安装有大行程（1～2m）、起重量较大（50～100t）的液压千斤顶两台，配有专用高压油泵。

提拔接头管须掌握好混凝土的浇灌时间、浇灌高度、混凝土的凝结硬化速度，及时提动和拔出，不能过早、过快或过迟、过缓。如过早、过快，则会造成混凝土壁塌落；过迟、过缓，则由于混凝土强度增长，摩阻力增大，造成提拔不动和埋管事故。一般在混凝土开始浇灌2～3h后开始提动接头管，然后使管子回落。以后每隔15～

20min提动一次，每次提起100～200mm，使管子在自重下回落，说明混凝土尚处于塑性状态。如管子不回落，且管内又没有涌浆等异常现象，宜每隔20～30mm拔出0.5～1.0m，如此重复。在混凝土浇灌结束后5～8h内将接头管全部拔出。

4-1

相关知识点4：防渗墙的质量检查

1. 泥浆的质量

浆液不仅可以稳定槽壁和悬挂岩渣，同时还可以起到冷却和润滑钻具的作用，所以用于稳定墙体结构的浆液，必须具有良好的物理性能、强流动性和高度化学稳定性。尤其是在砂砾层、疏松土质，以及透水能力较高的渗漏土层施工中，宜采用密度大、黏性好的浆液。当用混凝土进行外墙补强工程时，必须尽可能剔除水泥的细微砂子。而在施工过程中，可根据地质要求的特点，适当加入一些外加剂，如选用质量优良的膨润土浆等，以提高其安全性。如果施工条件允许，泥浆可以回收利用，可以有效地降低资金投入和环境污染。

2. 混凝土原材料质量

用作防渗墙材料的水泥混料，必须严格地根据建筑及施工现场的实际情况加以设计，并在进行严密的测试之后使用。为延长水泥的初凝时间，可在混凝土施工过程中再添加少量粉煤灰综合利用。砂则采用天然过筛细土，骨料的粒度应根据工程设计要求来确定，一般采用自然卵石或砂砾。

3. 成孔施工的质量

造孔成槽在防渗墙的施工过程中非常关键，成槽质量在影响防渗墙轮廓尺寸的同时，还对防渗墙的整体结构稳定性具有一定影响。

成孔孔斜会影响槽孔中各个部位间搭接的厚度，进而导致防渗墙变形以及开裂。地貌条件或设备的故障是导致出现孔斜的最主要因素。同时，孔斜也可能是由人员配线不规范而引起的。因此，在开挖槽孔时，应该全面掌握建筑施工现场的地貌特点，开工前对设备进行全面检查，确保人员的放绳质量。

成孔施工事故常表现为导槽开裂变形、沟壁坍塌、落钻等。导槽既保证了井口的稳定性，又为孔的掘进提供了依据。因此，一旦导槽结构变形或破裂，会影响钻具的正常升降，同时还会对成孔的精确度产生较大的影响，导致出现孔斜的现象。此外，如果发生落钻事故，应及时处理，如果处理不合理，有可能造成钻头磨损或偏离出槽，施工完成以后由于钻头被水流侵蚀，会在墙面上产生裂缝，从而影响防渗墙的工程质量。

4. 接头孔的施工质量

混凝土防渗墙的连接施工重点包括混凝土结构的连接，墙与墙间的连接以及地面的衔接等。而在与基石结合处，最重要的就是连接管的布置工作，并注意连接管的垂直方向与深入长度，以保证在碎石层中防渗墙的厚度和墙深相同。混凝土构件之间的连接大多采用注浆或高压灌浆完成，为了连接墙体的各个部位，必须尽可能选择与槽段长度相对应的长度，并尽量减少连接，为保证连接质量，应根据槽选择钻孔、接头管或软连接法。

【任务实施】

(1) 防渗墙的分类及适用条件。

引导问题1:

按墙体结构形式，水工混凝土防渗墙分为__________、__________和混合型防渗墙三类，其中__________使用更加广泛。

引导问题2:

水工混凝土防渗墙成槽方法主要有哪些？

____

____

(2) 防渗墙的墙体材料。

引导问题3:

下列防渗墙墙体由哪些材料组成？

普通混凝土：____

黏土混凝土：____

粉煤灰混凝土：____

塑性混凝土：____

(3) 防渗墙的施工工艺。

引导问题4:

导墙设置的施工要点有哪些？

____

____

____

____

引导问题5:

混凝土浇灌应连续进行，槽内混凝土面上升速度一般不宜小于__________，中途不得间歇。当混凝土不能畅通时，应将导管上下提动，慢提快放，但不宜超过__________。

引导问题6:

接管起拔过早、过快和过迟、过缓会产生什么危害？

____

____

(4) 防渗墙的质量检查。

引导问题7:

槽孔孔斜会产生哪些不良影响？

____

____

【评价反馈】

综 合 评 价 表

项目（　　）　　　　任务（　　）：______					
班级		姓名		组号	
评价项目	分值	自我评价得分	小组互评得分	教师评价得分	综合得分
按时出勤	10				
学习准备	10				
学习态度	10				
任务是否按时完成	15				
任务完成准确率	15				
参与讨论主动性	10				
沟通协调能力	10				
语言表达能力	10				
安全、文明、规范施工意识	10				
合　计	100				

任务3 桩 基 施 工

【案例背景】

某市污水泵站工程辅助用房地基加固处理采用水泥搅拌桩施工方式。水泥搅拌桩桩径500mm，桩顶标高－2.300m（相对标高），剔除500mm桩头，桩顶设300mm厚级配碎石垫层，设计桩长8m，施工长度8.5m，桩心间距1000mm，共432根。水泥掺入量18%，水泥搅拌桩28d无侧限抗压强度不小于1000kPa。根据地质报告，地下水具有腐蚀性，水泥采用抗硫酸盐硅酸盐水泥。

水泥搅拌桩采用二喷四搅的成桩工艺，施工工艺流程：定位放样→桩机就位→复核桩位→制备灰浆→喷浆搅拌下沉→喷浆搅拌提升→重复搅拌下沉→重复搅拌提升→搅拌提升至桩顶并冲洗浆管。

【学习目标】

1. 熟知水泥土搅拌桩两种常见施工方式，掌握灌注桩施工准备、工艺流程、施工要点等。

2. 能够根据实际情况进行水泥土搅拌桩、灌注桩施工质量控制与检查。

3. 通过任务实施掌握桩基础施工要点，逐步培养学生分析问题、解决问题的能力。

【任务分组】

学生任务分配表

班级		姓名		学号	
组号		本人任务		指导老师	
其他小组成员					
姓名	学号	任务分工	姓名	学号	任务分工

【任务准备】

相关知识点1：水泥土搅拌桩施工

水泥土搅拌桩法主要是用水泥等作为固化剂，利用搅拌机械设备，在地基深处将软土和固化剂强制搅拌，固化剂与软土地基产生一系列物理化学反应，使软土硬结成具有一定强度、整体性及水稳定性的优质地基。搅拌桩适用于加固各种成因的饱和软黏土。目前，该法国内常用于加固含水量较高的黏性土、粉土、淤泥和淤泥质土。

1. 施工技术模式

水泥土搅拌桩有两种常见的施工技术模式：①“湿法施工”技术模式；②“干法施工”技术模式。

采用湿法（喷浆）或干法（喷粉），主要决定于被加固土的土层含水量。一般“湿法施工”适用于天然含水量小于30%的土层，“干法施工”适用于天然含水量大于50%的土层，而天然含水量在30%～50%时可视具体情况灵活选择。

两种方法从施工操作和加固效果来看，各有适应性和利弊。“湿法施工”搅拌较均匀，易于复搅，但加固硬化时间较长，当土层天然含水量过高时，桩间土多余的孔隙水需要经过较长的时间才能排除。而“干法施工”搅拌均匀性欠佳，难以全程复搅，但水泥硬化时间短，且桩间土的含水量相对较低，一定程度上提高了桩间土的强度。

因此，采用两种施工技术模式应注意以下问题：当土层含水量较低、采用“干法施工”时，可在预搅下沉阶段冲入适量清水，这样既方便施工，易于喷粉、搅拌，又可提供充足的水分方便水泥水解和水泥水化反应。采用“湿法施工”，在预搅下沉时，应避免水冲下沉，仅当硬土层下沉太慢时，才可适量冲水。另外，“湿法施工”时应尽量降低水灰比，减小桩体含水量，还可以加入适量的减水剂（木质素等）、速凝剂等，以此加快水泥的硬化时间。水泥搅拌桩施工模式、操作步骤和注意事项见表4－3－1。

表4－3－1　水泥搅拌桩施工模式、操作步骤和注意事项

施工模式	施工操作步骤和注意事项
湿法施工	1. 水泥浆制作； 2.（水泥浆＋地基土）混合搅拌； 3. 质量验收与确认
干法施工	1. 水泥粉制作； 2. 使用压缩空气将水泥粉打入地下； 3.（水泥粉＋地基土）混合； 4.（水泥粉＋地基土＋孔隙水）混合并发生水化反应； 5.（水泥粉＋地基土＋孔隙土）固结成形； 6. 质量验收与确认

2. 施工质量控制

水泥土搅拌桩施工质量控制主要包含以下四个方面：

（1）水泥浆质量控制。作为水泥土搅拌桩中最重要的反应物，水泥浆液的物理性能和力学性能需要满足要求，同时制备出来的浆液还要确保施工的连续性。

（2）放桩位置控制。水泥土搅拌桩施工前，需结合实际情况和图纸要求，用计算机对桩位进行布置、编号，必要时找出每个桩的中心坐标，将桩号和对应坐标标示在桩位布置图上，再通过GPS（全球定位系统）将每个桩的中心测放到施工现场，打上固定钢筋柱，并用滑石粉标记。

（3）桩机调整控制。桩机就位前，应在桩架左右两侧安装定位器或指示标杆，测量桩位偏差，偏差宜控制在 2cm 以内。桩机就位后，利用液压系统调整台车，通过水准器确保台车的四角处于同一个高度，然后再用液压顶推装置调整钻杆，使其与台车垂直，垂直度偏差宜控制在 5%以内。

(4) 搅拌喷浆控制。控制转动和升降速度，根据搅拌桩机在不同挡位上的转动以及升降速度来确定单位时间的供浆量，挡位应根据地质的软硬程度、桩长合理选择。

相关知识点 2：钻孔灌注桩施工

泥浆护壁钻孔灌注桩采用钻机成孔，灌注混凝土或钢筋混凝土成桩，以此将荷载通过桩传给坚硬土层或岩石，或通过桩周围的摩擦力传给地基，以提高地基的承载力。

1. 灌注桩施工准备

灌注桩施工准备主要包含材料及主要机具、作业条件两方面。

(1) 材料及主要机具。

1) 水泥：宜采用 325～425 号普通硅酸盐水泥或矿渣硅酸盐水泥。

2) 砂：中砂或粗砂，含泥量不大于 5%。

3) 石子：粒径宜为 0.5～3.2cm 卵石或碎石，含泥量不大于 2%。

4) 水：应用自来水或不含有害物质的洁净水。

5) 黏土：可就地选择塑性指数 $I_P \geqslant 17$ 的黏土。

6) 外加早强剂：应通过试验确定。

7) 钢筋：钢筋的级别、直径必须符合设计要求，有出厂证明书及复试报告。

8) 主要机具有：翻斗车或手推车、回旋钻孔机、混凝土导管、套管、水箱、水泵、泥浆池、平尖头铁锹、胶皮管、混凝土搅拌机等。

(2) 作业条件。

1) 地上、地下障碍物均处理完毕，施工用临时设施准备就绪。

2) 场地标高一般为承台梁的上皮标高，并已完成夯实或碾压。

3) 制作好钢筋笼。

4) 根据图纸放出轴线及桩位点，按上水平标高布设木桩，并通过预检签字。

5) 要合理选择并确定钻机的进出路线和钻孔顺序，制定施工方案，做好技术交底。

6) 正式施工前应做成孔试验，数量不少于两根。

2. 工艺流程

灌注桩施工的工艺流程为：钻孔机就位→钻孔及注泥浆→下套管（护筒）→继续钻孔→孔底清理及排渣→吊放钢筋笼→射水清底→浇筑混凝土→拔出导管→插桩顶钢筋。

(1) 钻孔机就位。钻孔机就位时，必须保持平稳，不发生倾斜、位移，为准确控制钻孔深度，应在机架或机管上做出控制标尺，以便在施工中进行观测和记录。

(2) 钻孔及注泥浆。调直机架挺杆，利用对位圈对好桩位，开动机器钻进、出土，视土质和地下水情况，达到一定深度时停钻，孔内注入事先制备好的泥浆，然后继续钻进。

(3) 下套管（护筒）。钻孔深度到 5m 左右时，提钻下套管。套管内径应大于钻头 100mm，应确保套管位置埋设准确且稳定，套管与孔壁之间用黏土填实，套管中心与桩孔中心线偏差不大于 50mm。对于套管埋设深度，在黏性土中不宜小于 1m，在砂土中不宜小于 1.5m，孔内泥浆面应始终保持在高出地下水位 1m 以上。

(4) 继续钻孔。为防止表层土振动坍塌，钻孔时应避免泥浆水位下降，当钻至持力层后，且设计无特殊要求时，可继续钻进 1m 左右，作为插入深度。施工中应经常测定泥浆相对密度。

(5) 孔底清理及排渣。在黏土或粉质黏土中成孔时，可注入清水，利用原土造浆护壁。

排渣泥浆的相对密度宜控制在 1.1～1.2；在砂土和较厚的夹砂层中成孔时，泥浆相对密度宜控制在 1.1～1.3；在穿过砂夹卵石层或容易坍孔的土层中成孔时，泥浆的相对密度宜控制在 1.3～1.5。

(6) 吊放钢筋笼。吊放钢筋笼前要绑好砂浆垫块，吊放时应对准孔位，吊直扶稳，缓慢下沉，钢筋笼放到设计位置时，应立即固定，避免上浮。

(7) 射水清底。在钢筋笼内插入混凝土导管（管内有射水装置），软管与高压泵连接，启动泵水即射出，射水后孔底的沉渣将悬浮于泥浆之中，从而减小孔底沉淀层厚度，避免桩底砂土沉积过厚降低桩的承载力，确保灌注混凝土质量。

(8) 浇筑混凝土。射水结束后，应立即浇筑混凝土，随着混凝土不断增高，孔内沉渣将浮在混凝土上方，并与泥浆一同排回贮浆槽内。水下浇筑混凝土应连续施工，导管底端应始终埋入混凝土中 0.8～1.3m，导管的第一节底管长度应不小于 4m。

另外，混凝土配合比应根据试验确定，在选择施工配合比时，混凝土试配强度应比设计强度提高 10%～15%，水灰比不宜大于 0.6，具有良好和易性。在规定浇筑期间，坍落度宜为 16～22cm；在浇筑初期，为使导管下端形成混凝土堆，坍落度宜为 14～16cm。水泥用量一般控制在 350～400kg/m^3，砂率一般控制在 45%～50%。

(9) 拔出导管。混凝土浇筑到桩顶时，应及时拔出导管，但应注意混凝土上顶标高须符合设计要求。

(10) 插桩顶钢筋。桩顶钢筋须保证垂直插入，具有足够锚固长度和保护层，避免插偏或插斜。

另外，同一配合比的试块，每班不得少于 1 组，每根灌注桩不得少于 1 组。不宜在冬期进行泥浆护壁回转钻孔灌注桩施工，雨天施工时现场必须设有排水设施，严防地面雨水流入桩孔内，同时防止桩机移动，避免造成桩孔歪斜等情况。

3. 质量标准

(1) 灌注桩的原材料及混凝土强度须符合设计要求和施工规范规定。

(2) 实际浇灌混凝土量，严禁小于计算体积。

(3) 浇灌混凝土后的桩顶标高及浮浆的处理，必须符合设计要求和施工规范规定。

(4) 成孔浓度须符合设计要求。以摩擦力为主的桩，沉渣厚度应不大于 300mm；以端承力为主的桩，沉渣厚度应不大于 100mm。

【任务实施】

(1) 水泥土搅拌桩施工。

引导问题 1：

水泥搅拌桩法主要是用水泥等作为固化剂，利用机械搅拌设备，在地基深处将

__________和固化剂强制搅拌，利用固化剂和__________之间所产生的一系列物理化学反应，使__________硬结成具有整体性、稳定性和一定强度的优质地基。

引导问题2：

水泥土搅拌桩施工常用于加固何种类型的地基土？

____

____

引导问题3：

采用干法（喷粉）或湿法（喷浆），主要取决于被加固土的土层含水量。一般当土层的天然含水量小于__________时宜采用湿法，大于__________时宜采用干法。而在__________之间时可视具体情况灵活选择。

引导问题4：

“湿法施工”与“干法施工”各有相应的适应性和利弊，所以在施工时有哪些需要注意的问题？

____

____

引导问题5：

水泥土搅拌桩施工前要进行桩机调整控制：桩机就位后，要利用液压系统调整台车，利用水准器使台车的四个角__________，然后再用液压顶推装置调整钻杆，使其和台车__________，垂直度偏差控制在__________以内。

（2）钻孔灌注桩施工。

引导问题6：

灌注桩施工所需材料及主要机具有哪些？

____

____

____

引导问题7：

完成下面灌注桩施工工艺流程填写。

______________→______________→______________→______________→______________→______________→______________→______________→______________→______________。

引导问题8：

灌注桩施工过程中，钻孔深度到5m左右时，提钻下套管。对于套管埋设深度，在黏性土中不宜小于__________ m，在砂土中不宜小于__________ m，并应保持孔内泥浆面高出地下水位__________ m以上。

引导问题9：

停止射水后，应立即浇筑混凝土，随着混凝土不断增高，孔内沉渣将__________，并同泥浆一同排回__________内。

引导问题 10：

混凝土的配制应满足要求，在规定的浇筑期间内，坍落度应为__________；在浇筑初期，为使导管下端形成混凝土堆，坍落度宜为__________。

【评价反馈】

综 合 评 价 表

项目（ ） 任务（ ）：________					
班级		姓名		组号	
评价项目	分值	自我评价得分	小组互评得分	教师评价得分	综合得分
按时出勤	10				
学习准备	10				
学习态度	10				
任务是否按时完成	15				
任务完成准确率	15				
参与讨论主动性	10				
沟通协调能力	10				
语言表达能力	10				
安全、文明、规范施工意识	10				
合 计	100				

任务4 振冲法地基加固

【案例背景】

某工程地基持力层为浅层中、粗砂层，采用振冲挤密法加固处理。

采用“围幕法”施工，先造外围孔，然后造内圈，即先外后内依次向中心区造孔；施工时应注意防止漏掉孔位，并保证其位置准确。

工艺流程主要为定位、成孔、填料、边振边上提、振密、成桩、移位。

定位后，启动供水泵和振冲器，调节水压、水量在合适范围，将振冲器徐徐沉入土中，并保持振冲器呈悬垂状态，直至达到设计深度，在设计深度处应留振30～60s。

填料堆于孔口扩筒周围，采取自下而上分段振动挤密，每段长50cm，填料在振冲器振动下靠自重沿筒壁下沉至孔底。当电流达到规定的密实电流值和规定的留振时间后，将振冲器向上提30～50cm，重复以上步骤直至完成全孔处理。制桩结束后，将振冲器移至下一个桩位。

【学习目标】

1. 了解振冲法施工基本规定及设计要求，熟知振冲法施工准备工作内容，掌握振冲桩施工与无填料振冲挤密施工工艺流程及质量控制方法。

2. 能够根据工程实际组织进行振冲法施工设计、施工准备及组织施工等工作。

3. 通过振冲法施工适用范围的学习，引导学生养成规范严谨、敬业求实的职业素养。

【任务分组】

学生任务分配表

班级		姓名		学号	
组号		本人任务		指导老师	
其他小组成员					
姓名	学号	任务分工	姓名	学号	任务分工

【任务准备】

振冲法即在振冲器水平振动和高压水或辅以高压空气的共同作用下，使松散地基土层振密；或在地基土层中成孔后，回填性能稳定的硬质粗颗粒材料，经振密形成增强体（振冲桩），增强体和周围地基土形成复合地基的处理方法。

相关知识点1：振冲法基本规定

利用振冲法进行地基处理施工时，应根据建设场地工程地质条件和建（构）筑物对地基的要求进行技术可行性和经济合理性论证。

振冲法地基处理适用于以下范围：

（1）各类可液化土的抗液化处理。

（2）碎石土、砂土、粉土、黏性土、人工填土以及湿陷性土等地基的加固处理。

（3）无填料振冲挤密法适用于黏粒含量不大于10%的砂土地基。

对于不排水抗剪强度小于20kPa的淤泥、淤泥质土及该类土的人工填土等地基，应通过现场试验确定其适用性。选定采用振冲法地基处理时，应制定详细的试验方案，对振冲法的处理深度和范围进行论证，并按建（构）筑物级别有区别地进行现场试验。振冲复合地基设计应满足建（构）筑物承载力、变形、地基稳定性及抗震等要求。

施工前，应进行工艺试验；地基经振冲法处理后，建（构）筑物从施工阶段开始应进行沉降观测。

相关知识点2：振冲法设计

（1）振冲法地基加固所需基本资料如下：

1）建设场地岩土工程勘察报告、钻孔剖面图及土的物理力学性质指标等。

2）工程等别、建（构）筑物级别、基础形式、建（构）筑物荷载及抗震设防等级。

3）复合地基承载力、沉降量以及抗剪强度指标的设计要求等。

（2）振冲法地基加固的设计划分应符合以下一般原则：

1）1级、2级建（构）筑物应通过复合地基载荷试验确定。

2）3级及3级以下建（构）筑物宜采用单桩载荷试验和桩间土试验结果按公式计算确定，也可采用工程类比法确定。

（3）现场试验应符合下列要求：

1）应选择在建设场地工程地质条件有代表性的区域进行。

2）试验数量不少于3点。

3）土的物理力学性质指标测试应符合《水力发电工程地质勘察规范》（GB 50287—2016）和《岩土工程勘察规范》（GB 50021—2001）的有关规定。

（4）地基处理范围设计应符合下列要求：

1）处理深度应满足建（构）筑物对地基承载力、变形和稳定性等的要求。对于可液化地基，处理深度应符合《建筑抗震设计规范》（GB 50011—2010）和《水电工程水工建筑物抗震设计规范》（NB 35047—2015）的有关规定。

2）抗滑稳定性处理深度应超过最危险滑动面不小于2.0m，地基处理范围按稳定性计算结果确定。

3）当按下卧层承载力确定处理深度时，尚应进行下卧层承载力的验算。

4）对于可液化地基，在基础外缘扩大处理宽度不小于基础底面下可液化土层厚度的1/2，且不宜小于5m。

相关知识点3：振冲法施工准备工作

（1）振冲法施工准备工作主要包括以下内容：

1）设计技术交底。

2）施工场地具备“五通一平”条件，水源、电源应接至施工现场50m以内。

3）查清施工场地范围内的地上、地下设施及障碍物，制定相应的施工处理措施。

4）熟悉与分析施工场地地质资料。

5）了解现场试验的资料和检测成果。

6）配备相应性能的振冲器和配套机具设备。

7）编制施工组织设计。

8）根据建（构）筑物坐标控制点测放桩位。

9）陆域施工场地宜划分若干区域，分区设置土埂或排浆地沟，保证泥浆及时排放，满足环保要求。

10）水上施工时，应设置稳定的水上作业和维修工作平台。

现场工艺试验应在护桩或建（构）筑物非重要部位进行，单项工程工艺试验桩数不少于3根（点）。施工顺序可选用排打、跳打或围打。振冲器电流超过额定值时，宜暂停或减缓振冲器的贯入或填料速度。

施工过程中每1.0～2.0m应记录电流、水压（气压）、时间、填料量。施工中发现串桩，可对被串桩重新加密或在其旁边补桩。

（2）施工设备的选择主要遵循以下要求：

1）振冲器的选择应根据地基处理设计要求、土的性质以及施工工艺，通过现场试验确定。

2）起吊设备的性能指标应满足振冲器贯入设计深度的要求。

3）孔口填料宜选用装载机或挖掘机，其斗容根据填料强度确定。

4）供水泵扬程不宜小于80m，流量不宜小于$15m^3/h$。

5）泥浆泵应满足排浆距离和排浆量的要求。

6）底部出料提升料斗的斗容与提升速度应满足连续施工的要求。

相关知识点4：振冲法地基加固施工

振冲法地基加固分为振冲桩施工与无填料振冲挤密施工两类。

1. 振冲桩施工

（1）造孔。造孔应符合以下要求：

1）振冲器开孔允许偏差不大于100mm。

2）造孔速度不宜超过2.0m/min。

3）造孔深度不浅于设计处理深度以上0.5m。

4）造孔过程中，应保持振冲器处于悬垂状态，发现桩孔偏斜应立即纠正。

5）孔口填料施工时，造孔水压宜控制在0.3～0.8MPa。

6）孔口填料施工时，造孔返出泥浆过稠或存在桩孔缩颈现象，宜进行清孔。

7）底部出料施工时，造孔气压、水压应根据地质条件确定，且满足施工要求。

8）底部出料施工时，造孔前料管与料斗宜装满填料。

（2）填料加密。填料加密应符合以下要求：孔口填料施工时，可采用强迫填料法、连续填料法或间断填料法。大功率振冲器宜采用强迫填料法，深孔宜采用连续填料法；在桩长小于6m且孔壁稳定时，可采用间断填料法。

桩体加密控制标准应符合下列规定：

1）桩体加密应从桩底标高开始，加密段长度不宜超过0.5m，逐段向上进行，中间不得漏振。

2）填料量与设计要求相差较大时，应及时研究解决。

3）孔口填料施工时，若采用加密电流、留振时间、加密段长度作为控制标准，则填料量为参考值。

4）孔口填料施工时，加密水压宜控制在0.1～0.5MPa。

5）底部出料施工时，采用填料量、加密段长度作为控制标准，加密电流、留振时间为参考值。

6）底部出料施工时，加密过程中提升速度不大于1.5m/min。

7）底部出料施工时，加密气压宜根据处理深度、土体条件、地下水位高度确定。

2. 无填料振冲挤密施工

单（多）头施工工艺根据地层条件、处理深度等进行选择。施工前、后应对场地标高进行测量。

（1）造孔。造孔应符合下列规定：

1）振冲器开孔允许偏差不大于100mm。

2）造孔过程中，应保持振冲器处于悬垂状态，发现桩孔偏斜应立即纠正。

3）造孔水压应根据地质条件确定，且满足施工要求。

4）造孔速度不宜超过6.0m/min。

5）造孔深度满足设计要求。

（2）加密控制。加密控制标准应符合下列规定：

1）采用留振时间、加密段长度作为控制标准，加密电流为参考值。

2）加密应从设计底标高开始，逐段向上进行，中间不得漏振。

3）留振时间应满足设计要求。

4）加密段长度不宜大于0.5m。

当地质条件发生变化或施工出现异常情况时，应及时研究解决。

相关知识点5：质量控制

施工过程应进行施工质量控制与监测，做好各项施工记录。当处理效果达不到设计要求时，应及时会同设计单位及有关部门研究解决。

按设计要求，选择符合标准、性能稳定的振冲器及电气控制系统。加密电流和留振时间应采用自动控制系统控制，并及时检查其准确性。

振冲器的导杆应有明显的深度标志。桩（点）位标识应明显、牢固，施工过程中应注意复核，保证其准确度。

填料应经过质量检验方可使用。填料宜按2000～5000m^3送检一组试样进行质量检验，不足2000m^3时按一批次送检。填料的粒径、含泥量及强度等指标应符合设计要求。

【任务实施】

（1）振冲法基本规定。

引导问题1：

简述振冲法地基处理的适用范围。

____

____

____

（2）振冲法设计。

引导问题2：

振冲法地基加固现场试验应选择在建设场地__________区域进行，试验数量不少于__________。

引导问题3：

对于可液化地基，地基处理范围在基础外缘扩大处理宽度不小于基础底面下__________，且不宜小于__________。

（3）振冲法施工准备工作。

引导问题4：

现场工艺试验应在护桩或建（构）筑物__________部位进行，单项工程工艺试验桩数不少于__________，施工顺序可选用__________、__________或__________。

引导问题5：

振冲器的选择应根据地基处理__________、__________以及__________通过现场试验确定；孔口填料宜选用__________或__________，其斗容根据填料强度确定。

（4）振冲法地基加固施工。

引导问题6：

振冲法地基加固分为__________与__________两类。

引导问题7：

振冲桩施工造孔时，振冲器开孔允许偏差不大于__________，造孔速度不宜超过__________，造孔深度不浅于设计处理深度以上__________。

引导问题8：

振冲桩施工孔口填料时，可采用强迫填料法、连续填料法或间断填料法。大功率振冲器宜采用__________，深孔宜采用__________；在桩长小于6m且孔壁稳定时，可采用__________。

引导问题9：

无填料振冲挤密施工造孔时，造孔速度不宜超过__________。

引导问题10：

无填料振冲挤密施工加密时应从__________开始，逐段向上进行，中间不得__________。

(5) 质量控制。

引导问题 11:

填料应经过质量检验方可使用。填料宜按__________送检一组试样进行质量检验，不足__________时按一批次送检。

【评价反馈】

综合评价表

项目（　　）　　任务（　　）：________					
班级		姓名		组号	
评价项目	分值	自我评价得分	小组互评得分	教师评价得分	综合得分
按时出勤	10				
学习准备	10				
学习态度	10				
任务是否按时完成	15				
任务完成准确率	15				
参与讨论主动性	10				
沟通协调能力	10				
语言表达能力	10				
安全、文明、规范施工意识	10				
合　计	100				

项目五　堤　防　工　程

任务1　堤　基　施　工

【案例背景】

某堤基处理工程全长 8400m，堤基的地质情况较为复杂，各段堤基软基主要包括 A、B、C 三类，A 类堤基为天然岸坡，无堤基无淤泥层。堤内为山体，无渊塘、鱼虾塘，岸坡稳定。B 类堤基为淤泥及淤泥质黏土，淤泥层面埋深浅，厚度小。C 类堤基为淤泥及淤泥质黏土，淤泥层面埋深浅，厚度大。岸坡稳定性差，堤内紧靠鱼塘。

堤基处理根据不同的地质情况实施不同的处理措施，对 A 类、B 类地质主要是清除杂草、树木和不合格土，对 C 类地质，采用“抛石挤淤”和“回填砂”两种措施。

【学习目标】

1. 掌握堤防工程施工一般流程。
2. 能对软弱堤基、透水堤基、多层堤基、岩石堤基等进行施工。
3. 能进行垂直防渗施工。
4. 具有堤基安全、规范、文明施工意识。

【任务分组】

学生任务分配表

班级		姓名		学号	
组号		本人任务		指导老师	
其他小组成员					
姓名	学号	任务分工	姓名	学号	任务分工

【任务准备】

相关知识点 1：堤防工程施工一般流程

堤防工程施工一般流程包括开工前准备、测量与放样、料场复核、导流与度汛、堤基施工、堤身填筑与砌筑、防护工程施工、管理设施施工、质量控制等。

（1）开工前准备：开工前，做好各项技术准备，做好“四通一平”、临建工程、各种设备等准备工作，合理安排施工计划。

（2）测量与放样：堤防断面放样、立模、填筑轮廓，宜根据不同堤型相隔一定距离设立样架。堤防基线的永久标石、标架埋设应牢固，施工中应严加保护，并及时检查维护，定期核查、校正。堤防放样时，应根据设计要求预留堤基、堤身的沉降量。

（3）料场复核：开工前，施工单位料场复核，应包括料场位置、开挖范围和开采条件，并对可开采筑堤材料厚度及储量作出估算；料场的水文地质条件和采料时受水位变动影响的情况；料场土质和土的天然含水量；根据设计要求对料场土质做简易鉴别，对筑堤土料的适用性做初步评估；复核土料特性；划定开采区，并设立标志。

（4）导流与度汛：堤防工程施工期的导流、度汛，应根据设计要求和工程需要编制方案。

（5）堤基施工：堤基施工首先进行堤基清理，然后针对不同堤基类型，进行施工，包括软弱堤基、透水堤基、多层堤基、岩石堤基等堤基施工。

（6）堤身填筑与砌筑：堤防工程堤身填筑与砌筑包括土料碾压筑堤、土料吹填筑堤、抛石筑墙（堤）、混凝土筑墙（堤）、防渗工程施工、反滤、排水工程施工等内容。

（7）防护工程施工：防护工程包括护脚、护坡和封顶三部分，施工宜按先护脚、后护坡、再封顶的顺序施工。崩岸整治是防护工程中的特定形式，崩岸是岸滩土体在水流淘刷、自重、渗透压力等诸多因素综合作用下出现结构失稳，突然产生崩坍的现象。

（8）管理设施施工：堤防工程管理设施施工包括观测设备埋设安装、交通通信设施施工以及其他管理设施施工。

（9）质量控制：堤防工程施工的质量控制直接关系到堤防工程安全、稳定，包括土料质量控制、堤基施工质量控制、堤身填筑与砌筑质量控制、防护工程质量控制等内容。堤防工程质量控制一般规定，施工质量控制要重视事前控制，在开工前先检查施工组织设计中质量控制内容是否齐全，质量控制措施是否有效、可行。检测成果是评价施工质量的基础资料，因此要保证检测成果的真实性和可靠性，不允许伪造和任意舍弃；检测记录又是检测成果的原始依据，因此对检测记录要妥善保管，不允许涂改或擅自销毁。

相关知识点 2：堤基施工方法

1. 堤基清理

堤基清理可以沿堤轴线方向将施工段长 100～500m 划分为一个单元工程。堤基清理单元工程可以分为基面清理和基面平整压实两个工序。

堤基基面清理范围包括堤身、戗台、铺盖、盖重、堤岸防护工程的基面，其边界应在设计边线外 30～50cm。老堤加高培厚的清理应包括堤坡及堤顶。

堤基表层的淤泥、泥炭土、腐殖土、树根、草皮、建筑垃圾等应清理干净；坝基内沟、槽、坑、穴等按设计要求清理后回填、压实。清除结合部表面杂物，并将结合部挖成台阶状。

堤基清理后应按堤身填筑要求压实，无松土、无弹簧土等。基面应无明显凹凸。

2. 软弱堤基施工

采用换填法处理软弱堤基时，换填材料应符合设计要求。铺填后应及时予以压实。

对于流塑态淤质黏土堤基，采用堤身自重挤淤法处理时，应从堤防中心线向两侧缓慢进占施工。

对于流塑态土质堤基，采用抛石挤淤法处理时，块石尺寸和质量应符合设计要求，当抛石露出土面（或水面），应改用较小石块填平压实，再按设计要求铺设滤层、填筑堤身。

对于软塑态淤质黏土堤基，采用堤身两侧坡脚外设置压载体处理时，压载体应与堤身同步分级、分期加载，保持施工中堤基与堤身受力及变形平衡。

采用排水砂井、塑料排水板、碎石桩、真空预压等方法加固堤基时，应符合设计要求。

3. 透水堤基施工

堤防的基础常为透水堤基，为避免透水堤基在汛期发生管涌、流土等破坏，引起堤防渗透失稳，对透水地基要进行处理，处理方法包括铺盖、截水槽、防渗墙等。

（1）铺盖法。透水层较厚且临水侧有稳定滩地的堤基，宜采用铺盖法防渗。铺盖布设于堤前，表面设置保护层及排气排水系统，能够增加渗径，减少渗漏。根据使用材料，铺盖可分为黏土铺盖、土工膜铺盖等。

采用黏土做铺盖，在清理过的无积水基底上进行施工，坡脚截水齿槽应与堤身防渗体协同铺筑，尽量减少接缝。分层铺筑时，上、下层接缝应错开，每层厚以15～20cm为宜，层面间应刨毛、洒水。

采用土工膜做铺盖进行铺膜前，应将膜下基面铲平，无尖锐物；土工膜质量应经检查合格。大幅土工膜拼接，宜采用胶接法黏合或热元件法焊接，胶接法搭接宽度为5～7cm，热元件法焊接叠合宽度为1.0～1.5cm。铺膜应自下游侧开始，依次向上游侧平展铺设，避免土工膜打皱。已铺土工膜上如有破孔应及时粘补，粘贴膜大小应超出破孔边缘10～20cm，土工膜铺完后应及时铺（砌）保护层。

（2）截水槽。浅层透水堤基宜采用截水槽截渗。截水槽施工主要内容包括基坑排水、截水槽开挖、截水槽基岩处理、土料回填。基坑排水水源包括地面径流、地下水等。截水槽开挖方法包括机械施工和人工施工两种。针对不同基岩采取不同处理方法，对于强风化基岩，采用机械挖掘、铺土夯实封堵；对于裂隙发育、单位吸水率大的基岩，采用钻孔灌浆处理。土料回填从低洼处开始，填筑面保持平起施工。

4. 多层堤基施工

多层堤基可采用堤防临水侧垂直截渗，堤背水侧加盖重、减压沟、减压井等处理措施，也可多种措施结合使用。

表层弱透水层较厚的堤基，宜采用盖重处理措施，盖重宜采用透水材料。

表层弱透水层较薄、下卧的透水层基本均匀且厚度足够的堤基，宜采用减压沟处理措施。减压沟可采用明沟或暗沟。

弱透水层下卧的透水层呈层状沉积、各向异性且强透水层位于地基下部或其间夹有黏土薄层和透镜体时，宜采用减压井处理措施。

减压沟、减压井位置宜靠近堤防背水侧坡脚或在盖重末端。

多层堤基如无渗流稳定安全问题，施工时仅将清理过的堤基表层土夯实后即可填筑堤身。

5. 岩石堤基施工

风化岩层堤基，清除松动岩石，筑砌石堤或混凝土堤时基面应铺层厚度大于 30mm 的水泥砂浆；筑土堤时基面应涂层厚为 3～5mm 的黏土浆，然后进行堤身填筑。

裂缝或裂隙比较密集的基岩，采用水泥固结灌浆或帷幕灌浆进行处理。

当岩石堤基表面有渗水现象时，应查明渗水原因并采取封堵或引导措施加以处理。

6. 垂直防渗

（1）薄混凝土防渗墙。开挖槽孔的施工方法包括抓取成槽法、冲击成槽法、高压射水成槽法、锯槽法等，槽孔孔斜率均不应大于 0.4%。

射水法成槽作业宜采用两序槽段法施工，成槽器两侧端与槽孔边距宜在 20～30mm 之间，偏差不应大于 5mm。一序槽孔施工时应关闭成槽器侧面喷嘴；在砂层中成槽应适当降低泵压、泵量；二序槽孔施工时应保证成槽器侧面钢丝刷完好和水平向喷嘴畅通，射水压力应不小于 0.2MPa。二序槽孔施工应在相邻两侧一序槽孔中的混凝土初凝后进行。成槽器沉至设计深度时应停止下沉，并将成槽器提离槽孔底部 50cm，喷射净化后的泥浆进行清孔；清孔合格后方可进行下道工序。在粒径小于 2mm 的均质砂土地层中施工时，宜采用正循环法排渣；在粒径大于 2mm 的砂土、卵石地层中施工时，宜采用反循环法排渣。墙段连接宜采用平接方式，相邻槽孔的搭接厚度在任何深度都不应小于设计墙厚的 2/3。

锯槽机成槽作业，开工前应先沿墙体轴线设导向槽或导向固壁护板；槽口高程与地下水位高差不宜小于 2m。槽孔内应采用泥浆固壁，泥浆密度应不小于 $1.1g/cm^3$。施工中若遇到树根、块石、建筑垃圾等障碍物，应沿墙体边线采用人工或机械措施将其清除。开槽作业应连续进行，如遇故障需停机，应采取相应防止槽孔坍塌的措施。槽体分段应采取安全可靠的隔离措施。

浇筑混凝土应采用直升导管法。当同一槽内使用两套以上导管浇筑时，导管中心距不宜大于 3.0m，导管距槽孔端部的距离宜为 1.0～1.5m。

（2）高压喷射与深层搅拌防渗墙。高压喷射防渗墙，是由旋喷桩、摆喷扇形断面桩或定喷板状墙段，其中的一种或两种、三种彼此组合搭接形成的地下防渗墙。

多排孔高喷墙宜先施工背水面排，再施工迎水面排，后施工中间排。一般情况下，同一排内的高喷灌浆孔宜分两序施工。

根据工程需要和地质条件，高压喷射灌浆可采用旋喷、摆喷和定喷三种形式，每种形式可采用单管法、二管法和三管法。高喷墙的结构可采用下列形式：单排、双排和三排旋喷套接，如图 5-1-1（a）所示；旋喷摆喷、旋喷定喷搭接，如图 5-1-1（b）所示；摆喷对接和折接，如图 5-1-1（c）所示；定喷折接，如图 5-1-1（d）所示。

深层搅拌防渗墙施工前，应根据设计要求进行长度不小于 10m 的工艺性现场试搅。搅拌机座安放应平稳，搅拌头应定位准确。搅拌头直径应定期检查复核，其磨损量不应大于 10mm。搅拌和送浆应连续进行。若因故停浆，应区别不同情况采取措

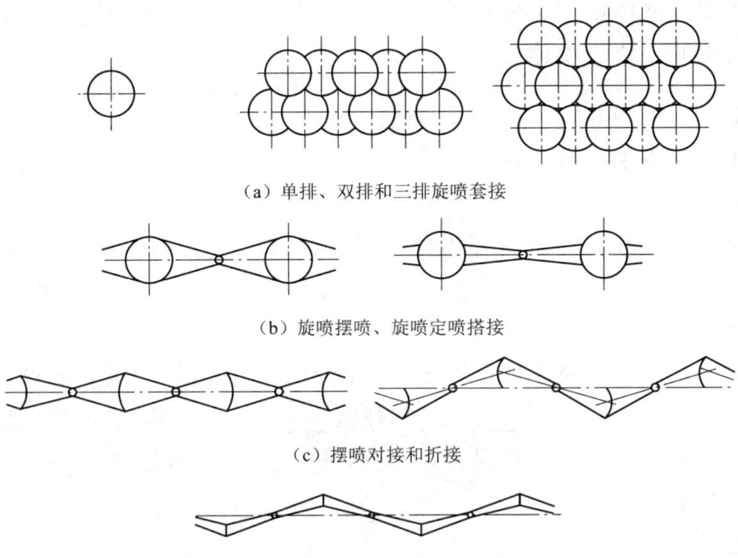

（a）单排、双排和三排旋喷套接

（b）旋喷摆喷、旋喷定喷搭接

（c）摆喷对接和折接

（d）定喷折接

图 5-1-1 高喷墙的结构形式

施，当停浆出现在下沉搅拌送浆时，应将搅拌头提升 0.5m。当停浆出现在上提搅拌送浆时，应将搅拌头下沉 0.5m。待恢复供浆后，再进行喷射搅拌。对局部漏浆地段应采用控制提升速度、增大喷浆量、加大浆液密度、复搅等工艺措施进行处理。

（3）水泥及黏土灌浆。水泥及黏土浆液的制备方式、浓度、外加剂掺量等应通过试验确定。钻孔、灌浆方式、灌浆压力以及灌浆结束条件等，应参照相关规定执行。

（4）振动沉模（切槽）防渗墙。

1）振动沉模（切槽）防渗墙成槽作业要求：作业前将机械就位、垫稳、调平；模板（刀头）沿墙体轴线落地。浅层堤基中发现块石或硬质障碍物时，应采用挖导槽处理，导槽厚应控制在 200～300mm 范围内。模板（刀头）上应设有专用导向装置，相邻槽段应平顺、连续衔接。

2）振动沉模（切槽）防渗墙注浆作业要求：浆液材料（水泥、粉煤灰、砂、黏土、膨润土等）质量应满足设计要求。浆液密度不宜小于 1.8g/cm^3。制浆与供浆系统应满足连续注浆作业要求。振动沉模施工，应在模板上提时同步注浆，提升速度宜为 80～300mm/min，注浆压力应不小于 0.2MPa。当注浆压力小于设计要求时，应及时查明原因，并采取放慢模板提升速度或加大供浆流量等措施进行处理。当一个槽段施工完成后，应及时进行补浆，使浆面达到设计高程。对易缩孔地层应采取增大浆液密度、加大注浆压力或增加模板（刀头）厚度等措施进行处理。

（5）土工膜垂直防渗。土工膜垂直防渗施工先进行开槽作业，然后进行铺膜，用铺膜设备将土工膜沿槽长方向展开，土工膜下端应沉至槽孔底部。采用焊接方式时，宜采用两道焊缝，两膜边缘重叠不小于 100mm。采用黏结方式时，确认黏结可靠后方可沉入槽内。采用缝接时，两膜边缘重叠应不小于 200mm。采用搭接方式时，两膜搭接量不宜小于 2m。缝接、搭接的土工膜沉入槽孔后，应采用充满黏土的编织袋将连接部位压实，整体压实宽度应不小于1m。回填前应对土料进行检查，土料中不应有带尖锐棱角的石块等物体。

【任务实施】

（1）堤防工程施工一般流程。

引导问题1：

堤防工程施工一般流程包括开工前准备、测量与放样、料场复核、导流与度汛、__________、__________、__________、管理设施施工、__________等。

引导问题2：

堤防工程质量控制检测成果是评价施工质量的基础资料，因此要保证检测成果的________和________，不允许________和任意________；检测记录又是检测成果的原始依据，因此对检测记录要妥善保管，不允许__________或擅自__________。

（2）堤基施工方法。

引导问题3：

堤基清理单元工程可以分为__________和基面平整压实两个工序。

引导问题4：

多层堤基可采用堤防临水侧垂直截渗，堤背水侧加盖重、______________、__________等处理措施，也可多种措施结合使用。

引导问题5：

裂缝或裂隙比较密集的基岩，采用水泥固结灌浆或__________进行处理。

引导问题6：

垂直防渗包括__________、高压喷射与深层搅拌防渗墙、水泥及黏土灌浆、振动沉模（切槽）防渗墙、__________等几种形式。

【评价反馈】

综 合 评 价 表

项目（　　）　　任务（　　）：____________________					
班级		姓名		组号	
评价项目	分值	自我评价得分	小组互评得分	教师评价得分	综合得分
按时出勤	10				
学习准备	10				
学习态度	10				
任务是否按时完成	15				
任务完成准确率	15				
参与讨论主动性	10				
沟通协调能力	10				
语言表达能力	10				
安全、文明、规范施工意识	10				
合　计	100				

任务2 堤身填筑与砌筑

【案例背景】

某河流堤路较为完整，但由于多年来受雨水冲刷等外力因素的影响，堤坡土体向其两侧局部有流失现象。堤身主要由粉砂及粉土填筑，堤身在地震烈度为Ⅷ度饱和状态下均存在地震液化问题，在水头差情况下易发生流土型渗透破坏。按照要求对土体流失明显的堤身进行加固处理。

【学习目标】

1. 掌握堤身填筑方法。

2. 能进行土料碾压筑堤、土料吹填筑堤、抛石筑堤、砌石筑墙（堤）、混凝土筑墙（堤）等堤坝填筑与砌筑施工。

3. 具有堤防填筑安全、规范、文明施工意识。

【任务分组】

学生任务分配表

班级		姓名		学号	
组号		本人任务		指导老师	
其他小组成员					
姓名	学号	任务分工	姓名	学号	任务分工

【任务准备】

相关知识点1：土料碾压筑堤

土料碾压筑堤施工过程为清除杂物→铺料→压实→修整、找平、验收。

1. 清除杂物

清除各种杂草、洞穴、浮土、杂物等后，进行土料铺填。将土料铺至规定部位，不允许将砂砾（卵）料或其他透水料与黏性土料混杂，土料中的杂质应予清除。

2. 铺料

土料或砾质土可采用进占法或后退法卸料；砂砾（卵）料宜用后退法卸料；砂砾（卵）料或砾质土卸料时发生颗粒分离现象，应将其拌和均匀。铺料厚度和土块直径的限制尺寸，宜通过碾压试验确定；在缺乏试验资料时，可参照表5-2-1的规定取值。

表 5-2-1 铺料厚度和土块直径限制尺寸 单位：cm

压实功能类型	压实机具种类	铺料厚度	土块限制直径
轻型	人工夯、机械夯	15～20	≤5
	5～10t 平碾	20～25	≤8
	履带式推土机	25～30	≤10
中型	12～15t 平碾	25～30	≤10
	斗容 2.5m³ 铲运机		
	5～8t 振动碾、加载气胎碾		
重型	斗容大于 7m³ 铲运机	30～50	≤15
	10～16t 振动碾		

注 履带式推土机作为压实机具，仅适合砂砾（卵）料、少黏性土或黏性土低密度堤防填筑使用。

砂砾（卵）料铺料厚度应根据现场压实试验确定，最大粒径不得超过压实厚度的80%。铺料至堤边时，应比设计边线超填出一定裕量：人工铺料宜为10cm，机械铺料宜为30cm。

3. 压实

压实作业施工前，应先做碾压试验，确定碾压机具和施工参数，保证碾压质量达到设计要求。分段填筑，各段应设立标志，以防漏压、欠压和过压。上下层的分段接缝位置应错开。碾压机械行走方向应平行于堤轴线。分段、分片碾压时，相邻作业面的碾压搭接宽度：平行堤轴线方向的宽度不应小于 0.5m；垂直堤轴线方向的宽度不应小于 3m。机械碾压应控制行进速度，通常取 2～3km/h，不允许超过 4km/h。机械碾压不到的部位，应辅以夯具夯实，夯实时应采用连环套打法，夯迹双向套压，夯压夯 1/3，行压行 1/3；分段、分片夯实时，夯迹搭压宽度应不小于 1/3 夯径。砂砾（卵）料压实时，加水量宜通过碾压试验确定：中细砂压实的洒水量，宜按最优含水量控制；压实作业宜用履带式拖拉机带平碾、振动碾或气胎碾施工。

4. 修整、找平、验收

铺层厚度出现超厚部位、平土厚度不均匀、表层不平整，要进行修整、找平，全部施工完，进行验收。

相关知识点 2：土料吹填筑堤

土料吹填筑堤是将水土混合物通过压力管道输送至堤线仓面堆积成堤的施工方法，此种方法适用于可塑-硬塑态的重粉质壤土和粉质黏土，无黏性土、少黏性土，老堤背水侧培厚加固更为适宜。

土料吹填筑堤宜采用挖泥船法和水力冲挖机组法两种。

用吹填法填筑新堤时，先在堤身两侧堤脚处各做一道纵向围堰，再根据分仓长度要求做多道横向围堰，形成多个封闭仓区，然后逐区分层吹填。排泥管道沿堤轴线居中布设，采用端进法吹填直至仓区末端。每次吹填层厚度宜为 0.3～0.5m（黏土团块吹填可允许 1.8m）。每层吹填完成后应间歇一段时间，待吹填土初步排水固结后才允许继续施工，必要时应铺设仓内排水设施。当吹填接近堤顶、吹填面变窄不便施工时，可改用碾压法填筑至堤顶。

相关知识点3：抛石筑堤

在水域或陆域软基地段采用抛石法筑堤时，应先实施抛石棱体，再以其为依托填筑堤身闭气土方。实施抛石棱体时，水域应在两条堤脚线处各做一道，陆域可仅在临水侧的堤脚线处做一道。

抛石棱体定线放样，在陆域软基地段或浅水域应插设标杆，间距以50m为宜；在深水域，放样控制点应专设定位船，并通过岸边架设的定位仪定位。

进行抛石作业，对于陆域软基地段或浅水域抛石，可用自卸车辆载料以端进法向前延伸立抛；立抛时可根据现场情况采用不分层或分层阶梯方式抛投。对于深水域抛石，宜用驳船在水上定位后分层平抛，每层厚度不宜大于2.5m。抛填石料块重以15～40kg为宜，抛投时应大小搭配。

陆域抛石筑堤，宜用自卸车辆由抛石棱体背水侧开始填。筑闭气土方，并逐渐向堤身进占。

水域抛石筑堤，两抛石棱体之间的闭气土体，宜用吹填法施工；在吹填土层露出水面，且表面土层初步固结后，宜采用可塑性大的土料碾压填筑一个厚度约1m的过渡层，随后按常规方法填筑。

用抛石法填筑土石混合堤时，应按设计要求在堤身范围内设置一定数量的沉降、位移观测标点，并适时进行观测。

相关知识点4：砌石筑墙（堤）

浆砌石墙（堤）宜用块石砌筑；如石料不规则，可采用粗料石或混凝土预制块对砌体进行镶面；仅有卵石的地区，也可采用卵石砌筑。

1. 浆砌石砌筑

砌筑前，应将石料上的泥垢冲洗干净，砌筑时保持砌石表面湿润。

应采用坐浆法分层砌筑，铺浆厚宜3～5cm，随铺浆随砌石，砌缝需用砂浆填充饱满，不应无浆直接贴靠，砌缝内砂浆应插捣密实；不允许先堆砌石块再用砂浆灌缝方式操作。

上、下层砌石应错缝砌筑；砌体外露面应平整美观，外露面上的砌缝宜预留不少于3cm深的空隙，以备勾缝处理；水平缝宽应不大于2.5cm，竖缝宽应不大于4cm。

砌筑因故停顿，且砂浆已超过初凝时间，待砂浆强度达到2.5MPa后才可继续施工；继续砌筑前，应将原砌体表面浮渣清除；砌筑时应避免振动下层砌体。

勾缝前应先清缝，用水冲净并保持缝槽湿润。砂浆应分次向缝内填塞密实。勾缝砂浆强度等级应高于砌体砂浆。应按实有砌缝勾平缝，不应勾假缝。勾缝完毕后应保持砌体表面湿润并做好养护。

2. 混凝土预制块镶面作业

预制块尺寸及混凝土强度等级应满足设计要求。砌筑时，应根据设计要求丁、顺布排砌块；砌缝应横平竖直，上下层竖缝错开距离不应小于10cm，丁块的上、下方不应有竖缝。砌缝内砂浆应填充饱满，水平缝宽应不大于1.5cm，竖缝宽应不大于

2cm。对浆砌石防洪墙的变形缝和防渗止水结构部位，宜预留茬口，用浇筑二期混凝土的方式处理。

3. 干砌石墙（堤）砌筑

不得使用有尖角或薄边的石料砌筑。砌石应垫稳填实，与周边砌石靠紧，不允许架空，不允许出现通缝和浮塞；不应在外露面用块石砌筑，而中间以小石填心；不应在砌筑面以小块石、片石找平；堤顶应以大石块或混凝土预制块压顶。承受大风浪冲击的堤段，宜用粗料石丁、扣砌筑。

相关知识点5：堤身与建筑物结合部填筑

1. 堤身与建筑物结合部填筑单元工程的工序

堤身与建筑物结合部填筑单元工程分为建筑物表面涂浆和结合部填筑两个工序，其中结合部填筑为主要工序。

2. 土堤斜坡结合面填筑施工要求

在土堤斜坡结合面上填筑施工，应符合下列要求：

（1）应随填筑面上升进行削坡，削至质量合格层。

（2）削坡合格后，应控制好结合面土料的含水量，边刨毛、边铺土、边压实。

（3）垂直堤轴线的堤身接缝进行碾压时，应跨缝搭接碾压，其搭压宽度不小于30m。

3. 土堤与刚性建筑物相接施工要求

土堤与刚性建筑物（涵闸、堤内埋管、混凝土防渗墙等）相接时，施工应符合下列要求：

（1）建筑物周边回填土方，宜在建筑物强度分别达到设计强度50%（受压构件）、70%（受弯构件）的情况下施工。

（2）填土前，应清除建筑物表面的乳皮、粉尘及油污等；表面的外露铁件（如模板对销螺栓等）宜割除，对铁件残余露头应用水泥砂浆覆盖保护。

（3）填筑时，应先将建筑物表面湿润，边涂泥浆、边铺土、边夯实；涂浆高度应与铺土厚度一致，涂层厚度宜为3～5mm，并应与下部涂层衔接；不允许在泥浆干固后再铺土和夯实。

（4）制备泥浆宜采用黏性土，泥浆的浓度可用1∶3.0～1∶2.5（土水重量比）。

（5）建筑物两侧填土，应保持均衡上升；贴边填筑宜用夯具夯实，铺土层厚度宜为15～20cm。

【任务实施】

（1）堤身填筑与砌筑。

引导问题1：

土料碾压筑堤施工过程为清除杂物→铺料→__________→修正、找平、验收。

引导问题2：

浆砌石墙（堤）宜用______________砌筑；如石料不规则，可采用粗料石或__________对砌体进行镶面；仅有卵石的地区，也可采用卵石砌筑。

（2）堤身与建筑物结合部填筑。

引导问题3：

堤身与建筑物结合部填筑单元工程分为建筑物表面涂浆和结合部填筑两个工序，其中__________为主要工序。

引导问题4：

土堤与刚性建筑物（涵闸、堤内埋管、混凝土防渗墙等）相接时，填土前，应清除建筑物表面的乳皮、粉尘及油污等；表面的外露铁件宜割除，对铁件残余露头应用__________覆盖保护。填筑时，应先将建筑物表面__________，边涂泥浆、边铺土、边夯实。

【评价反馈】

综合评价表

项目（　） 任务（　）：________					
班级		姓名		组号	
评价项目	分值	自我评价得分	小组互评得分	教师评价得分	综合得分
按时出勤	10				
学习准备	10				
学习态度	10				
任务是否按时完成	15				
任务完成准确率	15				
参与讨论主动性	10				
沟通协调能力	10				
语言表达能力	10				
安全、文明、规范施工意识	10				
合　计	100				

任务3　护　脚　施　工

【案例背景】

某江大堤位于下游左岸，堤岸防护工程主要是防止水流和波浪对岸坡基土的冲蚀和淘刷造成的侵蚀、塌岸等现象，以保证堤坡的安全。本标段抛石护岸施工主要包括水上水下抛石护脚、碎石垫层、模袋混凝、干砌石、岸边清基、土方回填等。

【学习目标】

1. 理解护脚方式，掌握护脚要求。

2. 能进行抛石料、石笼、抛土工包、抛柴枕、抛六棱框架、充沙模袋软体沉排、框格型充沙管袋软体排上抛石、模袋混凝土沉排、铰链混凝土块沉排护脚施工。

3. 具有堤防护脚安全、规范、文明施工意识。

【任务分组】

学生任务分配表

班级		姓名		学号	
组号		本人任务		指导老师	
其他小组成员					
姓名	学号	任务分工	姓名	学号	任务分工

【任务准备】

相关知识点1：护脚方式

护脚方式有抛石（石笼）、抛土袋（土工包）、抛柴枕、抛六棱框架、充沙模袋软体沉排、框格型充沙管袋软体排上抛石、模袋混凝土（固化砂浆）沉排、铰链混凝土块沉排、钢筋混凝土板墙水平拉锚等多种结构形式，按施工方案和质量控制要求施工，确保堤防安全。

相关知识点2：护脚施工要求

1. 抛投石料、石笼、土工包、柴枕、六棱框架等护脚施工要求

抛投前先加工好抛投体并运至现场，对抛投区水深、流速、断面形状等情况进行测量并绘制成图，通过现场抛投试验掌握抛投物料在水中的沉降规律。抛投宜在枯水期进行。

抛投物料质量和数量除应满足设计要求外，还应符合下列要求：对运送石料船进行抽样称重检查。金属网笼中装填的石料应不小于网目尺寸。土工袋（包）材料孔径大小应与所装土（砂）粒径相匹配；土（砂）充填度宜为70%～80%；土袋重不应小于50kg；土袋（包）封口应牢固。

将抛投区按船只大小划分网格，按设计换算各网格内抛投量，并用测量仪器将定位船准确定位。将抛投船挂靠在定位船指定位置，由深水网格开始依次向近岸浅水网格抛投，同时还应遵循下列原则：水深流急时，应先用较大石块在护脚段下游侧按设计厚度抛一石埂，然后再依次向上游侧抛投。石笼应错缝抛沉，避免出现上下层纵横向贯通缝；流速过大时，可几个石笼捆绑抛投。抛完后应用大石块将笼与笼之间缺口补平。抛投六棱框架护脚，将3个框架串联扎成一组抛投。岸上抛投土袋宜用滑板使土袋准确入水叠压；用船抛投流速过大时，可将几个土袋捆绑抛投；大土工包宜用开体船抛投。

抛柴枕护脚，考虑流速因素，准确定位。抛枕前，将穿心绳拴在预先打好的拉桩上，并派专人掌握穿心绳的松紧度。抛枕人应均匀站在枕后，同时推枕、掀垫桩，确保柴枕平衡滚落入水，见图5-3-1。由上游侧向下游侧逐个靠接，顺堤坡方向由下而上逐个贴岸。要从抢护部位稍靠上游侧抛起；采取分段抛枕时，应同时进行。抛枕过程中，应加强水下探测，及时调整穿心绳，或用数根底勾绳控制柴枕沉落位置。柴枕抛足后，应及时抛压枕石将其压稳。

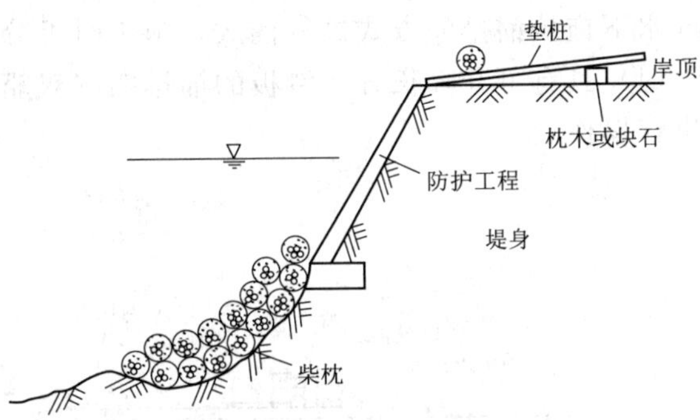

图5-3-1　抛柴枕剖面示意图

对于抢险或应急护脚工程，从最能控制险情的部位抛起，依次向两侧展开。抛投过程中及时探测和检查水下抛投坡度、厚度是否符合设计要求。

2. 充沙模袋软体排、框格型充沙管袋软体排上抛石、模袋混凝土排、模袋固化砂浆排等护脚施工要求

模袋或排体织物质量应满足设计要求，孔径大小应与充填土（砂）粒径匹配。按设计要求加工好软体排或模袋排布，在施工前运至现场，每个排体宽度（顺水流方向）宜为10～15m。测量定位并在需要防护的堤岸边将软体排（模袋排布）垂直于水流方向展开。

一般软体排沉放应符合下列要求：在需沉护堤（岸）段的岸边展开排体，先将土沙装入横袋内，装满后封口。在上游侧岸边打一顶桩，将与软体排下端拉排绳连接的拉绳拴在该顶桩上，并派专人控制其松紧。将排体推入水中，在软体排展开的同时向竖袋内装土沙，一直到横袋沉至河底。软体排上游侧竖袋充填土（砂）必须密实，必要时可充填碎石加重。软体排沉放过程中，应随时探测，如发现排脚下仍有冲刷坍塌，应继续向竖袋内加土，并放松拉筋绳，使排体紧贴岸边整体下滑，覆盖整个坍塌部位，见图5-3-2。两软体排搭接时，上游侧排体应搭压在下游侧排体上，搭接宽度不小于50cm，并应将搭接处压实。

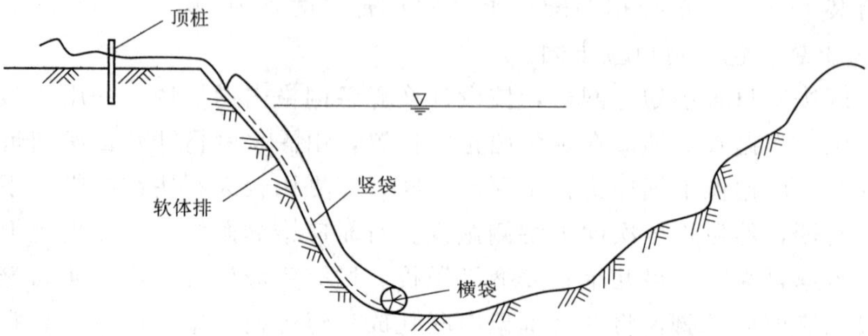

图 5-3-2　土工织物软体沉排护岸剖面示意图

对于较长（如 50～80m）的充沙管袋软体排，当在流动的水体中进行铺排作业时，用图 5-3-2 所示方法沉放有很大的困难，必须借助铺排船等设备，采用退放铺排或水下拖拉铺排的方式进行铺放，施工时可分别按下列方法操作：

（1）具有可升降长方形滑板的铺排船（双船）退放铺排，可参照图 5-3-3 的方式进行操作。

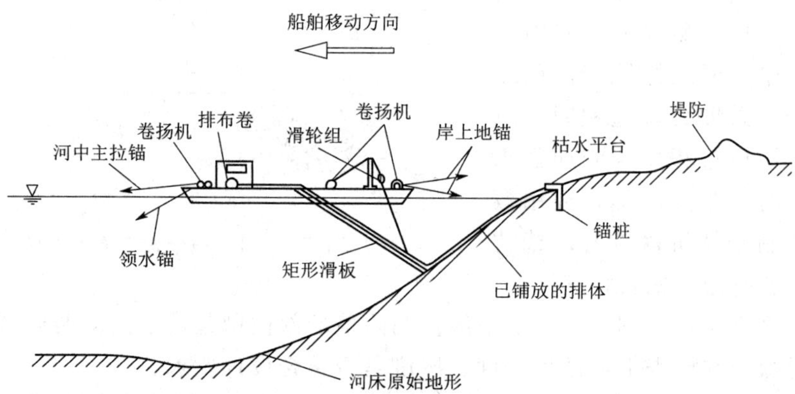

图 5-3-3　具有可升降长方形滑板的铺排船（双船）
退放铺排侧向示意图

（2）无滑板的铺排船（单船）水下拖拉铺排，可参照图 5-3-4 的方式进行操作。

流水中铺排，可在退放铺排、水上拖排沉放、水下拖拉铺排、卷排滚铺等方式中选定。排体锚定系统应按设计要求在铺排前完成；确定系排梁钢筋挂钩位置时应考虑软体排收缩率；钢筋挂钩应采取防锈措施。

用测量仪器控制铺排船移位、定位，并将排体展开、充灌、沉放；排体间采用上游侧排体搭压下游侧排体的方式连接，搭压量应符合设计要求。

由于地伏不平或排布收缩等原因出现排体空缺时，应采用事先备好的异型排体补充铺展和沉放。排体较长、水深较大的铺排护脚作业，应有潜水员在水下引导。

3. 铰链混凝土块沉排护脚施工要求

沉排前，钢筋混凝土系排梁达到设计强度后方可挂排。铰链混凝土块沉排，先根

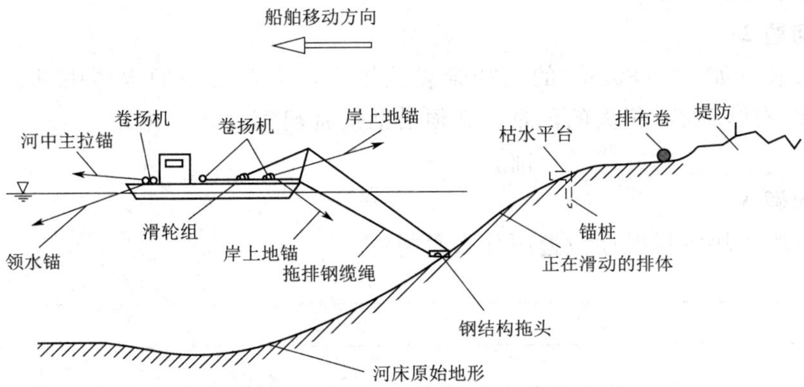

图 5-3-4 无滑板的铺排船（单船）水下拖拉铺排侧向示意图

据每个单元排体的尺寸选择具有足够施工平台的铺排船，然后排体沉放沿在船边加焊的弧形钢板平稳入水铺展。运输、拼装、沉放使用的卷扬机、吊装设备等，应有足够的卷扬、起吊能力。铰链混凝土块沉排沉放可参考图 5-3-5 所示方式操作。排体边沉放边拼装延长；当排体下滑斜度约 80°时，用锚缆控制船体做离岸平移后退；然后再重新定位，继续沉放，直至达到设计铺沉要求。

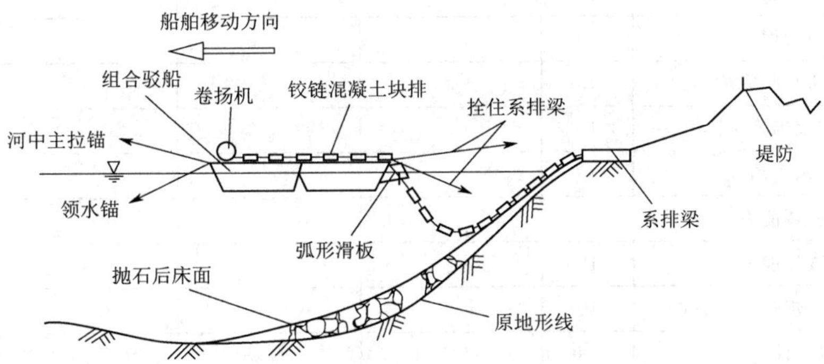

图 5-3-5 铰链混凝土块沉排沉放示意图

沉排顺序应遵照下列原则：垂直水流方向由岸边逐渐向河心铺沉。顺水流方向由下游侧依次向上游侧铺沉。沉排过程应由测量仪器控制沉排船移位、定位；必要时派潜水员水下辅助作业。排体应按设计要求平稳、缓慢沉放到位。排体搭接应将上游排体搭压在下游排体上，搭接长度应符合设计要求。

【任务实施】

（1）护脚方式。

引导问题 1：

护脚方式有抛石（石笼）、抛土袋（土工包）、____________________、抛六棱框架、____________________、框格型充沙管袋软体排上抛石、模袋混凝土（固化砂浆）沉排、铰链混凝土块沉排、钢筋混凝土板墙水平拉锚等多种结构形式。

(2) 护脚施工要求。

引导问题 2:

对于较长(如 50～80m)的充沙管袋软体排,当在流动的水体中进行铺排作业时,用常规方法沉放有很大的困难,必须借助铺排船等设备,采用________或________的方式进行铺放。

引导问题 3:

铰链混凝土块沉排顺序应遵照什么原则?

____

____

____

【评价反馈】

综 合 评 价 表

项目( ) 任务( ):________					
班级		姓名		组号	
评价项目	分值	自我评价得分	小组互评得分	教师评价得分	综合得分
按时出勤	10				
学习准备	10				
学习态度	10				
任务是否按时完成	15				
任务完成准确率	15				
参与讨论主动性	10				
沟通协调能力	10				
语言表达能力	10				
安全、文明、规范施工意识	10				
合 计	100				

任务4　堤　坡　护　砌

【案例背景】

本工程所在地区属亚热带海洋性季风气候，温暖潮湿，雨量充沛。场地内的地下水以孔隙潜水为主，受大气降水及江水位的补给，其水位变化与涨潮水位密切相关。堤基以深厚的砂层为主，主要存在砂基渗漏与渗透变形问题、堤基抗冲刷稳定问题；同时局部堤段分布有淤泥质土夹薄层中细砂、淤泥夹薄层中细砂或淤泥层，堤基存在沉降变形与抗滑稳定性问题。

本堤段堤防工程包括堤基清理土方开挖，堤身填砂筑堤，迎水坡铺设无纺土工布，铺设碎石垫层、铺砌混凝土预制块，堤顶铺二级配碎石垫层、铺砌混凝土预制块、设防浪墙与路沿石，迎水侧护岸10m范围内铺无纺土工布、铺碎石垫层、上部抛石保护。

【学习目标】

1. 理解河渠堤坡护砌主要形式。
2. 能进行石砌体护砌、预制混凝土块护砌。
3. 具有规范堤坡护砌意识，提高安全意识。

【任务分组】

学生任务分配表

<table>
<tr><td>班级</td><td></td><td>姓名</td><td></td><td>学号</td><td></td></tr>
<tr><td>组号</td><td></td><td>本人任务</td><td></td><td>指导老师</td><td></td></tr>
<tr><td colspan="6">其他小组成员</td></tr>
<tr><td>姓名</td><td>学号</td><td>任务分工</td><td>姓名</td><td>学号</td><td>任务分工</td></tr>
<tr><td></td><td></td><td></td><td></td><td></td><td></td></tr>
<tr><td></td><td></td><td></td><td></td><td></td><td></td></tr>
<tr><td></td><td></td><td></td><td></td><td></td><td></td></tr>
</table>

【任务准备】

河渠堤坡的护砌主要有石砌体护砌、预制混凝土块护砌两种形式。现浇混凝土渠坡防护施工参照本书混凝土有关内容。模袋混凝土渠坡防护施工按照《水利水电工程模袋混凝土技术规范》（T/CWEA 11—2020）相关规定执行。

相关知识点1：石砌体护砌

1. 块石护砌

砌筑前石料应清洁、湿润。砌体石块间应用胶结材料黏结填实。砌体宜用铺浆法砌筑，灰浆应饱满。护坡、护底内部石块间较大的空隙，应先灌填砂浆或细石混凝土并插捣密实，再用碎石块嵌实。不得采用先填碎石块、后塞砂浆的方法。随铺浆随砌石，砌缝需用砂浆填充饱满，不应无浆直接贴靠，砌缝内砂浆应插捣密实。上、下层砌石应错缝砌筑。砌体外露面应平整美观。砌筑因故停顿，且砂浆已超过初凝时间，应待砂浆强度达到2.5MPa后才可继续施工。继续砌筑前，应将原砌体表面的浮渣清除，砌筑时应避免振动下层砌体。

块石浆砌体的组砌形式，应内外搭砌，上下错缝，丁砌分布均匀，不应出现通缝、干缝、空缝和孔洞。

块石砌体宜分皮卧砌，错缝搭接，内外搭砌时，不应采用外侧立石块、中间填心的砌筑方法。

块石砌体的第一层及转角处、交接处和洞口处，应采用较大的块石砌筑。砌筑块石基础的第一层块石时，应先在基坑底铺设砂浆，并将大面向下。阶梯形块石基础的上级阶梯的石块应至少压砌下级阶梯的1/2，相邻阶梯的块石应相互错缝搭砌。

块石砌体的灰缝应饱满密实，竖缝宽度在50mm以上时可填塞片石，应先填胶结材料，后塞片石。砌体的平缝应铺料均匀，防止缝间被大骨料架空。

干砌石护砌时宜将较大石块置于底部，石块应交错，空隙应用碎石填实。石块外露面应稍加修整。干砌石宜用于护坡、护底等部位，宜采用立砌法，不得叠砌和浮塞。不得使用翅口石和飞口石。砌体缝口应砌紧，底部应垫稳、填实、不得架空。具有框格的干砌石工程，宜先修筑框格，然后砌筑。铺设大面积坡面的砂石垫层时，应自下而上，分层铺设，并随砌石面的增高分段上升。

2. 料石砌筑施工

砌筑前应先按设计砌筑高度计算层数，选好料石。砌筑时，应控制料石的砌筑高度和砌缝的横平竖直。宜采用丁顺相间的砌筑形式。当护砌体厚度大于或等于两块料石宽度时，亦可采用顺砌，但每砌两层后，应砌一个丁层。当护砌体厚度较大、中间部分用块石填砌时，丁砌料石伸入块石部分的长度不应小于200mm。

料石应采用坐浆平砌，砌缝砂浆应饱满，料石砌体的水平灰缝应平直，竖向灰缝应宽窄一致。

料石砌筑，同一层砌体应内外搭接，错缝砌筑，应按一顺一丁或两顺一丁排列放置平稳，砌缝应横平竖直，上、下层竖缝错开距离不应大于100mm，丁石上、下方不得有竖缝。

3. 卵石护砌

卵石砌体主砌石材应质地坚硬，无裂纹、无剥落层，遇水不泥化和崩解，饱和极限抗压强度应符合设计要求。砌筑前应将卵石冲洗干净，并保持表面湿润。浆砌卵石应采用干靠挤浆法，即先铺砂浆，后将卵石挤浆嵌砌，互相靠紧。卵石长轴应与砌筑坡面垂直。砌体面不得有通缝，宜采用勾凹缝。

干砌卵石用于河床、渠道或护坡上时，除应断面整齐、栽砌紧密、互相错缝和同层（排）卵石大小一致外，还应符合下列规定：干砌卵石护坡应选用扁形和易于衔接的卵石，其长轴线应垂直于斜坡。卵石应长卧扁立。分层立砌时，接缝应错开。当卵石不易互相衔接时，上下邻层应向相反方向略为倾斜。卵石铺底可采用卵石长径垂直于水流方向的横砌，或卵石长径平行于水流方向的纵砌。干砌时，应由下游砌向上游，同排卵石应互相夹紧，略向下游倾斜，不得砌成逆水砌缝。

干砌卵石护坡及河床铺砌时，铺砌应紧密、稳定、表面平顺，但不得用小石块塞垫或找平。干砌卵石河床铺砌时，应采用栽砌法。

干砌卵石渠道护砌防渗结构的砌筑顺序应符合如下规定：按先渠底、后渠坡的顺序砌筑。砌渠底时，平渠底宜从渠坡脚的一边砌向另一边。弧形渠底应从渠中线开始向两边砌筑。渠坡应从下而上逐排砌筑。如卵石下设膜料层，应将过渡层土料铺在膜料上，边铺膜，边压土，边砌石。

干砌卵石渠道护砌防渗结构的砌筑方法应符合如下规定：卵石长边垂直于渠底或渠坡立砌，不前俯后仰、左右倾斜。卵石的较宽侧面应垂直于水流方向。每排卵石应厚薄相近，大头朝下，错开茬口，挤紧砌实。渠底两边和渠坡脚的第一排卵石，应比其他明石大。卵石砌筑后，应先用小石填缝至缝深的一半，再用片状石块卡缝。应用较大的卵石水平砌筑封顶石。

相关知识点2：预制混凝土块护砌

预制混凝土块护砌施工按设计要求开挖沟槽，砌筑分段条埂。垫层或滤层铺设层次分明、厚薄均匀。从坡脚开始逐层向上铺砌，有长裂纹和缺棱掉角的混凝土预制块应剔除；混凝土预制块铺砌应平整、密实，不应有架空、超高现象；预制块间应缝口紧密、缝线规则；已铺砌好的坡面上，不允许堆放预制块或其他重物；预制块不允许在坡面上拖滑，宜人工搬运。

【任务实施】

(1) 石砌体护砌。

引导问题1：

块石浆砌体的组砌形式，应内外搭砌，________________，丁砌分布均匀，不应出现通缝、干缝、空缝和孔洞。

引导问题2：

料石砌筑，同一层砌体应内外搭接，错缝砌筑，应按________________或两顺一丁排列放置平稳，砌缝应______________，上、下层竖缝错开距离不应大于100mm，丁石上、下方不得有竖缝。

引导问题3：

浆砌卵石应采用________________法，即先铺砂浆，后将卵石挤浆嵌砌，互相靠紧。卵石长轴应与砌筑坡面垂直。砌体面不得有通缝，宜采用勾凹缝。

(2) 预制混凝土块护砌。

引导问题4：

混凝土预制块铺砌应平整、密实，不应有架空、超高现象；预制块间应缝口紧密、缝线规则；已铺砌好的坡面上，不允许堆放________________或其他重物；预制块不允许在坡面上拖滑，宜________________。

【评价反馈】

综 合 评 价 表

项目（ ）　　任务（ ）：					
班级		姓名		组号	
评价项目	分值	自我评价得分	小组互评得分	教师评价得分	综合得分
按时出勤	10				
学习准备	10				
学习态度	10				
任务是否按时完成	15				
任务完成准确率	15				
参与讨论主动性	10				
沟通协调能力	10				
语言表达能力	10				
安全、文明、规范施工意识	10				
合　计	100				

任务5 生 态 护 坡

【案例背景】

某河道生态护坡，该处河道为梯形复式断面，底宽 80m，河底高程 16.8m，边坡为 1∶4，坡长约 22.7m；边滩宽约 22.3m，高程 24.1m，堤顶高程 24.9m。堤坡为土坡，基底较为密实。工程总面积约 15341m^2。其中铺设三维网垫 15000m^2、植草砖 341m^2、鱼巢 500 延米、浆砌基础 204m^2，植草 15341m^2，按 20 年一遇标准洪水，设计流量为 600m^3/s。

在防护平台上植草。防护平台在上游弯道顶冲部分采用植草混凝土砖防护坡面，顺直段全部采用三维网垫护坡。坡脚全部采用鱼巢砖和植草墙砖护底，以满足防冲要求。

【学习目标】

1. 理解生态袋植被组成。
2. 能进行三维网垫、生态袋植被、生态砖、铅丝石笼等护坡施工。
3. 具有开拓创新生态护坡新理念、新技术、新方法精神。

【任务分组】

学生任务分配表

班级		姓名		学号	
组号		本人任务		指导老师	
其他小组成员					
姓名	学号	任务分工	姓名	学号	任务分工

【任务准备】

河渠堤坡的生态护坡主要有三维网垫、生态袋植被、生态砖、铅丝石笼以及鱼巢砖、植草、土工石笼袋、混凝土格框等多种形式，可根据水流、水位、坡度、土质条件和生态、环境、景观要求进行选择，具有提高岸坡抗冲能力、减少水土流失、改善环境、恢复生态系统的多重社会效益和经济效益。

相关知识点1：三维网垫护坡

1. 概述

三维网垫，又称为三维植被网、防侵蚀网、植生毯，是一种呈立体拱形隆起的具有三维结构的塑料网，具有较强的柔韧性，见图 5-5-1。

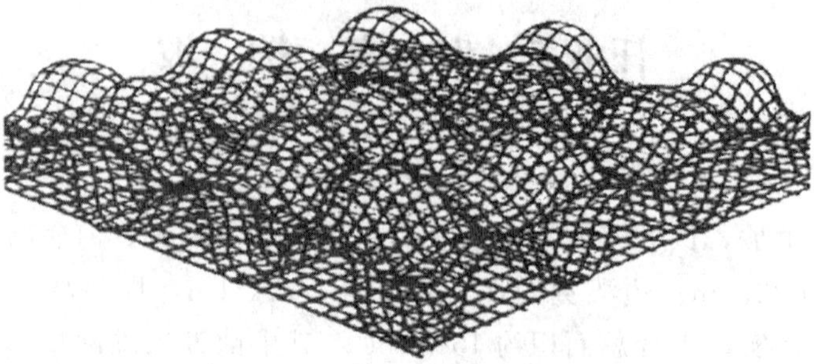

图 5－5－1　三维网垫结构示意

图 5－5－2　三维网垫护坡模式

在边坡表面覆盖三维网垫，向网垫内填充土壤、种子和肥料，形成人工护坡系统。网垫对坡面起到加筋固土的作用，将覆盖土固定在三维网的立体空间内，贴附在坡面上。随着植物生长，枝叶向上伸出网垫并覆盖坡面，其根系可以从网垫穿过，扎入坡体土壤内，相互缠绕，构建出具有高抗拉强度且牢固的立体防护系统，见图 5－5－2。三维网垫护坡技术固土能力、抗风力、水流冲刷能力强，植生性能好，并具有较好的生态效益。

2. 施工方法

三维网垫施工方法为施工准备→清理坡面→底土改良→网垫安装→填土播种→表层覆盖→养护管理。

(1) 施工准备。将网垫、肥料、种子、工程施工专用工具等运至现场，做好配电工作。

(2) 清理坡面。清理坡面要做到小平大不平，即为使三维网垫与边坡坡面紧密结合，一定要局部平整，大面可以不在同一平面内。把突出的岩块、土包等削掉，凹地回填夯实，使整个坡体平顺。对于坡面上的碎石、泥块、树根、垃圾及其他影响三维网的阻碍物，要清除干净。

在坡顶及坡底部沿边坡走向开挖矩形沟槽，以便固定三维网垫。根据当地降雨情况和坡面流量，综合考虑是否设置排水沟。排水沟设置在坡顶、坡脚及平台处。

(3) 底土改良。在施工前要对坡面现有土壤进行检测，主要内容有硬度、pH 值、质地、营养成分、盐分等。如果坡面现有土壤条件较好，则不必进行人工改良，可对坡面适当施肥并整平耙松。如果坡面现有土壤条件较差，不利于植物生长，则应进行底土改良，如 pH 值不适宜，则改良其酸碱度，一般改良土壤的 pH 值应于播种前一个月进行，以提高改良效果。回填客土用水润湿，使坡面自然沉降至稳定。

(4) 网垫安装。网垫安装必须使网垫与坡面贴紧，防止形成空鼓、翘边等现象，固定牢靠，网垫平顺。网垫的裁剪长度一般比施工的坡面长，自上而下铺向坡面。施工时紧贴地面将网垫卷材展开，在坡顶延伸 40～80cm，埋于土中并压实或固定于坡顶和坡脚开挖的沟槽内。相邻两卷材料相互搭接，网状面朝上，多余卷材用剪刀裁剪。铺设时用锚钉使网垫尽可能与坡面紧贴，在铺好的网上钉锚钉时，要使用软梯，人要站在软梯上，不能直接踩在网上，以免使网垫出现脱离和分层现象。锚钉可采用J形钉、U形钉或者塑料钉等，其上端宽度应大于网垫孔径2倍，以便同时起垂直镇压作用。锚钉的数量和长度可视具体地形等情况而定。若地形复杂，沟槽内的锚钉设置要加密。

（5）填土播种。

1）人工填土播种：将配制好的客土、植物种子、各种肥料及添加剂等搅拌均匀后，人工填入三维网垫内。为确保填土质量，应分层多次填土，不能用湿土。第一次回填后要浇水湿透，让回填土自然沉降，防止“空鼓”现象，然后再次回填，并重复上述过程，直至整个网垫完全被土覆盖，且网包不外露、网内土壤密实。

2）机械喷土播种：按一定比例，将配制好的客土、植物种子、各种肥料及添加剂等搅拌均匀后，采用喷播机械将混合物料喷射进三维网垫中，均匀地覆盖，且网包不外露、网内土壤密实。

（6）表层覆盖。播种施工完后，应立即覆盖无纺布、稻草、秸秆编织席，以避免阳光直射，防止降雨对草籽的冲刷，利于草籽保湿保温，促进草籽发芽生长。待草籽主叶长出后，及时拆除无纺布等覆盖物。若当地温度高，则无须覆盖。

（7）养护管理。喷播施工完成之后，要定期进行养护管理，主要内容包括洒水、施肥、病虫害防治、补播。

1）洒水：定期洒水以满足植物生长所需，每天洒水次数以土壤湿度情况而定，洒水量大小以保持土壤湿润为准则。为避免水流冲击坡面形成径流，一般用高压喷雾使养护水呈雾状均匀润湿坡面。

2）施肥：根据草坪生长情况确定施肥的用量及次数，促苗转青。

3）病虫害防治：植被发生病害时应及时喷洒杀菌剂，可以将几种效果相似的杀菌剂交替、复合使用以免产生抗菌性。

4）补播：草种发芽后，应及时对稀疏无草区进行补播。

施工完成后3个月进行验收，要求坡面平整，草坪生长均匀，颜色正常。

相关知识点2：生态袋植被护坡

生态袋植被护坡技术以生态袋、袋内土料、肥料、植被为主要组成，以扎口带、联结扣、土工格栅、排水设施、反滤土工布等辅助件，形成整体进行护坡，图5-5-3为生态袋植被护坡结构示意图。

袋内装填土料、肥料，甚至直接加入种子，袋体内土料、肥料为植物生长提供养料，待植物覆盖表面，植物根系会提高生态袋的紧密度和强度，形成牢固生态绿色护坡系统。

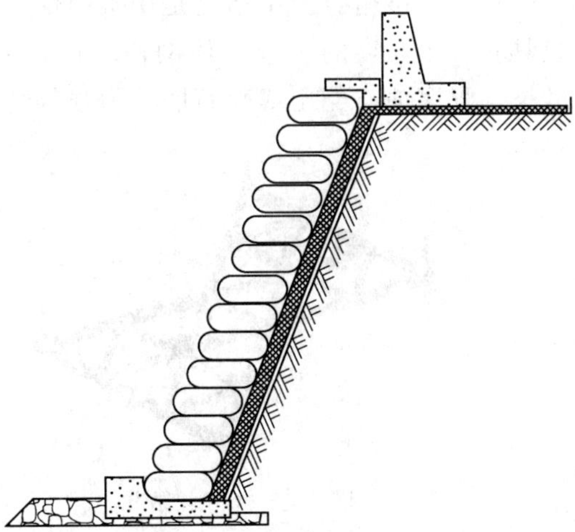

图5-5-3 生态袋植被护坡结构示意图

生态袋植被护坡按照作用分为护坡

型和挡土型两种形式，护坡型防止边坡受冲刷，挡土型防止山坡土体变形失稳。

1. 生态袋植被护坡组成

（1）生态袋。生态袋由聚丙烯和聚酯纤维深加工而成，具有高强度、耐腐蚀、不降解、导水透气功能，见图 5－5－4。抗冲生态袋面层共有四层：第一层为加强筋纤维层，起到保护作用；第二层为聚酯无纺布，起到滤土排水作用；第三层为草种、土壤、肥料等，起到填充作用；第四层为复合纤维，材质为木质纤维，见图 5－5－5。

图 5－5－4 生态袋

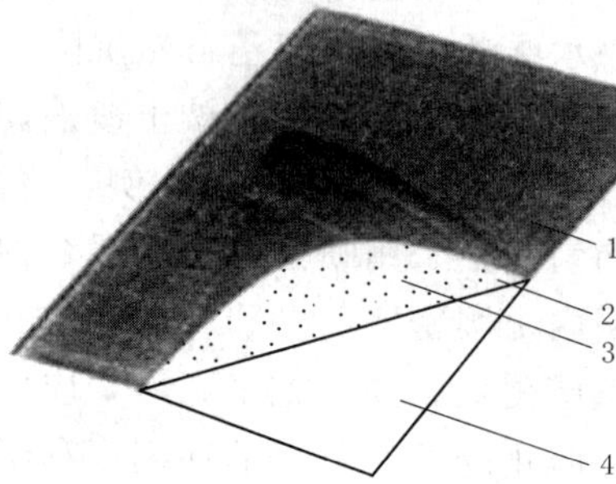

图 5－5－5 抗冲生态袋面层

1—加强筋纤维层；2—聚酯无纺布；3—草种层；4—复合纤维

袋与袋之间通过联结扣、锚杆、加筋格栅等构件，按照一定规则相互连接，组成柔性护坡系统。

（2）扎口带。扎口带是一种自锁式黑色带子，抗紫外线，抗拉性能强。施工中通过扎口带将已填满的生态袋袋口扎紧，保证生态袋的完整性和封闭性。

（3）联结扣。联结扣主要由主板、扣齿组成，如图 5－5－6 所示，是由聚丙烯材料组成的高强度构件。联结扣在上下层两个生态袋接触面内，通过上部生态袋竖向压力的作用，联结扣齿扎入生态袋中，防止生态袋相对滑动，以提升生态袋护坡结构面层整体性。

（4）土工格栅。土工格栅是用聚丙烯、聚氯乙烯等经热塑或模压而成的二维网格状或具有一定高度的三维立体网格屏栅，见图 5－5－7，具有抗拉强度高、耐老化、耐磨损、耐腐蚀、与土或碎石嵌锁力强等特点。

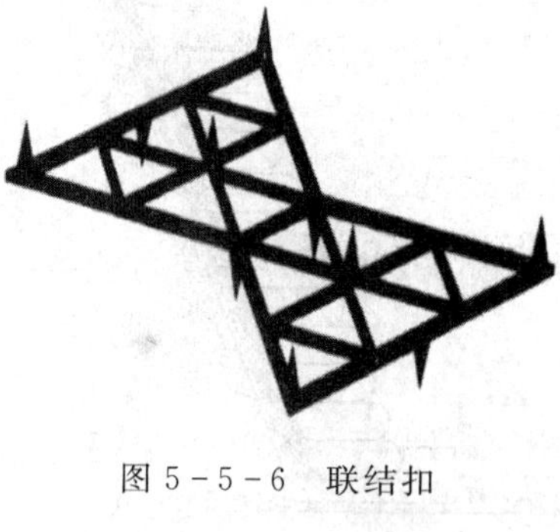

图 5－5－6 联结扣

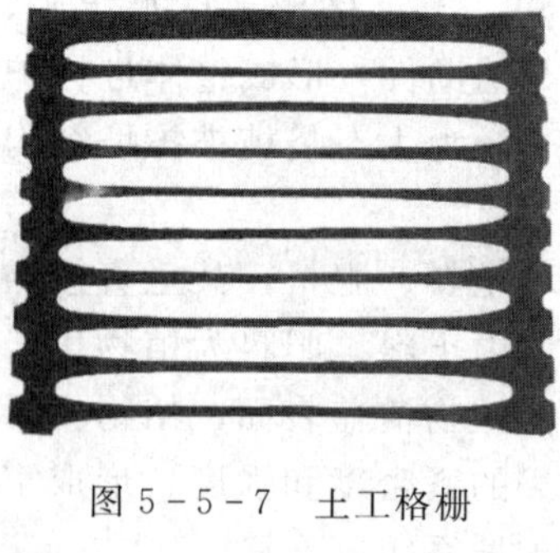

图 5－5－7 土工格栅

土工格栅一般水平铺设在回填土区域。对外露袋体墙面进行分层反包，再用联结扣把土工格栅和生态袋进行连接。土工格栅能够提升生态袋面层与填土的稳定性，提高地基承载力，降低沉降影响。

(5) 排水设施。排水设施的作用是排干生态袋后填土中的水分，避免生态袋结构面层承受额外的静水压力，提升结构稳定性。排水层汇集的渗水用排水管排出。

(6) 反滤土工布。反滤土工布具有良好的透气性和透水性，分隔填土与排水层，用以包裹排水管，进行滤土，减小填土区水压力。

2. 施工方法

生态袋施工方法包括清理场地、基础施工、生态袋铺设、排水设施的施工等。

(1) 清理场地。

1) 基线与水准点设置。施工基线和施工水准点均应选择不易发生沉降和位移、受施工及其他影响较小的地点，施工基线同时要选择通视条件好的地点，便于施工期间的检查和校核。

2) 开挖与削坡。在开挖与削坡施工之前，要考虑工程是否影响当地环境、公共设施、地下管线以及回填土层沉降对构造的影响。

3) 坡面清理。将坡面的树皮、树根、石子、垃圾等清除干净，避免有尖锐物体扎破生态袋；固定或挖除不稳定松散土体和岩体；将涌泉引出来，浸水处做好导水盲沟。

(2) 基础施工。柔性较好的生态袋护坡对地基的沉降变形适应性好，一般基础施工时将表面浮土清理后适度整平即可放置生态袋。为了控制沉降，底层生态袋要夯实。若地基土中含水率较高，在基础施工前要做好排水。

对直接与生态袋接触的基础部分，简单处理或是采用灰土回填、碎石甚至素混凝土回填地基。生态袋后填土中有土工格栅范围的地基，在土壤含水率不高于最优含水率的条件下，要进行碾压。

垫层材料要具有较好的排水功能，可采用建筑废料或矿渣作为垫层，垫层厚度不应小于150mm。

护岸结构坡面应整理平顺，整平好的坡面不能行驶机械设备，以免破坏平整度。若土质较差或难以整平，对于生态袋面层承受波浪荷载边坡，要铺设碎石层。

(3) 生态袋铺设。生态袋铺设前，先进行生态袋填充，生态袋填充料尽量就地取材，根据具体情况，生态袋的最佳填充度略有不同。一般以植被恢复为目的的生态袋护坡工程，在人工填充时，生态袋填充度为极限填充度的85%较为合适。

生态袋铺设简单便捷，常见的施工方法有普通堆叠法、土工格栅加筋堆叠法、防护骨架法等。

1) 普通堆叠法。普通堆叠法适用于坡度比较缓、坡高比较小的挡土结构，或没有波浪等影响的河道护坡工程。

施工时，将装好填料的生态袋码放在垫层或土工布滤层上。铺设时，把生态袋缝线结合一侧向护坡内摆放。尽量整个底层安装、压实、回填、平整后，再进行上一层生态袋安装。上层生态袋的铺设是将各层生态袋紧贴坡面由低到高、层层错缝摆放。生态袋铺设如图5-5-8所示。

2）土工格栅加筋堆叠法。土工格栅加筋堆叠法适用于坡度、高度较大或有波浪、高水位威胁的护坡工程中。

土工格栅加筋堆叠法施工和普通堆叠法类似，不同的是回填土区填料的选择和土工格栅的施工。其填料要求和普通堆叠法类似，同时不能对土工格栅造成损害。土工格栅用生态袋结构面层上留出的锁定位置固定。通常通过联结扣，使整个加筋结构形成一个有机整体。土工格栅在生态袋结构中的设置如图 5－5－9 所示。当填土压实后的高度达到安装土工格栅设计标高时，安装土工格栅层。在生态袋结构设计受拉方向只能由连续一片拉筋组成，不能对土工格栅进行搭接。在平行生态袋墙面方向，加筋材料可以对接形成填土区，拉筋在填土区要全覆盖。对于墙面为弧形生态袋结构，土工格栅铺设在同一层中。在设计标高处放置拉接网片后，在下一层生态袋上摆放拉接网片，覆盖原有拉接网片处空缺；在前一层拉接网片未加土覆盖前做好下一层补拉筋网片的位置。如果实在不能避免土工格栅的搭接，要在底层格栅上铺设一定厚度的填土后才能铺设搭接部分格栅。摆放好拉接网片后，放置回填土，压实到密实要求。

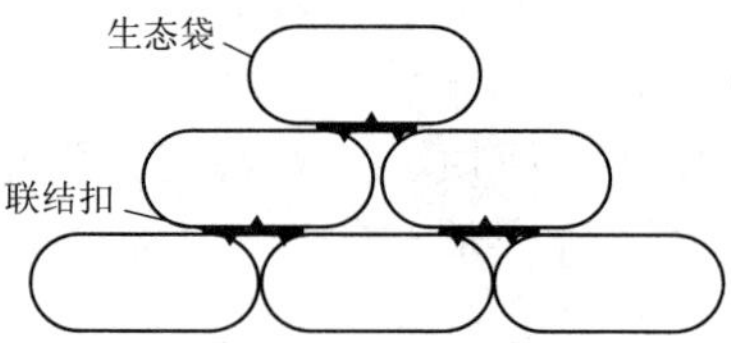

图 5－5－8　生态袋铺设

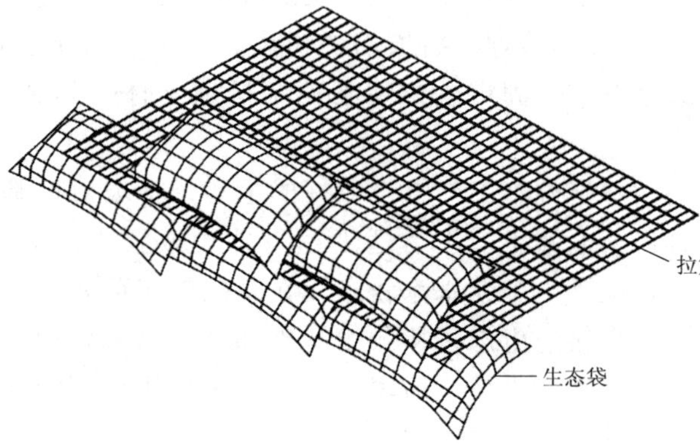

图 5－5－9　土工格栅在生态袋结构中的设置

3）防护骨架法。防护骨架法适用于坡度较陡、墙面承受较大流水侵蚀或者波浪压力的河道岸坡。骨架框格内填充生态袋，在框架梁浇筑过程中预埋安装螺栓作为生态袋固定挂钩，骨架框格及其中的生态袋，能有效降低水流对坡面的冲刷。

（4）排水设施的施工。设置排水设施应与生态袋护坡结构同步施工，同时完成。当填料为细粒土且有地表水渗入时，宜在面层后设置 30～50cm 的排水层。用土工布将排水层与墙后填土分隔开来。排水管的安装应能够保证土工格栅加筋土层的水及时在重力作用下，自流到护坡以外区域。排水管的出口应与集水井或集水口连接。

相关知识点 3：生态砖护坡

1. 生态砖

生态砖是由水泥和粗骨料胶结而成的无砂大孔隙混凝土制成的块体，并在块体空隙中充填腐殖土、种子、缓释肥料和保水剂等混合材料，为植物生长提供有利条件。

2. 生态砖护坡

生态砖护坡是在修整好的边坡坡面上拼铺生态砖，连接固定后，在砖框内填充种植土，进行植被恢复的边坡防护技术。该技术适用于各种高陡边坡，具有增强边坡稳定性、绿化美化效果好、施工简单快速、外观整齐、造型美观等特点。

3. 施工要点

（1）根据设计坡比从下至上码放生态砖，码放过程中按照不同坡度要求将上下相邻两块砖体的相应孔眼对齐，采用钢钎连接固定，直至最上层生态砖铺设完成。

（2）在生态砖内填充种植土，土层上表面低于砖体表面1～2cm。

（3）铺填种植土后在生态砖内种植灌草植物。

4. 养护管理

（1）浇水。种植植物后应及时浇水，浇水时间应选择早晚，次数和水量视天气状况而定，以保持土壤湿润为准。

（2）补植。在施工当年或次年发现死苗时，应及时进行补植。

相关知识点4：铅丝石笼

1. 铅丝石笼概述

铅丝石笼是用铅丝编成的六边形网目的圆筒状笼子，笼中填块石或卵石，置于岸坡上用于护岸的构件。

铅丝石笼适用于坡面坡度为1∶2～1∶1、优先考虑易于获取卵石材料的河段。

铅丝石笼具有较好的柔性，能够适应地基轻微沉陷。其多孔性特征使水下部分成为鱼类和贝类的栖息地。铅丝石笼内填土后可以种植植物，形成近自然景观。

2. 施工要点

铅丝石笼护岸主要包括铅丝石笼、石块、木桩、反滤层等部分。

横向铺设的石笼下部需打阻滑木桩；竖向铺设的石笼下部不需打阻滑木桩，在冲刷时可自然滑落，前端平伸河床2～4m起护脚作用。

先铺反滤材料再安装铅丝石笼，选用的反滤材料可使植物根扎入。在铅丝石笼表面覆土，覆土宜采用当地表土。覆土厚度约为10cm，但考虑笼内的空隙要加厚30%～50%，覆土时只需在表面散布，不需夯实。在石块间隙中充填表土。春季在石块间隙土壤中用插条方法种植柳条。截取直径1～3cm、长30cm左右的柳枝，埋入土中长度达25cm以上，露出地面约5cm。树枝与树枝间隔50cm左右。护岸的坡度线要尽量圆滑，上下游坡度线要连接顺畅。

【任务实施】

（1）三维网垫护坡。

引导问题1：

三维网垫护坡施工方法为施工准备→清理坡面→底土改良→________→________→表层覆盖→养护管理。

（2）生态袋植被护坡。

引导问题2：

生态袋护坡技术主要由________、填充物、________、联结扣、土工格栅等构成。

【评价反馈】

综 合 评 价 表

项目（　　）　　任务（　　）：＿＿＿＿					
班级		姓名		组号	
评价项目	分值	自我评价得分	小组互评得分	教师评价得分	综合得分
按时出勤	10				
学习准备	10				
学习态度	10				
任务是否按时完成	15				
任务完成准确率	15				
参与讨论主动性	10				
沟通协调能力	10				
语言表达能力	10				
安全、文明、规范施工意识	10				
合　计	100				

任务 6　疏浚工程与吹填工程

【案例背景】

某河流清淤工程目标是使河道汛期泄流能力达到 $900m^3/s$，提高河道泄流能力，减少两个临时滞洪区的使用机遇和淹没损失。清淤工程利用绞吸式挖泥船，采用分条、分层方式施工。开挖的土方经过水上管线、陆上管线，吹填至指定区域，随着吹填区吹填高度的增加而不断接长管线。

【学习目标】

1. 理解疏浚工程和吹填工程定义、主要内容、分类。
2. 掌握疏浚与吹填工程基本流程。
3. 能进行疏浚工程施工、吹填工程施工。
4. 具有疏浚与吹填工程安全、规范、文明施工意识，强化环保疏浚意识。

【任务分组】

学生任务分配表

<table>
<tr><td>班级</td><td></td><td>姓名</td><td></td><td>学号</td><td></td></tr>
<tr><td>组号</td><td></td><td>本人任务</td><td></td><td>指导老师</td><td></td></tr>
<tr><td colspan="6">其他小组成员</td></tr>
<tr><td>姓名</td><td>学号</td><td>任务分工</td><td>姓名</td><td>学号</td><td>任务分工</td></tr>
<tr><td></td><td></td><td></td><td></td><td></td><td></td></tr>
<tr><td></td><td></td><td></td><td></td><td></td><td></td></tr>
<tr><td></td><td></td><td></td><td></td><td></td><td></td></tr>
</table>

【任务准备】

相关知识点 1：疏浚工程与吹填工程概述

1. 疏浚工程内容与分类

（1）疏浚工程定义。疏浚工程是利用机械设备进行水下开挖，达到清淤、扩容、行洪、引水、排涝、通航及改善生态环境等目的的一种施工作业。

（2）疏浚工程主要内容。

1）挖深、拓宽、水道清淤，提高河道行洪、过水能力或改善河道、航区的通航条件。

2）开挖新的水道、航道、港池、泊位、沟渠。

3）开挖码头、船闸、船坞、堤坝等水工建筑物基槽或清除地基软弱土层。

4）开挖河底、海底管道及电缆沟槽。

5）清除湖泊、水库、排灌沟渠内淤积物或污染底泥，扩大蓄水容量。

（3）疏浚工程分类。疏浚工程按性质不同分为基建性、维护性、临时性、环保性四类。

1）基建性疏浚。基建性疏浚是指为了新辟水道、港口、码头或提高河道防洪能力、航道等级、湖泊蓄洪能力等而进行的新建、扩建、改建的疏浚。

2）维护性疏浚。维护性疏浚是指为了保持或恢复某一水域原有的尺寸而进行的经常性的或周期性的疏浚。

3）临时性疏浚。临时性疏浚是指为了清除突发性水域淤塞而进行的具有临时性的疏浚。

4）环保性疏浚。环保性疏浚是指为了清除河道、湖泊、水库内沉积污物以及受污染的底泥，达到降低水体污染、改善生态环境等目的而进行的具有环保性质的疏浚。

疏浚工程按其工程规模划分为大、中、小三类，规模划分见表5-6-1。

表5-6-1　　疏浚工程规模划分表　　单位：万 m^3

工程类型		工程规模		
		大	中	小
基建及维护性疏浚工程	泥土、砂	≥200	50～200	≤50
	岩石	≥20	5～20	≤5
环保疏浚工程		≥50	20～50	≤20

2. 吹填工程内容与分类

（1）吹填工程定义。吹填工程是利用机械设备自水下开挖取土，通过泥泵、排泥管线等输送到指定区域，以达到填筑坑塘、填高地面、加固加高堤防等目的的一种施工作业。吹填工程由疏浚土处理发展而来。

（2）吹填工程主要内容。吹填工程主要内容包括填塘固基、淤临淤背、堵口复堤、整治险工、加固堤防、农田改良、建设造地、备料、积肥等。

（3）吹填工程分类。吹填工程按其性质不同分为建设性吹填和弃土性吹填两类。建设性吹填指为建筑用地、滩涂造地、扩大库容、堵口复堤等而进行的吹填。弃土性吹填指为充分利用疏浚弃土、提高工程综合效益，将疏浚弃土吹填到荒废山涧、沼泽、洼地，使这些土地得到重新利用的吹填。

吹填工程按规模可划分为大、中、小三类，工程量不大于50万 m^3 的为小型工程，工程量大于50万 m^3、小于200万 m^3 的为中型工程，工程量不小于200万 m^3 的为大型工程。

相关知识点2：疏浚工程与吹填工程施工基本流程

疏浚工程与吹填工程施工基本流程包括前期准备、现场准备、施工和验收四个阶段，见图5-6-1。前期准备阶段包括熟悉合同与设计资料、现场勘察与基本资料收集、施工组织设计、施工方案优化、设备选配及调遣、组织机构及人员。现场准备阶段包括现场布置与测量，施工辅助设施准备，办公、生活设施准备，挖泥船就位展布。施工阶段包括办理施工手续、开展施工、质量检测与控制、安全监控、进度控制。验收阶段包括竣工测量、场地清理、竣工验收、工程结算。

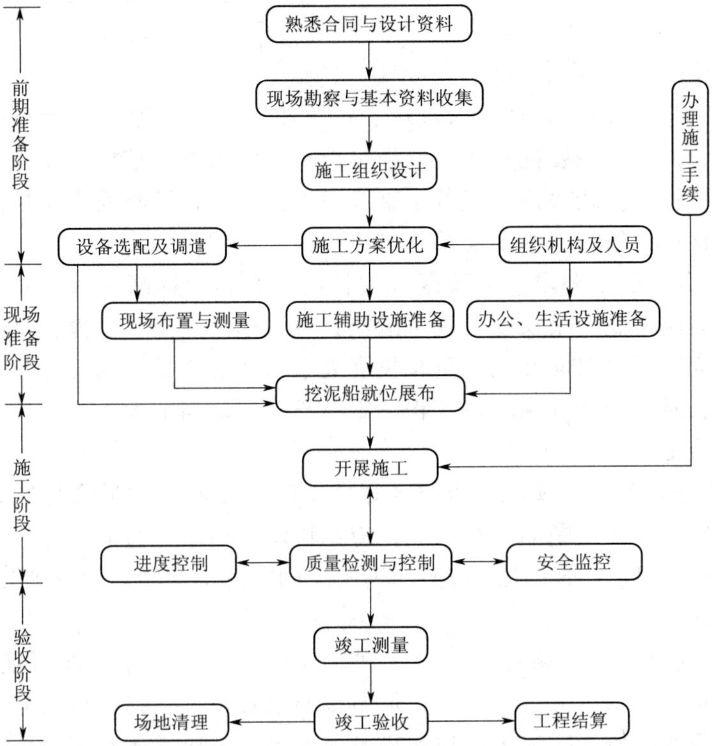

图 5-6-1　疏浚工程与吹填工程施工基本流程

相关知识点 3：疏浚工程与吹填工程设计主要内容

1. 基建及维护性疏浚工程

基建及维护性疏浚工程设计主要内容包括疏浚区域确定、挖槽尺度及断面形式确定、疏浚土处理方案与环保措施、疏浚设备选型、施工设计、技术要求、质量标准、工程进度确定、概预算编制等内容。

2. 环保疏浚工程

环保疏浚工程设计主要内容包括疏浚范围、疏浚断面、疏浚土的处理、疏浚设备选型、技术要求和质量标准、施工组织设计、工程概预算编制等。

3. 吹填工程

吹填工程设计主要内容包括基本资料与设计依据、吹填土料的选择与取土场开挖范围、开挖深度、吹填区域、吹填高程、吹填土方量、施工设备选型、施工方法确定、技术要求、质量标准、施工设计、辅助工程设计、排泥管线布置、环保措施、施工进度确定、工程概预算编制。

相关知识点 4：疏浚工程施工

1. 分段、分条、分层施工

（1）开挖方式。挖泥船开挖方式有顺流开挖与逆流开挖两种，疏浚工程对于挖槽质量要求较高，如果采用逆流开挖，施工时挖泥机具带起或一些未被吸走的泥浆会顺流而下，造成挖槽内回淤。因此从保证质量的角度出发，疏浚工程施工一般采用顺流开挖。

（2）分段施工。

1）疏浚工程分段施工条件。疏浚区长度大于绞吸挖泥船水上管线的有效伸展长度或大于链斗、抓斗挖泥船抛一次主锚缆可能挖泥的长度；挖槽尺度规格不一或工期要求不同；挖槽转向曲线段需分成若干直线段进行施工；纵断面上土层厚薄悬殊或土质出现较大变化；受航行或水上建筑物等干扰因素影响。

2）疏浚区分段长度要求。疏浚区分段长度应有利于提高工效、便于控制施工质量；段与段之间应重叠一个长度，避免漏挖，对于单向开挖，重叠长度大于1.5倍上体分层开挖厚度。对于双向开挖，重叠长度大于0.3倍船长，当土质松散、软弱，开挖间隔时间较长时，或者环保疏浚工程，重叠长度可适当加大。

（3）分条施工。

1）疏浚工程分条施工条件。疏浚区宽度大于挖泥船一次最大挖宽；疏浚区横断面土层厚薄悬殊；挖槽横断面为复合式；应急排洪、通水、通航工程。

2）分条施工原则。分条施工按照“远土近调、近土远调”的原则分条开挖。

（4）分层施工。

1）疏浚工程分层施工条件。疏浚区泥层厚度大于挖泥船一次可能疏挖的厚度；疏浚区内存在水上开挖土方；工程对边坡质量要求较高；工程边坡为复式边坡；疏浚区垂直方向土质变化较大、需更换挖泥机具或对不同土质存放有不同要求；合同要求分期达到设计深度；紧急疏洪、引水工程。

2）分层施工原则。分层施工应遵循“上层厚、下层薄”的原则。

3）前移距离控制。分层施工厚度要求及挖泥船每次前移距离，可按表5-6-2选取。

表5-6-2　　分层厚度及前移距离控制表　　单位：m

船　型		分层厚度	前移距离	备注
普通绞吸式	带定位桩台车	0.5～2.0倍铰刀直径	0.5～0.8倍铰刀长度	坚硬土取较低值，松软土取较高值
	不带定位桩台车	0.5～1.5倍铰刀直径		
斗轮绞吸式		0.5～1.5倍斗轮直径	1/3～2/3倍斗帮长度	
链斗式		1.0～2.0倍斗高	0.3～2.0	
抓斗式	≤2m^3	1.0～1.3	0.5～0.7倍抓斗张开宽度	
	2～8m^3	1.3～2.0		
铲斗式	背度挖掘法	1.8～2.0倍斗高	1.5～2.5	
	水平挖掘法	2.0左右	<5.0	
水力冲挖机组		1.0～2.0		
气力清淤泵	洞挖法		0.7～1.3倍孔径	
	拖挖法	0.5～1.5倍铲斗高	0.5～0.8倍铲斗宽度	

2. 疏浚工程主要机械设备

疏浚工程主要机械设备包括水力冲挖机组、两栖式清淤机、挖泥船等。

水力冲挖机组主要采用高压水枪冲刷底泥，将底泥扰动成泥浆，流动的泥浆汇集到事先设置好的低洼区，由泥泵吸取、管道输送，将泥浆输送至岸上的堆场或集浆池内。

两栖式清淤机是一种水陆两用的疏浚设备，一般采用退步法施工，即在挖完船前方可挖范围内的泥土后，向后倒退一定距离，再继续进行下步挖掘。当挖槽宽度小于设备最大挖宽时，一般采用单向开挖作业；当挖槽宽度超过设备最大挖宽时，多采用单侧卸土双向作业。

挖泥船是用以挖取水下泥沙、碎石等物质，达到疏浚目的的工程船。

3. 挖泥船施工

挖泥船根据航行方式的不同，分为自航式挖泥船和非自航式挖泥船；根据挖泥机所采用的动力不同，分为机械式挖泥船、水力式挖泥船和气动式挖泥船三类。

机械式挖泥船由机械传动机构带动挖掘机具完成泥沙的水下挖掘、提升输送，主要有链斗式挖泥船、抓斗式挖泥船、铲斗式挖泥船等形式。

水力式挖泥船是运用水的运动来完成疏浚任务，它将水下土层经过机械或水力切割破碎、松动，将泥、水混合形成泥浆，再由挖泥船上的泥泵通过吸泥管吸到泥舱或泥驳，或经输泥管输送到卸泥区，主要有绞吸式挖泥船、耙吸式挖泥船、吸扬式挖泥船等形式。

气动式挖泥船是利用空气形成的压力差，将水下切割松动后的土层混合成泥浆并经管道吸出，主要有气动泵挖泥船、空气提升挖泥船等。

（1）绞吸式挖泥船施工技术。

1）结构。绞吸式挖泥船主要由泥泵、铰刀、吸泥管、排泥管、定位系统、横移系统等组成，见图5－6－2。

2）工作过程。绞吸式挖泥船通过铰刀将水底泥土切削绞碎成泥浆，泥泵通过叶轮旋转产生真空，将泥浆从铰刀头部吸入，经过船内吸泥管，通过排泥管输送到指定地点，或通过船上专用的装驳系统运走。

3）施工方法。双主桩横挖法适用于挖掘松散土壤，对挖槽质量较高的工程不宜使用。该方法要点为以两根钢桩轮流作为摆动中心。操作简便，但由于摆动中心不一致，造成两侧重挖或漏挖。

主副桩横挖法，对不同土质及质量的工程均适用。该方法要点为以一根钢桩为定位主桩，另一根钢桩为副桩，主桩前移时始终保持在挖槽中心线上。开挖质量好，不易漏挖或重挖，操作较双主桩横挖法复杂。

四锚横挖法、五锚横挖法和六锚横挖法，优点为抗风浪、水流适应性好、挖宽较钢桩定位横挖法大；缺点为占用施工区域大，对交通有一定影响，挖泥船平面位置控制精度差、操作复杂、劳动强度大。

四锚横挖法适用于有主、边锚缆绞车的挖泥船；流速较大，流向与挖槽方向基本一致。该方法要点为挖泥船抛首主锚1只、前边锚2只、后边锚1只，利用船尾水上

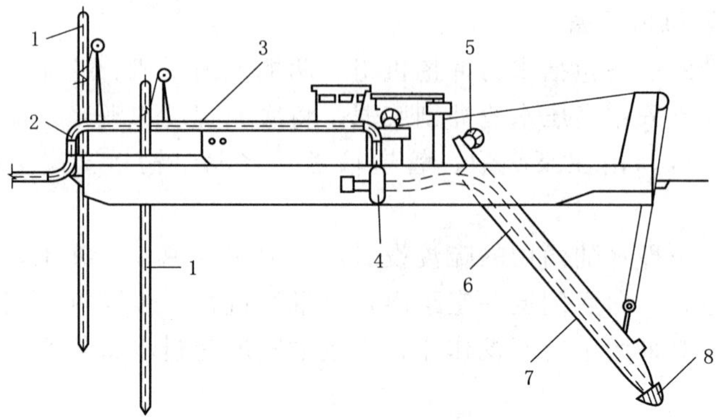

（a）绞吸式挖泥船剖面图

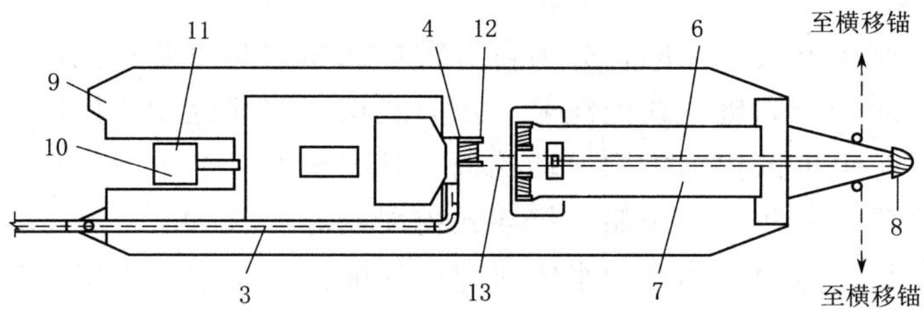

（b）绞吸式挖泥船平面布置图

图 5-6-2 绞吸式挖泥船结构示意图

1—定位桩；2—鹅颈管；3—船水排泥管；4—泥泵；5—耳轴；6—吸泥管；7—桥架；8—铰刀头；9—副定位桩；10—主定位桩；11—定位桩台车；12—桥架提升绞盘；13—横移绞盘

管线作为后边锚，以首锚为摆动中心。

五锚横挖法适用于有主、边锚缆绞车的挖泥船；风浪较大内陆水域；流速较缓内陆水域。该方法要点为挖泥船抛首锚 1 只、边锚 4 只，以主锚为摆动中心。

六锚横挖法适用于有主、边锚缆绞车的挖泥船；受潮汐影响水域。该方法要点为挖泥船抛首、尾锚各 1 只，边锚 4 只，以首锚为摆动中心。

浅区落桩横挖法适用于需赶潮施工的工程；开挖区域较软弱，易出现漏桩情况而无法达到设计开挖深度的工程；设计开挖深度超过挖泥船最大挖深，且水深有一定变化的工程。该方法要点为先以钢桩定位横挖法向前开挖，当前进大半个船位时，向后退回一个半船位，再向前开挖，如此往复，退船位可采用旋摆法。该方法克服了六锚横挖法的缺点，每次退船后均需开挖船槽，土质较硬时生产效率受影响。

定位桩台车快速换桩横挖法仅适用于带定位桩台车的挖泥船，且为逆流开挖、侧向风浪较小的水域。该方法要点为始终以一根钢桩定位开挖，前移时以铰刀头定位，提起定位桩，收回台车后落桩前移。其操作简单，生产效率高，但受风浪、水流方向影响较大，船位易发生偏离。

（2）铲斗式挖泥船施工。

1）结构。铲斗式挖泥船主要由铲斗、铲斗机、定位钢桩等组成，见图 5-6-3。

铲斗式挖泥船通过旋转铲斗挖掘机进行挖泥。

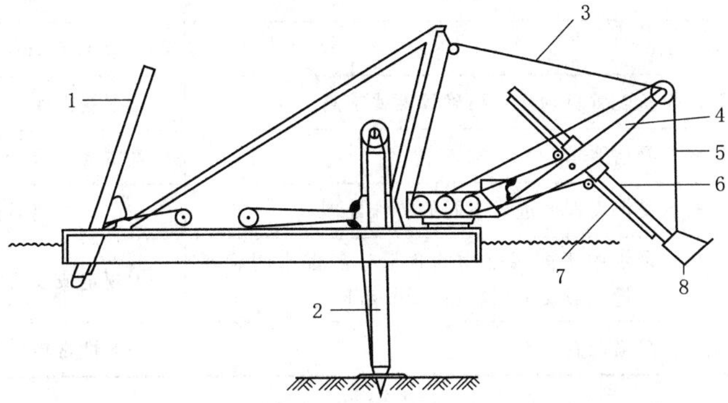

图 5-6-3　铲斗式挖泥船

1—后桩；2—前桩；3—吊杆变幅钢缆；4—吊杆；5—铲斗起升钢缆；6—斗柄；7—背度钢缆；8—铲斗

2）施工方法。背度挖掘法适用于较厚土层，层厚可达 3～4m，质量要求不高的工程。该方法要点为转盘式固定吊杆挖泥船在铲斗下放过程中，利用背度绳尽量将铲斗向后拉向船体，形成一个背度角（一般为 13°～15°），利用船体的重量推压铲斗，切入河底进行挖掘，完成一个切削长度后（泥斗装满泥后），提升铲斗旋转并卸泥至泥舱内。背度挖掘法生产效率较高，但易产生一定超深。

水平挖掘法适用于开挖质量较高的工程，爆破后的碎石层。该方法要点为全（半）旋转台式挖泥船在切削过程中，随时推压铲斗，使铲斗轨迹保持水平，完成一个切削长度后（泥斗装满泥后），提升铲斗旋转并卸泥至泥舱内。水平挖掘法开挖质量好，但操作较复杂，挖掘厚度受限制。

4. 环保疏浚施工

（1）环保疏浚目的。环保疏浚的主要目的是消除水体中的污染底泥。污染底泥是水体污染的潜在污染源，在水体发生变化时，底泥中的污染物质会重新释放出来进入水体。尤其是湖泊水库等缓流水体，积聚于沉积物中的氮磷往往很高，一定条件下，底泥中的氮磷会逐渐释放出来，使湖泊发生富营养化。因此环保疏浚是保护水体水质的一种措施，能够提高水环境质量。

环保疏浚工程与普通疏浚工程的区别见表 5-6-3。

表 5-6-3　　环保疏浚工程与普通疏浚工程的区别

项目	环保疏浚	普通疏浚
目的	清除水体中受污染底泥	拓展水域空间或改善水域条件
生态要求	为水生物恢复创造条件	无
疏浚范围	根据受污染底泥的分布确定疏浚范围，一般不开挖未受污染的底泥	根据设计要求，确定疏浚范围
疏浚土土质	一般为流塑状淤泥	复杂多样

续表

项目	环 保 疏 浚	普 通 疏 浚
疏浚土厚度	一般小于 1m	一般大于 1m
疏浚设备	环保船，设备配置自动化，精确程度要求高	普通挖泥船
泥浆扩散	开挖过程有严格要求	基本无要求
底泥处置	泥、水根据受污染程度进行不同的特殊处理	泥、水分离后做一般性堆置
余水排放	要求较高，余水中不同污染物的含量一般都有明确要求，污染物总含量一般要求控制在 200mg/L	无规定或仅要求余水中泥浆含量
工程监控	专项分析、严格控制	一般性常规控制

（2）环保疏浚技术要求。相比普通的疏浚工程来讲，环保疏浚属于“薄层疏浚”，去除污染底泥，疏浚深度一般小于 1m。为了尽量不破坏正常底泥层，同时减小疏浚工程量，在环保疏浚的勘测、施工过程中，要求一般平面精度小于 1m，垂直精度小于 0.1m。由于底泥中含有大量细小颗粒，在疏浚过程中要采取有效途径来控制污染底泥的扩散和输送过程中的二次污染。

（3）环保疏浚工程施工技术。环保疏浚工程大多采用绞吸式挖泥船进行施工，施工技术要点见表 5-6-4。

表 5-6-4　　　　环保疏浚绞吸式挖泥船施工技术要点

主要工序	技 术 要 点	目　　的
设备配置	采用定位桩台车系统	提高开挖精度
	采用环保性铰刀头或在普通铰刀头上安装环保防污罩	防止泥浆扩散、减少开挖过程中的二次污染
开挖区防护	挖泥船周围根据水流方向或风向等情况设置防污帘	
底泥开挖	采用差分全球定位系统进行平面定位	提高平面定位精度
	设立高精度水位遥报系统、提高挖泥船深度指示器精度、采用剖面仪、建立电子图形系统和污染底泥三维数据模型	提高竖向定位精度，减少对未污染土层的破坏，提高疏浚的有效性
	在设备性能允许的前提下尽量提高泥浆的吸入浓度	减小余水排放和处理量
	以较低的铰刀转速施工，必要时可刮吸或直吸	减少对底泥的扰动，减少开挖过程中的二次污染
底泥输送	排泥管出口处安装泥浆扩散与减速装置	减小泥浆在排泥场内的流速，加快沉淀速度
	远距离输送采用封闭式接力	避免输送过程中的二次污染
排泥场设置	排泥场内设置子堰或篱笆墙	延长泥浆流程、降低泥浆流速，促使泥浆再排泥场内沉淀
	排泥场底部为透水层时，应在底部采取铺设防渗膜等措施	避免对周围地下水造成污染

续表

主要工序	技术要点	目的
余水排放	采用投放化学药品促沉的方法进行余水处理，投药工艺以排泥管内投药为主。当靠投药仍不能满足余水排放指标时，应立即停机，并在泄水口附近和排水渠内进行紧急投药	促使泥浆沉淀，减小余水中污染物的含量
	常在排水渠口外围设置防护屏	防止污泥在受纳水体中扩散

（4）污染底泥输送方式。

1）管道输送。污染底泥采用管道输送，要求全封闭、连续输送，优点是泄漏少，输送效率高，在环保疏浚中应用广泛。

管道输送的主要设备为泥泵，在环保疏浚中，最常用到的是离心泵，其次是气力泵等。

2）汽车输送。汽车运输一般采用槽罐车或封闭自卸车进行运输。槽罐车运输流动或半流动状态污染底泥，封闭自卸车运输流塑或可塑性状态污染底泥。

3）船舶输送。在环保疏浚中，船舶运输主要是指采用泥驳运输的方式，主要是与环保斗式挖泥船配套，完成污染底泥水上输送。

相关知识点5：吹填工程施工

1. 开挖方式

吹填工程对取土区断面开挖质量较疏浚工程低，因此从有利于提高生产效率的角度考虑，除抓斗船采用顺流方向外，其他船型应采用逆流方向。

2. 吹填方法

吹填施工可采用绞吸式挖泥船，利用铰刀、泥泵和排泥管线，连续完成吹填料的开挖、输送和吹填工序。吹填施工也可采用斗式挖泥船开挖吹填料并将吹填料装入泥驳，用泥驳将吹填料运输到吹填区附近，再用吹泥船将吹填料吹填到吹填区的多设备组合施工方式。

对具有泥泵输送系统的耙吸式挖泥船，可采用耙吸土料入泥舱，泥舱装满后再自航到吹填区附近，最后通过舱内泥泵系统将舱内土料直接抛填到吹填区，或和排泥管线连接后，启动泥泵系统通过管线将舱内吹填土料输送到吹填区，即自挖自吹的方式。这种方式吹填土料的开挖、运输和吹填是三个独立环节，由一艘耙吸式挖泥船将这三个工序组合完成，相比绞吸式挖泥船，整个作业过程不连续，而是一个循环作业过程。

3. 施工方式

根据各种吹填作业中的输泥方式不同，吹填施工方式可以分为管道直输式和组合输送式两种。管道直输式施工又可以分为单船直输式和船泵直输式等；组合输送式又可分为单船组合式和多船组合式，见表5-6-5。

4. 施工要求

（1）取土区施工要求。

1）应在设计规定范围与深度内取土，未经设计单位允许不应随意改变。

2）施工时应注意观察土场土层的变化，发现不合格土源应及时报告并采取相应技术措施，确保取土质量与数量。

表 5-6-5　　吹填施工方式分类

施工方法		方法要点	方法特点
管道直输式	单船直输式	吹填土的开挖和输送由单条挖泥船直接连续完成	开挖、输送、吹填三道工序连续进行，生产效率高、成本低
	船泵直输式	在排泥管线上装设接力泵，由挖泥船开挖取土，输送则由接力泵辅助完成	
组合输送式	单船组合式	单条挖泥船挖泥并装入本船泥舱，再通过航行运输到预定地点后利用船上自带泥泵吹填	开挖、装舱、运输、吹填四道工序连续进行，生产效率不高，成本高
	多船组合式	斗式挖泥船-泥驳-吹泥式挖泥船、斗式挖泥船-泥驳-吹泥式挖泥船-接力泵站、斗式挖泥船-泥驳-储沙池-绞吸式挖泥船、耙吸式挖泥船-泥驳-吹泥式挖泥船、耙吸式挖泥船-储沙池-绞吸式挖泥船等多种组合	开挖、输送、吹填三道工序由多套设备组合完成，工序重复、控制难、生产效率低、成本较高

3）应按施工组织设计中规定的程序施工，并按放样进行开挖控制。

4）挖深应根据水位变化进行控制。

（2）吹填区施工要求。

1）施工前应检查吹填区域各类辅助工程是否按设计要求完成，发现存在不适合吹填施工的隐患时，应在采取有效措施处理完毕后方可施工。

2）吹填工程要求分期、分区交工时，应按设计要求顺序组织施工，对无分期、分区交工要求的工程，应符合下列规定：吹填细粒土时，宜设置两个或两个以上排泥区轮流交替吹填，必要时还应采取加速排水固结的措施。其他土质吹填时，应根据现场具体情况，按照提高工效、降低消耗、方便施工的原则，选择最佳吹填顺序。

3）在淤泥等超软地基上吹填宜分层进行，分层不宜过厚，施工时应根据设计或经过试验确定。第一层高度宜高出最高水位 0.5～1.0m，其余每层厚度宜控制在 1.0m 左右。

（3）其他吹填工程要求。

1）吹填筑堤工程，水面以上部分应分区、分层进行，分层厚度宜根据吹填土质经现场试验确定。每层吹填完成后应间歇一定时间，待吹填土初步沥水固结后，方可继续上层吹填。

2）船闸两侧、码头及挡土墙后侧等陆域吹填应分区，分区应以建筑物分缝处为界；应从靠近建筑物的一侧开始，并采取措施防止形成淤泥塘；施工中应对填土高度、内外水位、建筑物的位移、沉降、变形等进行观测，发现问题应及时采取有效处理措施。

相关知识点 6：淤泥处理处置施工

对于不同状态下的淤泥，应按下列方法处理：

（1）处于非流动状态的淤泥，可采取自然晾晒、井点降水、插排水板、真空降水等措施降低含水率，然后采用碾压、强夯、真空预压、堆载等压密方式物理固结；也可采用添加材料将清出淤泥改性方式化学固结。

（2）处于流动状态的淤泥，如渗透性较好，在用地宽松、工期要求不高的情况下，可吹填至围堰后存放，通过重力沉淀、表水溢流、表层晾晒、软基处理等方法进行处理；如清出淤泥渗透性差，在用地紧张、工期较短的情况下，可采取机械脱水或化学固化处理。

（3）对污染的淤泥，可采用机械脱水或化学固化处理后封闭填埋。

（4）采用真空预压等物理固结处理的，应特别注意在淤泥堆场布设降水设施时的作业安全及堆泥场周边安全防护措施；采用化学固化处理的，其化学添加剂应符合国家相应环保标准；采用机械脱水处理的，尾水排放应特别检测 pH 值是否达标。

【任务实施】

（1）疏浚工程与吹填工程基本流程。

引导问题 1：

疏浚工程与吹填工程基本流程为前期准备阶段、现场准备阶段、________、验收阶段。

（2）疏浚工程施工。

引导问题 2：

绞吸式挖泥船施工方法包括____________、____________、四锚横挖法、五锚横挖法、六锚横挖法、浅区落桩横挖法、定位桩台车快速换桩横挖法等。

引导问题 3：

绞吸式挖泥船通过________将水底泥土切削绞碎成泥浆，________通过叶轮旋转产生真空，将泥浆从铰刀头部吸入，经过船内吸泥管，通过排泥管输送到指定地点，或通过船上专用的装驳系统运走。

引导问题 4：

铲斗式挖泥船施工方法包括背度挖掘法、____________。

引导问题 5：

相比普通的疏浚工程来讲，环保疏浚属于“________”，去除污染底泥。由于底泥中含有大量细小颗粒，在疏浚过程中要采取有效途径来控制污染底泥的扩散和输送过程中的________。

引导问题 6：

污染底泥输送方式包括________、汽车输送、船舶输送。

（3）吹填工程施工。

引导问题 7：

根据各种吹填作业中的输泥方式不同，吹填施工方式可以分为________和组合输送式两种。

引导问题 8：

吹填施工可采用绞吸式挖泥船，利用铰刀、泥泵和排泥管线，连续完成吹填料的________、________和________工序。

【评价反馈】

综 合 评 价 表

项目（　　）　　　任务（　　）：					
班级		姓名		组号	
评价项目	分值	自我评价得分	小组互评得分	教师评价得分	综合得分
按时出勤	10				
学习准备	10				
学习态度	10				
任务是否按时完成	15				
任务完成准确率	15				
参与讨论主动性	10				
沟通协调能力	10				
语言表达能力	10				
安全、文明、规范施工意识	10				
合　计	100				

项目六　混凝土工程施工

任务1　模　板　工　程

【案例背景】

某管线箱涵外侧墙体模板为了减少模板接缝、提高混凝土外观质量，采用大幅钢模板，墙体内膜和顶板底膜采用钢模台车施工，倒角模板采用定制钢模板；为保证混凝土外观质量，加固侧模采用“三节式”可拆卸的对拉螺栓，在混凝土达到拆模强度并拆除侧模后，将可拆卸头卸落，回填不低于混凝土强度且颜色相近的水泥砂浆，回填平整并做好养护。

【学习目标】

1. 掌握模板工程的施工要求及确定不同种类模板特点。

2. 能够确定模板施工要求，正确进行模板施工流程的确定。

3. 通过对模板安装、拆除过程的掌握，深刻体会严谨认真的职业工作态度的重要性。

【任务分组】

学生任务分配表

班级		姓名		学号	
组号		本人任务		指导老师	
其他小组成员					
姓名	学号	任务分工	姓名	学号	任务分工

【任务准备】

模板工程是混凝土工程施工中一项很重要的辅助作业，它对混凝土起到支撑、成型、保护作用。模板工程在施工过程中应确保混凝土浇筑后的形状、尺寸、位置的正确性，保证变形在一定的允许值内，具有足够的稳定性、强度、刚度；模板与混凝土的接触面，以及各块模板接缝处，必须平整、密合，以保证混凝土表面的平整度和混凝土的密实性。

相关知识点 1：模板的种类

模板可以按照材料、形状、受力条件、使用特点不同进行分类。

（1）按材料不同，模板可分为木模板、钢模板等。《水工混凝土施工规范》（SL 677—2014）中规定，模板面板材料宜选用钢材、胶合板等，模板支架材料优先选用钢材，少用木材。

（2）按形状不同，模板可分为平面模板和曲面模板。平面模板多用于结构表面顺直的侧面模板和一些构筑物的底模。曲面模板用于构筑物表面为弧形的位置，多用在廊道、隧洞、溢流面和蜗壳等部位。

（3）按受力条件不同，模板可分为承重模板、侧面模板。承重模板承受来自混凝土重量和施工中的垂直荷载；侧面模板承受来自新浇混凝土的侧压力。侧面模板按照支撑受力方式不同，分为悬臂模板、半悬臂模板、简支模板。

（4）按使用特点，模板可分为固定式模板、拆移式模板、移动式模板、滑动式模板等。其中，固定式模板用于基础部位或形状特殊部位，使用后难以重复使用。

在水利工程施工中常用的模板有移动式模板、拆移式模板、自升式模板、混凝土预制模板、滑动式模板等。移动式模板是在支撑钢架上安装行驶轮，沿着构筑物长度方向的轨道进行整体移动，再分别进行混凝土的浇筑。拆移式模板可以做成定型的标准模板，主要在浇筑块表面平整的构件上使用，能够拆散移动。自升式模板由模板、围檩、支撑桁架、爬杆等组成；其自重比较轻，电动装置具有力矩限制和行程控制功能，能够安全可靠地运行，提高效率。混凝土预制模板既能作为模板，也能作为构筑物的护面结构，浇筑在构筑物外壳不再拆除。滑动式模板在进行混凝土连续浇筑时，模板面紧贴在混凝土面上进行滑动，按照其动力的不同分为牵引滑动模板、液压滑动模板。

相关知识点 2：模板的安装与拆除

1. 模板安装

模板工程中模板安装的重点工作过程为放样、立模、支撑、加固、找平等。安装过程中，必须经常保持足够的临时固定设施，以防倾覆。模板的钢拉杆不应弯曲，伸出混凝土外露面的拉杆宜采用端部可拆卸的结构形式，拉杆与锚环的连接必须牢固。模板的面板应涂脱模剂，但应避免脱模剂污染或侵蚀钢筋和混凝土。按照《水工混凝土施工规范》（SL 677—2014）中的规定，模板安装的允许偏差应根据结构物的安全、运行条件、经济和美观等要求确定，一般大体积混凝土模板安装的允许偏差见表 6-1-1。

表 6-1-1　一般大体积混凝土模板安装的允许偏差　　单位：mm

偏差项目		混凝土结构部位允许偏差	
		外露表面	隐蔽内面
面板平整度	相邻两面板错台	钢模：2 木模：3	5
	局部不平（用 2m 直尺检查）	钢模：3 木模：5	10

续表

偏 差 项 目		混凝土结构部位允许偏差	
		外露表面	隐蔽内面
结构物边线与设计边线	外模板	0～10	15
	内模板	－10～0	
结构物水平截面内部尺寸		±20	
承重模板标高		0～5	
预留孔、洞	中心线位置	±10	
	截面内部尺寸	－10	

注 外露表面、隐蔽内面系指相应模板的混凝土结构表面最终所处的位置。

2. 模板拆除

混凝土达到一定强度后应及时进行模板拆除，提高模板周转率。模板拆除时应按照次序，有步骤地进行拆除，不能乱撬。宜按照“先支的后拆、后支的先拆，先拆非承重模板、后拆承重模板”的顺序，并应按照从上而下的顺序进行拆除，拆模工作宜由清楚模板结构及安装顺序的安装人员进行拆除。

拆模时，根据锚固情况分批拆除锚固连接件，防止大片模板坠落。拆除应使用专门工具，减少混凝土和模板的损坏。

现浇混凝土结构的模板拆除时的混凝土强度，应符合设计要求；当设计无具体要求时，应符合下列规定：

（1）不承重的侧面模板，混凝土强度能保证其表面和棱角不因拆除模板而受损坏。

（2）承重模板及支架，混凝土强度应符合表6-1-2的规定。

表6-1-2　　现浇结构拆模时所需混凝土强度

结构类型	结构跨度/m	按设计的混凝土强度标准值的百分率计/%
板	≤2	≥50
	>2，≤8	≥75
	>8	≥100
梁、拱、壳	≤8	≥75
	>8	≥100
悬臂构件	—	≥100

注 设计的混凝土强度标准值是指与设计混凝土强度等级相应的混凝土立方体抗压强度标准值。

（3）经计算及试验复核，混凝土结构的实际强度已经能够承受自重及其他实际荷载时，可提前拆模。

（4）在低温季节施工的混凝土模板，其拆除应满足混凝土温控防裂要求。

预制构件模板拆除时，混凝土强度应符合设计要求；当设计无具体要求时，应符合下列规定：

1）侧模在混凝土强度能保证构件不发生变形、棱角完整时，可进行拆除。

2）预留孔洞的内模，在混凝土强度能保证构件和孔洞表面不发生坍陷和裂缝后，可进行拆除。

3）当构件跨度不大于4m时，在混凝土强度符合设计的混凝土强度标准值的50％的要求后，方可拆除底模；当构件跨度大于4m时，在混凝土强度符合设计的混凝土强度标准值的75％的要求后，可进行底模的拆除。

拆下的模板、支架及配件要及时清理、维修。应分类堆存暂时不用的模板，并保管妥善；钢模应在仓库存放，做好防锈。大型模板堆放时，垫平放稳，并适当加固，以免翘曲变形。

【任务实施】

（1）模板施工要求及种类。

引导问题1：

模板工种中模板施工符合的要求：____

____

____

____

引导问题2：

按材料不同，模板可分为____________、____________等。

引导问题3：

按形状不同，模板可分为____________、____________。

引导问题4：

在水利工程施工中常用的模板有____________、____________、____________、____________、____________。

（2）模板的安装与拆除。

引导问题5：

模板工程中模板安装的主要工作过程为____________→____________→____________→____________。

引导问题6：

现浇结构的模板拆除时的混凝土强度，应符合设计要求；当设计无具体要求时，应符合下列规定：

侧模：____

底模：____

其他：____

引导问题7：

拆下的模板、支架及配件应及时____________、____________。

【评价反馈】

综 合 评 价 表

项目（ ） 任务（ ）：______					
班级		姓名		组号	
评价项目	分值	自我评价得分	小组互评得分	教师评价得分	综合得分
按时出勤	10				
学习准备	10				
学习态度	10				
任务是否按时完成	15				
任务完成准确率	15				
参与讨论主动性	10				
沟通协调能力	10				
语言表达能力	10				
安全、文明、规范施工意识	10				
合 计	100				

任务2 钢 筋 工 程

【案例背景】

某输水暗涵为3孔钢筋混凝土箱涵，采用C30钢筋焊接网混凝土结构，长度为2.56km，需用钢筋网片3550t。钢筋网采用HRB335钢筋，钢筋直径为20mm，接头采用平搭法，主筋保护层40mm，钢筋端头保护层15mm。

【学习目标】

1. 掌握钢筋材料选取的规定和钢筋接头安装的方法。

2. 能够正确地进行钢筋的处理，能够确定不同钢筋所采取的接头方法，进行正确安装。

3. 钢筋工程质量直接影响结构的安全和耐久性，培养学生重视施工过程严把质量关的职业意识和素养。

【任务分组】

学生任务分配表

班级		姓名		学号	
组号		本人任务		指导老师	
其他小组成员					
姓名	学号	任务分工	姓名	学号	任务分工

【任务准备】

相关知识点1：钢筋验收

钢筋进场应具有出厂证明书或试验报告单，每捆（盘）钢筋要有标牌，同时应按有关标准和规定进行外观检查并分批做力学性能试验。按照《水工混凝土施工规范》（SL 677—2014）中的规定，可用于水工混凝土结构的钢筋材料牌号为HPB300、HRB335、KL400、CBR550和冷拉Ⅰ级钢筋等。其中，预应力水工混凝土不应用HPB300的热轧光圆钢筋、牌号为CBR550的冷轧带肋钢筋和冷拉Ⅰ级（$d \leqslant 12$mm）钢筋；非预应力混凝土不应采用冷拉Ⅱ级及以上钢筋。

1. 验收要求

钢筋在使用前应做冷弯、拉力试验，要进行焊接的钢筋应做焊接工艺试验。钢筋应分批进行试验，以同一炉（批）号、同一截面尺寸的钢筋为一批，每批重量不大于60t。

钢筋取样时，钢筋端部要先截去500mm，每组试样分别标记。每批钢筋选取经表面检查和尺寸测量合格的2根钢筋，各取1个拉力试件和1个冷弯试件。拉力试验项目应包括抗拉强度、屈服点、伸长率，当有一个指标不符合规定，即判定拉力试验项目不合格；冷弯试件弯曲后，不应有断裂、裂纹、剥落。在试验过程中，当出现1个试验项目的1个试件不符合规定数值时，应另取两倍数量的试件，对不合格的项目进行复验，如还有1个试件不合格，则该批钢筋确定为不合格。

2. 钢筋的储存

钢筋应按不同等级、规格、牌号、生产厂家分批验收，分别堆存，不应混杂，应设立牌进行识别，宜放在仓库（棚）内；当露天堆置时，不应和酸、油、盐等物品存放在一起，堆放场地排水设施良好，钢筋存放离地高度不小于200mm，堆放高度以下层钢筋不变形为宜。

3. 钢筋的代换

当用另一种牌号或直径的钢筋代替设计规定的钢筋时，要遵循以下规定：

（1）要对两种钢筋的计算强度进行换算，计算过程见式（6-2-1）；并对钢筋截面面积进行相应的改变，当代换后的钢筋与设计钢筋级别相等时，计算过程见式（6-2-2）。

1）等强度代换

$$A_1 f_1 \leqslant A_2 f_2$$

因此有

$$\frac{n_1 \pi d_1^2 f_1}{4} \leqslant \frac{n_2 \pi d_2^2 f_2}{4} \tag{6-2-1}$$

式中 f_1——施工图中所用的钢筋设计强度；

f_2——代换后钢筋设计强度；

A_1——施工图中所用的钢筋总面积；

A_2——代换后钢筋总面积；

n_1——施工图中钢筋根数；

n_2——代换钢筋根数；

d_1——施工图中钢筋直径；

d_2——代换钢筋直径。

2）等截面代换

$$A_1 \leqslant A_2$$

因此有

$$n_2 \geqslant \frac{n_1 d_1^2}{d_2^2} \tag{6-2-2}$$

（2）当用同牌号的另一直径钢筋替换时，其直径变更范围不宜超过4mm，替换后的钢筋总截面面积不应小于设计规定截面面积的98%，也不应大于设计规定截面面积的103%。以较粗的钢筋替换较细的钢筋时，部分构件应校核握裹力。

（3）用高一级钢筋替换低一级的钢筋时，宜采用改变钢筋直径的方法而不宜采用改变钢筋根数的方法，部分构件应进行裂缝和变形验算。钢筋等级的替换不应超过一级。

相关知识点 2：钢筋加工

1. 钢筋清污除锈

钢筋的表面应洁净，使用前应将表面漆污、油渍、鳞锈、锈皮等清除干净。钢筋表面的水锈和色锈可不做专门处理。钢筋除锈宜采用除锈机、风砂枪等机械；当钢筋数量较少时，可采用人工除锈，除锈后的钢筋要尽快使用。钢筋表面有严重锈蚀、麻坑、斑点等，应经鉴定后视损伤情况予以降级使用或剔除不用。

2. 钢筋调直

选用的钢筋应平直无局部弯折，钢筋中心线同直线的偏差不应超过其全长的1%，弯曲的钢筋均应矫直后方可使用，出现死弯的钢筋应剔除不用。钢筋宜采用机械调直或冷拉方法调直，严谨采用氧气、乙炔焰烘烤取直。钢筋调直后其表面不应有明显的伤痕，钢筋调直后如有劈裂现象，应作为不合格品，并重新鉴定该批钢筋质量。

当采用冷拉方法调直钢筋时，HPB235、HPB300 级钢筋的冷拉率不宜大于 4%。HRB335、HRB400、HRB500、HRBF335、HRBF400、HRBF500 级和 RRB400 级带肋钢筋的冷拉率不宜大于 1%。

3. 钢筋切断

钢筋下料长度应根据结构尺寸、混凝土保护层厚度，钢筋弯曲调整值和弯钩增加长度等要求确定。钢筋切断应根据配料表中编号、直径、长度和数量，长短搭配。钢筋切断注意内容如下：

（1）采用绑扎接头、帮条焊、搭接焊的接头宜用机械切断机切割。

（2）采用电渣压力焊的接头，应采用砂轮锯或气焊切割。

（3）采用冷挤压连接和螺纹连接的机械连接钢筋端头宜采用砂轮锯或钢锯片切割，不得采用电气焊切割。如切割后钢筋端头有毛边、弯折或纵肋尺寸过大者，应用砂轮机修磨。冷挤压接头不得打磨钢筋横肋。

（4）采用熔槽焊、窄间隙焊和气压焊连接的钢筋端头宜选用砂轮锯切割。

（5）其他新型接头的切割按工艺要求进行。

4. 钢筋配料

钢筋配料指识图、钢筋下料长度的计算、编制配筋表。其中，不同种类钢筋下料长度如下：

直筋下料长度＝构件长度＋搭接长度－保护层厚度＋弯钩增加长度

弯起筋下料长度＝直段长度＋斜段长度＋搭接长度－弯折减小长度＋弯钩增加长度

箍筋下料长度＝直段长度＋弯钩增加长度－弯折减小长度＝箍筋周长＋箍筋调整值

钢筋长度是指钢筋外缘与外缘之间的长度。混凝土保护层的厚度为受力钢筋外缘到混凝土表面的距离。

（1）钢筋接头搭接长度。钢筋一般供货长度为 6～10m，根据不同钢筋混凝土的结构尺寸要求，需对钢筋进行接长。钢筋接头搭接长度值见表 6－2－1 和表 6－2－2，其中，d 为钢筋直径。

表 6-2-1　　钢筋绑扎的接头最小搭接长度

钢筋级别	Ⅰ级钢筋	Ⅱ级钢筋	Ⅲ级钢筋
受拉区	30d	35d	40d
受压区	20d	25d	30d

表 6-2-2　　钢筋搭接焊最小搭接长度

焊接类型	Ⅰ级钢筋	Ⅱ级钢筋	Ⅲ级钢筋
单面焊	8d	10d	10d
双面焊	4d	5d	5d

（2）钢筋弯曲调整长度。钢筋端部在加工后有弯曲时，应予以矫直或割除（绑扎接头除外），端部轴线偏移不得大于0.1d，并不得大于2mm。端头面应整齐，并与轴线垂直。

根据《水工混凝土钢筋施工规范》（DL/T 5169—2013），HPB235级光圆钢筋的端头应符合设计要求，当未做规定时，受拉光圆钢筋的末端做成180°的半圆弯钩，弯钩的内径不小于2.5d。当手工弯钩时，弯钩的弯后应有不小于3d长度的平直部分，见图6-2-1。经过弯曲后，在钢筋弯曲处的内侧发生收缩，外皮出现延伸。其中，Ⅰ级钢筋弯曲直径D为2.5d，每个180°弯钩的增加长度为6.25d，计算过程见式（6-2-3）；按照该方法可计算135°弯钩的增加长度为5d。

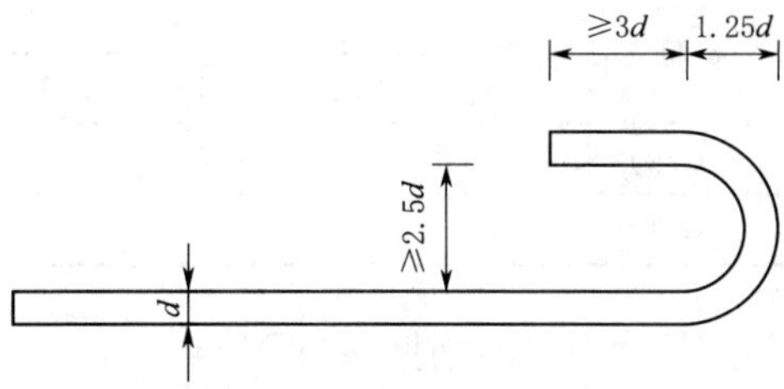

图 6-2-1　HPB235光圆钢筋的弯钩示意图

$$180°弯钩的增长量=1/2\pi(D+d)+3d-(0.5D+d)$$
$$=1/2\pi(2.5d+d)+3d-(0.5\times2.5d+d)=6.25d \tag{6-2-3}$$

HRB335级及其以上钢筋按设计要求弯转90°时，当钢筋直径小于16mm时，最小弯转内径为5d；当钢筋直径大于等于16mm时，最小弯转内径为7d，见图6-2-2。对于Ⅰ级钢筋，其每个弯曲的减小长度为$-1.75d$，计算过程见式（6-2-4）。

$$90°弯钩的减小量=1/4\pi(D+d)-2(0.5D+d)=-1.75d \tag{6-2-4}$$

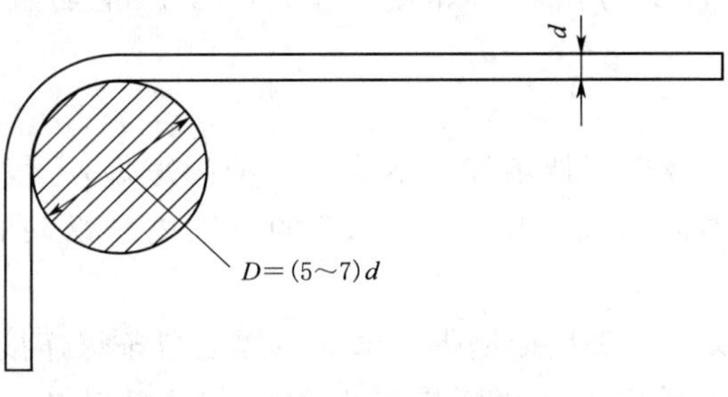

图 6-2-2　HRB335级钢筋弯转90°示意图

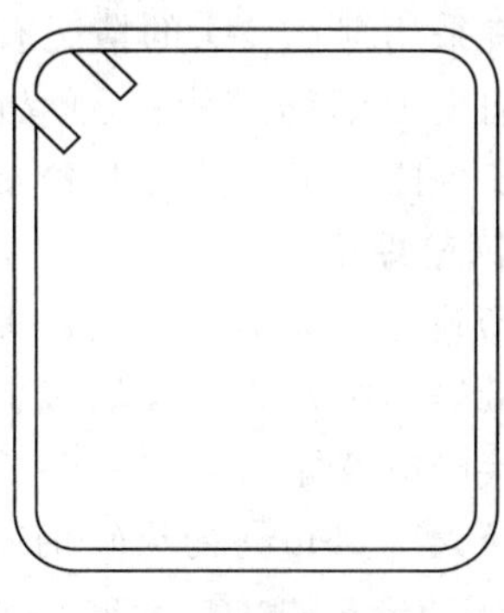

图 6-2-3　箍筋形式示意图

同理可得其他弯曲的调整长度，见表 6-2-3。

表 6-2-3　　钢筋弯曲调整长度

弯曲类型	弯钩			弯折				
	180°	135°	90°	135°	90°	60°	45°	30°
调整长度	6.25d	5d	3.2d	−2.5d	−2d	−0.85d	−0.5d	−0.35d

箍筋的加工应满足设计要求，当没有具体要求时，圆钢筋制成的箍筋末端应有弯钩。小直径Ⅱ级钢筋箍筋末端应有 90°弯头，箍筋弯后平直部分长度不宜小于 3 倍主筋的直径。钢筋直径大于 12mm 的大型梁、柱箍筋弯钩宜做成图 6-2-3 的形状。为了箍筋计算方便，通常将箍筋的弯钩增加长度、弯折减小长度并成一个箍筋调整值，见表 6-2-4。计算时将箍筋内皮尺寸或外包尺寸加上箍筋下料长度。

表 6-2-4　　箍筋的调整值　　单位：mm

箍筋量度方法	箍筋的直径			
	10～12	8	6	4～5
量内皮尺寸	150～170	120	100	80
量外包尺寸	70	60	50	40

相关知识点 3：钢筋接头施工

钢筋接头施工可采用钢筋绑扎、钢筋焊接、机械连接等，优先采用钢筋焊接或机械连接。

1. 钢筋绑扎

进行钢筋绑扎过程中，钢筋应顺直均匀、位置正确。钢筋绑扎的主要方法有一面顺扣法、十字花扣法、缠扣法、反十字扣法、套扣法、兜扣法等，一面顺扣法较常使用。一面顺扣法先将切断的扎丝在中间位置折合成 180°弯，扎丝需清理整齐。绑扎过程中左手的扎丝靠近钢筋绑扎点底部，右手拿住钢筋钩，食指压在钩前部，用钩尖端钩住扎丝底扣处，并紧靠扎丝开口端，绕扎丝拧转两圈套半，在绑扎时扎丝扣伸出钢筋底部要短，并用钩尖将铁丝扣紧。为使绑扎后的钢筋骨架不变形，每个绑扎点进扎丝扣的方向要求交替变换 90°。

不宜采用绑扎接头的情况有：①小偏心受拉构件、轴心受拉构件、承受振动的构件，纵向受力钢筋接头；②双面配置受力钢筋的焊接骨架；③受压钢筋直径大于 32mm 或受拉钢筋直径大于 28mm。

2. 钢筋焊接

现场施工可采用手工电弧焊（搭接焊、帮条焊、熔槽焊、窄间隙焊）、气压焊和机械连接等焊接方法。现场竖向或斜向（倾斜度在 1∶0.5 的范围内）钢筋的焊接，宜采用接触电渣焊。

直径大于 28mm 的热轧钢筋接头，可采用熔槽焊、窄间隙焊或帮条焊连接；直径小于等于 28mm 的热轧钢筋接头，可采用手工电弧搭接焊和闪光对焊焊接。直径为 20～40mm 的钢筋接头宜采用接触电渣焊（竖向）和气压焊连接，但直径大于 28mm

时，应经试验论证后使用。可焊性差的钢筋接头不宜采用接触电渣焊和气压焊。直径16～40mm的Ⅱ级、Ⅲ级钢筋接头，可采用机械连接，其中采用直螺纹连接时，相连两钢筋的螺纹旋入套筒的长度应相等。钢筋的交叉连接宜采用接触点焊，不宜采用手工电弧焊。

3. 机械连接

钢筋机械连接的种类较多，如锥螺纹套筒连接、钢筋套筒挤压连接、精轧大螺旋钢筋套筒连接、热熔剂充填套筒连接等。这些机械连接方式是通过钢筋表面轧制或特制的螺纹（或横肋）和套筒之间的机械咬合作用来传递钢筋所受的压力或拉力。

相关知识点4：钢筋安装

钢筋的安装间距、位置、保护层、各部分钢筋的大小尺寸，应符合设计要求，偏差不应超过表6-2-5所示的规定。

表6-2-5 钢筋安装允许偏差

项次	偏差名称		允许偏差
1	钢筋长度方向的偏差		净保护层厚的1/2
2	同一排受力钢筋间距的局部偏差	柱及梁	0.5d
		板、墙	间距的0.1
3	双排钢筋，其排与排间距的局部偏差		排距的0.1
4	梁与柱中钢箍间距的偏差		箍筋间距的0.1
5	保护层厚度的局部偏差		净保护层厚的1/4

现场焊接或绑扎的钢筋网，其钢筋交叉的连接，应按设计文件的规定进行。当未做规定且钢筋直径小于25mm时，墙内靠近外围的两行钢筋之相交点应逐点扎牢，其余按每隔一个交叉点扎结一个进行绑扎。钢筋安装中交叉点的绑扎，Ⅰ级、Ⅱ级钢筋，直径大于16mm且不损伤钢筋截面时，可采用细焊条、小电流的手工电弧焊进行点焊来代替，钢筋不应出现明显的咬边和裂纹。

钢筋安装时，为了保证保护层的必要厚度，应在钢筋与模板之间设置强度不低于设计强度的混凝土垫块。垫块应互相错开、分散布置，且埋设铁丝并与钢筋扎紧。在多排钢筋之间，应用短钢筋支撑以保证位置准确。

钢筋安装前应设架立筋，架立筋宜选用直径不小于22mm的钢筋。安装后的钢筋，应有足够的稳定性和刚性。钢筋架设完毕，应及时进行保护，防止发生错动、锈蚀、变形。浇筑混凝土之前，应进行详细检查，并填写检查记录。

【任务实施】

（1）钢筋验收。

引导问题1：

钢筋在使用前应做________________、________________试验，需要焊接的钢筋还应做________________试验。

引导问题 2：

钢筋取样时，钢筋端部应先截去________________cm，每组试样分别标记，不应混淆。

引导问题 3：

如有 1 个试验项目的 1 个试件不符合所规定的数值，则另取________倍数量的试件，对不合格的项目进行复验。

引导问题 4：

以另一种牌号或直径的钢筋代替设计文件规定的钢筋时，应遵循什么规定？

____

____

____

____

（2）钢筋加工。

引导问题 5：

钢筋的调直宜采用________________、________________方法。

引导问题 6：

钢筋除锈宜采用________________、________________等机械，钢筋数量较少时，可采用________________除锈，除锈后的钢筋应尽快使用。

引导问题 7：

已知该施工Ⅰ级钢筋直径为 20mm，端头弯曲 180°弯钩，试计算每个弯钩的增加长度：____

____

____

____

（3）钢筋接头施工。

引导问题 8：

现场施工可采用____________、____________、____________、____________等焊接方法；现场竖向或斜向钢筋的焊接，宜采用____________焊。

（4）钢筋安装。

引导问题 9：

钢筋的____________、____________、____________、____________均应符合设计图纸的规定，其偏差不应超过规定。

引导问题 10：

钢筋安装时，为了保证保护层的必要厚度，应在________与________之间设置强度不低于设计强度的________________。

引导问题 11：

在多排钢筋之间，应用________________支撑以保证位置准确。

【评价反馈】

综 合 评 价 表

项目（ ） 任务（ ）：					
班级		姓名		组号	
评价项目	分值	自我评价得分	小组互评得分	教师评价得分	综合得分
按时出勤	10				
学习准备	10				
学习态度	10				
任务是否按时完成	15				
任务完成准确率	15				
参与讨论主动性	10				
沟通协调能力	10				
语言表达能力	10				
安全、文明、规范施工意识	10				
合 计	100				

任务3 常态混凝土施工

【案例背景】

该工程为某处水电站大坝，为常态混凝土双曲拱坝，大坝坝高109m。坝体为抛物线形式，坝顶轴线展开长度为287.34m，最大中心角为82.31°。坝体上游面以及下游面的最大倒悬度为0.237、0.109。该工程进行混凝土施工，采用了翻转模板、球形键槽模板等。

【学习目标】

1. 掌握混凝土施工前的准备和各个工序要点。

2. 能够正确确定混凝土入仓、振捣、养护等工作过程。

3. 混凝土各环节施工要求较为严格，通过掌握不同环节的规范要求培养学生严谨认真的工作态度。

【任务分组】

学生任务分配表

<table>
<tr><td>班级</td><td></td><td>姓名</td><td></td><td>学号</td><td></td></tr>
<tr><td>组号</td><td></td><td>本人任务</td><td></td><td>指导老师</td><td></td></tr>
<tr><td colspan="6">其他小组成员</td></tr>
<tr><td>姓名</td><td>学号</td><td>任务分工</td><td>姓名</td><td>学号</td><td>任务分工</td></tr>
<tr><td></td><td></td><td></td><td></td><td></td><td></td></tr>
<tr><td></td><td></td><td></td><td></td><td></td><td></td></tr>
<tr><td></td><td></td><td></td><td></td><td></td><td></td></tr>
</table>

【任务准备】

混凝土施工前应对混凝土拌和设备、运输设施、浇筑设备等进行检查，确保设备完好。混凝土浇筑前应做好仓面设计并检查相关准备工作，包括地基处理或缝面处理，模板、钢筋、预埋件及止水设施等是否符合设计要求，并详细记录。仓面检查合格并经批准后，应及时开仓浇筑混凝土，延后时间宜控制在24h之内。若开仓时间延后超过24h且仓面污染，应重新检查批准。

相关知识点1：混凝土铺筑

基岩面和混凝土施工缝面浇筑第一坯混凝土前，宜先铺一层2～3cm厚的水泥砂浆，或同等强度的小级配混凝土或富砂浆混凝土。混凝土浇筑可采用平铺法或台阶法。浇筑时应按一定厚度、次序、方向，分层进行，保证浇筑层面保持平整。浇筑压力管道、竖井、廊道等周边及顶板混凝土时，应对称均匀上升。

1. 平铺法

平铺法是混凝土施工中最常用的一种铺筑方式，该方法层次分明，不易漏振。平铺法便于机械化施工，而且可多台机械共同浇筑一个仓位，因此被广泛使用。平铺法施工过程中，须重点注意控制层厚，一般铺层厚为30～50cm。实际层厚应根据混凝土入仓强度、仓面面积大小、铺筑层间允许间隔时间，平仓振捣能力及混凝土和易性等方面进行确定。

2. 台阶法

当浇筑仓面面积较大，混凝土拌和、运输、入仓等生产能力相对较低，采用平铺法施工已无法满足铺筑层间允许间隔时间时，可选用台阶法铺筑。台阶法铺筑能使新浇筑混凝土较快地覆盖下一仓混凝土，从而使浇筑层面与大气接触面积较小，接触时间较短，因此使用台阶法铺筑还对防止夏季预冷混凝土热量倒灌有利。采用台阶法时，台阶层次要分明，铺料宽度应大于4.0m，台阶宽度大于2.0m，坡度小于1：2。

混凝土浇筑坯层厚度，应根据拌和能力、运输能力、浇筑速度、气温及振捣能力等确定。浇筑坯层允许最大厚度符合一定规定，见表6-3-1。如采用低塑性混凝土及大型强力振捣设备，其浇筑坯层厚度应根据试验确定。

表6-3-1　　混凝土浇筑坯层的允许最大厚度

振捣设备类别		浇筑坯层的允许最大厚度
插入式	振捣机	振捣棒（头）工作长度的1.0倍
	软轴式振捣器	振捣棒（头）工作长度的1.25倍
	电动或风动振捣器	振捣棒（头）工作长度的0.8
平板式振捣器		200mm

相关知识点2：混凝土入仓

入仓混凝土应及时平仓振捣，不应堆积。仓内若有粗骨料堆叠，应均匀地分散至砂浆较多处，但不应用水泥砂浆覆盖。倾斜面上浇筑混凝土，应从低处开始，浇筑面宜保持水平，收仓面与倾斜面接触处宜与倾斜面垂直。浇筑混凝土坝时不应产生斜向下游的斜坡。不合格的混凝土不应入仓，已入仓的不合格混凝土应彻底清除。清除混凝土时，应对基础、钢筋、模板等进行保护，如扰动应重新处理合格。

混凝土浇筑过程中，不应在仓内加水。如发现混凝土和易性较差，应采取加强振捣等措施，仓内泌水应及时排除；避免外来水进入仓内，不应在模板上开孔赶水，带走灰浆；黏附在模板、钢筋、预埋件表面的灰浆应及时清除。

混凝土浇筑应保持连续性，允许间歇时间应通过试验确定，根据《水工混凝土施工规范》（SL 677—2014），无试验资料时可按表6-3-2控制；因故中断且超过允许间歇时间，但混凝土尚能重塑者可继续浇筑，如果不行就按照施工缝进行处理。

表 6－3－2　　混凝土浇筑允许间歇时间

混凝土浇筑时的气温/℃	允许间歇时间/min	
	普通硅酸盐水泥、中热硅酸盐水泥、硅酸盐水泥	低热矿渣硅酸盐水泥、矿渣硅酸盐水泥、火山灰质硅酸盐水泥
20～30	90	120
10～20	135	180
5～10	195	—

相关知识点 3：混凝土振捣

混凝土振捣设备的振捣能力应与入仓强度、仓面大小等相适应，因此要合理选择振捣设备。混凝土入仓后先平仓后振捣，不应以振捣代替平仓。每一位置的振捣时间以混凝土粗骨料不再显著下沉，并开始泛浆为准，防止欠振、漏振或过振。其中，浇筑块第一层、卸料接触带和台阶边坡混凝土应加强振捣。振捣作业时，振捣器不应直接碰撞模板、钢筋及预埋件等，振捣器棒头距模板的距离应不小于振捣器有效半径的 1/2，振捣器的操作如图 6－3－1 所示。振捣器常用的有手持式振捣器、振捣机等。

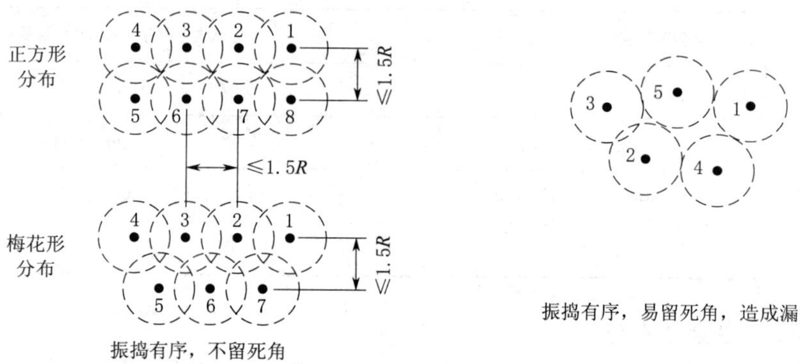

（a）正确做法　　（b）错误做法

图 6－3－1　振捣器的操作

1～7—振捣顺序

手持式振捣器插入混凝土的间距，不超过振捣器有效半径的 1.5 倍。振捣器垂直插入混凝土中，按顺序依次振捣，每次振捣时间 30s。如略有倾斜，倾斜方向保持一致，防止漏振、过振。振捣上层混凝土时，振捣器插入下层混凝土 5cm 左右，加强上、下层混凝土的结合，如图 6－3－2 所示。在止水片、止浆片、钢筋密集处等细心振捣，必要时辅以人工捣固密实。

振捣机振捣时，振捣棒组垂直插入混凝土中，振捣密实后缓慢拔出。移动振捣棒组的间距根据试验确定。振捣上层混凝土时，振捣棒头插入下层混凝土 5～10cm。

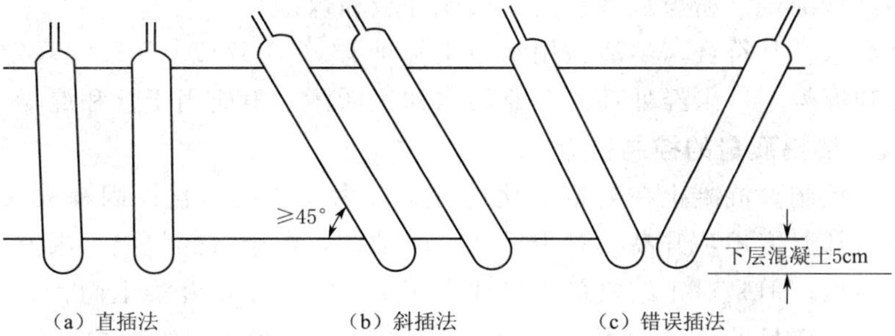

图 6-3-2 混凝土振捣器插入方法

相关知识点 4：混凝土工程质量保障措施

1. 原材料的控制检查

（1）水泥。混凝土由骨料和硬化水泥石两部分组成，这两个部分必须互相配合、共同作用，才能使混凝土具有较好的性能。水位变化区外部、溢流面及经常受水流冲刷、有抗冻要求的部位，宜选用中热硅酸盐水泥或低热硅酸盐水泥，也可选用硅酸盐水泥和普通硅酸盐水泥。内部混凝土、水下混凝土和基础混凝土，宜选用中热硅酸盐水泥、低热硅酸盐水泥和普通硅酸盐水泥，也可选用低热微膨胀水泥、低热矿渣硅酸盐水泥、矿渣硅酸盐水泥、火山灰质硅酸盐水泥、粉煤灰硅酸盐水泥。

（2）骨料。混凝土骨料根据大小通常分为粗骨料和细骨料两类，粗骨料指卵石、碎石等，细骨料指天然砂、人工砂等。

细骨料应质地坚硬、清洁、级配良好，人工砂的细度模数宜为 2.4～2.8，天然砂的细度模数宜为 2.2～3.0。细骨料的表面含水率不宜超过 6%，并保持稳定，必要时应采取加速脱水措施。

粗骨料应质地坚硬、清洁、级配良好，如有裹粉、裹泥或污染等应清除。粗骨料宜分为小石、中石、大石和特大石四级，粒径分别为 5～20mm、20～40mm、40～80mm 和 80～150(120)mm，用符号分别表示为 D_{20}、D_{40}、D_{80}、D_{150}（D_{120}）。应控制各级骨料的超径、逊径含量。以原孔筛检验时，其控制标准为：超径不大于 5%，逊径不大于 10%。当以超、逊径筛（方孔）检验时，其控制标准为：超径为零，逊径不大于 2%。D_{20}、D_{40}、D_{80}、D_{150}（D_{120}）分别采用孔径为 10mm、30mm、60mm、115(100)mm 的中径筛（方孔）检验，中径筛余率宜在 40%～70%范围内。

（3）外加剂。外加剂可单掺也可复掺，其品种和掺量应根据工程的技术要求、环境条件，经试验确定。工程所用同种类外加剂以 1～2 种为宜。有抗冻要求的混凝土，应掺用引气剂，其掺量应根据混凝土的含气量要求通过试验确定。大中型水利水电工程，混凝土的最小含气量应通过试验确定。混凝土的含气量不宜超过 7%。

外加剂宜配成水溶液使用，并搅拌均匀。当外加剂复合使用时，应通过试验论证，并应分别配制使用。

（4）掺合料。掺合料可选用粉煤灰、矿渣粉、磷渣粉、硅粉、石灰石粉、火山灰等。掺合料可单掺也可复掺，其品种和掺量应根据工程的技术要求、掺合料品质和资源条件，经试验确定。粉煤灰宜选用Ⅰ级或Ⅱ级粉煤灰。

(5) 拌和水。凡符合《生活饮用水卫生标准》(GB 5749—2022) 规定的饮用水，均可用于拌和混凝土。未经处理的工业污水和生活污水不应用于拌和混凝土。

2. 混凝土浇捣质量的控制检查

(1) 温度控制。混凝土在凝结硬化过程中，由于水泥水化原因释放大量水化热，引起混凝土内部温度逐步升高。对于尺寸小的结构，由于散热较快，温升不高，不容易引起严重后果。但是对于结构最小尺寸大于 2m 的大体积混凝土而言，混凝土导热性能随热传导距离呈非线性衰减，大部分水化热将积蓄在浇筑块内，使块内温度达 60～80℃。由于内外温差，温度逐渐下降而趋于稳定，与多年平均气温接近。大体积混凝土的温度控制措施主要有：减少混凝土发热量、降低混凝土的入仓温度、加速混凝土散热等。

(2) 麻面。麻面是指混凝土表面出现无数绿豆大小的不规则的小凹点。

产生麻面的原因有：模板表面粗糙、不平滑；涂在钢模板上的油质脱模剂过厚，液体残留在模板上；浇筑前没在模板上洒水湿润，湿润不足，浇筑时混凝土的水分被模板吸去；使用旧模板的板面残浆未清理，或清理不彻底；新拌混凝土浇灌入模后，停留时间过长，振捣时已有部分混凝土凝结；混凝土振捣不足，气泡没有完全排出；模板拼缝漏浆，构件表面浆少，或成为凹点，或成为若断若续的凹线。

混凝土表面的麻点，如对结构无大的影响，可不处理。如需处理，方法及步骤如下：①用稀草酸溶液将该处脱模剂油点或污点用毛刷洗净，于修补前用水湿透；②修补用的水泥品种必须与原混凝土一致，砂子为细砂，粒径最大不宜超过 1mm；③水泥砂浆配合比为 1∶2.5～1∶2，由于数量不多，可用人工在小灰桶中拌匀，随拌随用；④按照漆工刮腻子的方法，将砂浆用刮刀大力压入麻点内，随即刮平；⑤修补完成后，用草席或草帘进行保湿养护。

(3) 混凝土露筋、空洞。主筋没有被混凝土包裹而外露或在混凝土孔洞中外露，该缺陷称为露筋。混凝土表面有超过保护层厚度，但不超过截面尺寸 1/3，该缺陷称为空洞。

混凝土出现露筋、空洞的原因有：漏放保护层垫块或垫块位移；搅拌机卸料入吊斗或小车时或运输过程中有离析，且运至现场未重新搅拌；浇灌混凝土时投料过高过远，又没有采取防止离析的有效措施；采用干硬性混凝土而又振捣不足；钢筋较密集，粗骨料被卡在钢筋上，且振捣不足或漏振。

混凝土露筋、空洞的处理措施如下：①将修补部位较软部分、凸出部分凿去，上部向外倾斜，下部水平；②用高压水及钢丝刷将基层冲洗干净，修补前用湿麻袋或湿棉纱头填满，使旧混凝土内表面充分湿润；③修补用的水泥品种要与原混凝土的一致，小石混凝土强度等级应比原设计高一级；④如条件许可，可用喷射混凝土修补；⑤安装模板浇筑；⑥混凝土可加微量膨胀剂；⑦浇筑时，外部应比修补部位稍高；⑧修补部分达到结构设计强度时，凿除外倾面。

(4) 蜂窝。蜂窝是指混凝土表面无水泥浆形成蜂窝状的孔洞，分布不均匀，形状不规则，露出石子的深度大于 5mm。

混凝土蜂窝产生的原因有：配合比不准确，石子多，砂浆少；混凝土搅拌时间不足，新拌混凝土未拌匀；搅拌用水太少；运输工具漏浆；模板漏浆加上振捣过度；使用干硬性混凝土，但振捣不足。

小蜂窝可以用麻面方法进行修补。较大蜂窝按照以下方法进行修补：①将修补部分较软部分凿去，用高压水及钢丝刷将基层冲洗干净；②修补用的水泥应与原混凝土的一致，砂子用中粗砂；③水泥砂浆的配合比为 1∶3～1∶2，需搅拌均匀；④用抹子大力将砂浆压入蜂窝内刮平，用靠尺将棱角部位的棱角取直；⑤修补完成后，用草席或草帘进行保湿养护。

（5）混凝土空鼓。混凝土空鼓常发生在预埋钢板下面。这是由于浇灌预埋钢板混凝土时，钢板底部未饱满或振捣不足。

混凝土空鼓的修补。在板外挖小槽坑，将混凝土压入直至饱满，无空鼓声为止，如钢板较大或估计空鼓较严重，可在钢板上钻孔，用灌浆法将混凝土压入。

（6）混凝土施工裂缝。混凝土施工裂缝产生的原因有：配合比设计不当，产生干缩裂缝；骨料级配不良，又未及时养护，产生干缩裂缝；大风或暴晒使水分蒸发过快，出现塑性收缩裂缝；混凝土塑性过大，成形后发生不均匀沉陷，出现塑性缺陷裂缝；模板支撑刚度不足或拆模工作不慎，外力撞击产生裂缝。

混凝土微细裂缝修补。裂缝部位应干燥，可用喷灯或电风筒吹干；在干燥、有阳光时，用注射器将环氧树脂溶液黏结剂或甲凝溶液黏结剂注入裂缝内；注射时，针头应插入缝内，从裂缝的下端开始，缓慢注入，使缝内空气向上逸出，黏结剂在缝内向上填充。

混凝土浅裂缝的修补。顺裂缝走向用小凿刀将裂缝外部扩凿成 V 形，宽 5～6mm，深度等于原裂缝，用毛刷将 V 形槽内颗粒及粉尘清除，用喷灯或电风筒吹干；将环氧树脂胶泥压填在 V 形槽上，反复搓动，务使紧密黏结；缝面按需要做成与结构面齐平，或稍微突出呈弧形。

混凝土深裂缝的修补。将微细缝和浅缝两种措施结合使用，先将裂缝面凿成V形或凹形槽，进行清理、吹干，用微细裂缝的修补方法向深缝内注入环氧树脂溶液或甲凝溶液黏结剂，填补深裂缝；上部开凿的槽坑按浅裂缝修补方法压填环氧胶泥黏结剂。

（7）混凝土强度不足。混凝土强度不足的原因有：配合比计算错误；水泥出厂期过长，或受潮变质，或袋装重量不足；粗骨料针片状较多，粗、细骨料级配不良或含泥量较多；外加剂质量不稳定；搅拌机内残浆过多，或传动皮带打滑影响转速；搅拌时间不足；振捣不够密实；秤具或称量斗损坏或不准确；用水量过大，或砂、石含水率未调整，或水箱计量装置失灵；运输工具灌浆或经过运输后严重离析。

混凝土强度不足是质量上的大事故。处理方案由设计单位决定。通常的处理方法有以下几种：强度相差不大时，先降级使用，待龄期增加、混凝土强度发展后，再按原标准使用；强度相差较大时，经论证后采用水泥灌浆或化学灌浆补强；强度相差较大且影响较大时，应拆除返工。

相关知识点 5：混凝土养护

混凝土浇筑完毕初凝前，应避免仓面积水、阳光曝晒。混凝土初凝后可采用洒水或流水等方式养护。混凝土养护应连续进行，养护期间混凝土表面及所有侧面始终保持湿润。混凝土养护时间一般不宜少于28d，对重要部位和利用后期强度的混凝土以及其他有特殊要求的部位应延长养护时间。

混凝土养护剂在混凝土表面湿润且无水迹时开始喷涂，夏季使用应避免阳光直射。混凝土养护应有专人负责，并详细记录。

【任务实施】

（1）混凝土铺筑。

引导问题1：

混凝土浇筑前应做好仓面设计并检查相关准备工作，包括________或________，________、________、________、________等是否符合设计要求，并详细记录。

引导问题2：

基岩面和混凝土施工缝面浇筑第一坯混凝土前，宜先铺一层________cm厚的水泥砂浆，或同等强度的____________或____________。

引导问题3：

混凝土浇筑可采用________法或________法。

（2）混凝土入仓。

引导问题4：

入仓混凝土应及时________________，不应堆积。

引导问题5：

（判断解释）不合格的混凝土可以入仓。（　　）____________________________________

____

（3）混凝土振捣。

引导问题6：

________、____________、____________混凝土应加强振捣。

引导问题7：

振捣作业时，振捣器不应直接碰撞________、________、________等，振捣器棒头距模板的距离应不小于振捣器有效半径的________。

引导问题8：

在________、________、________等细心振捣，必要时辅以人工捣固密实。

（4）混凝土养护。

引导问题9：

混凝土浇筑完毕初凝前，应避免________、________。

引导问题10：

混凝土初凝后可采用________或________等方式养护。

引导问题11：

混凝土养护时间一般不宜少于____________d，对____________、____________、____________的部位应延长养护时间。

【评价反馈】

综合评价表

<table>
<tr><td colspan="6">项目（　　）　　　　任务（　　）：</td></tr>
<tr><td>班级</td><td></td><td>姓名</td><td></td><td>组号</td><td></td></tr>
<tr><td>评价项目</td><td>分值</td><td>自我评价得分</td><td>小组互评得分</td><td>教师评价得分</td><td>综合得分</td></tr>
<tr><td>按时出勤</td><td>10</td><td></td><td></td><td></td><td></td></tr>
<tr><td>学习准备</td><td>10</td><td></td><td></td><td></td><td></td></tr>
<tr><td>学习态度</td><td>10</td><td></td><td></td><td></td><td></td></tr>
<tr><td>任务是否按时完成</td><td>15</td><td></td><td></td><td></td><td></td></tr>
<tr><td>任务完成准确率</td><td>15</td><td></td><td></td><td></td><td></td></tr>
<tr><td>参与讨论主动性</td><td>10</td><td></td><td></td><td></td><td></td></tr>
<tr><td>沟通协调能力</td><td>10</td><td></td><td></td><td></td><td></td></tr>
<tr><td>语言表达能力</td><td>10</td><td></td><td></td><td></td><td></td></tr>
<tr><td>安全、文明、规范施工意识</td><td>10</td><td></td><td></td><td></td><td></td></tr>
<tr><td>合　计</td><td>100</td><td></td><td></td><td></td><td></td></tr>
</table>

任务4 碾压混凝土施工

【案例背景】

某水库工程大坝主体和水电站采用碾压混凝土施工。根据坝体结构特点、碾压混凝土仓面特性、拌和楼能力和运输入仓手段等，对碾压混凝土进行分区施工，共分6个区。

坝体碾压混凝土施工原则为3m分一层浇筑，可以连续浇筑上升。每区通仓浇筑，坝体横缝采用切缝机切缝成型，大于2000m^2的仓面采用斜层铺筑碾压工艺，仓面最大面积为8019m^2，最大仓面碾压混凝土工程量为23585m^3。

【学习目标】

1. 熟悉碾压混凝土制备原材料与配合比设计基本原则。
2. 能够说出碾压混凝土制备、运输、施工工艺流程等关键要点。
3. 通过施工要点学习，具备严谨认真、实事求是的职业素养。

【任务分组】

学生任务分配表

班级		姓名		学号	
组号		本人任务		指导老师	
其他小组成员					
姓名	学号	任务分工	姓名	学号	任务分工

【任务准备】

碾压混凝土施工是指用振动碾压实超干硬性混凝土修建建筑物的施工技术。

相关知识点1：碾压混凝土原材料

水泥、掺合料、外加剂等碾压混凝土原材料应通过优选试验确定，厂家和品种应相对固定，产品应有出厂合格证，碾压混凝土原材料运到工地后应进行检验。碾压混凝土原材料的运输及存放场地，应有防雨及防潮措施，应按不同厂家、品种、等级、出厂批号分别运输和存放。拌和及养护用水应符合现行行业标准《水工混凝土施工规范》（DL/T 5144—2015）的要求。

1. 水泥

水泥宜选用硅酸盐水泥、普通硅酸盐水泥、中热硅酸盐水泥、低热硅酸盐水泥。水泥的品质及检验应符合现行国家标准《通用硅酸盐水泥》（GB 175—2007）、《中热硅酸盐水泥、低热硅酸盐水泥》（GB/T 200—2017）、《低热微膨胀水泥》（GB/T 2938—2008）等的有关规定。可根据具体情况对水泥的矿物成分、细度、水化热和含碱量等提出专门要求，并优先采用散装水泥。

每批水泥应有出厂检验报告，运到工地后除应进行检验外，必要时还需进行化学成分（或矿物成分）分析。袋装水泥储运超过3个月，散装水泥储运超过6个月，使用前应复检，不得使用结块的水泥。

2. 骨料

骨料选用应根据当地资源条件和工程特点，经试验论证后确定。骨料试验应按现行行业标准《水工混凝土砂石骨料试验规程》（DL/T 5151—2014）执行。采用人工骨料时，应采取防止骨料裹粉的措施。人工砂的加工应根据母岩特性，选用生产效率高、石粉含量满足要求、成品砂的颗粒形状及级配好的破碎工艺和设备。冲洗筛分骨料时，应控制好筛分质量，保证各级成品骨料符合《水工碾压混凝土施工规范》（DL/T 5112—2021）的要求，并控制细砂、人工砂中石粉的流失。

砂料宜质地坚硬，级配良好。人工砂的细度模数宜为2.2～2.9，天然砂细度模数宜为2.0～3.0，应控制超径颗粒含量。人工砂的石粉（$d\leqslant0.16$mm的颗粒）含量宜控制在12%～25%，其中$d\leqslant0.08$mm的微粒含量不宜小于7%。最佳石粉含量应通过试验确定。骨料应有足够的储备量并设有遮阳、防雨及脱水设施。砂的含水率不应大于6%。骨料运输堆放时，应防止混入泥土和不同粒径级骨料互混。天然砂的含泥量不应大于5%。骨料的质量指标除应符合以上要求外，其他质量指标还应符合现行行业标准《水工混凝土施工规范》（DL/T 5144—2015）的规定。

3. 掺合料

碾压混凝土掺合料宜选用Ⅰ级或Ⅱ级粉煤灰、粒化高炉矿渣粉、磷渣粉、火山灰、石灰石粉等材料，掺用其他掺合料应经试验论证。掺入碾压混凝土的粉煤灰、磷渣粉、粒化高炉矿渣粉、火山灰、石灰石粉，应分别符合现行标准《水工混凝土掺用粉煤灰技术规范》（DL/T 5055—2007）、《水工混凝土掺用磷渣粉技术规范》（DL/T 5387—2007）、《用于水泥、砂浆和混凝土中的粒化高炉矿渣粉》（GB/T 18046—2017）、《水工混凝土掺用天然火山灰质材料技术规范》（DL/T 5273—2012）、《水工混凝土掺用石灰石粉技术规范》（DL/T 5304—2013）的规定，运到现场后应检测。碾压混凝土中掺合料的掺量应通过试验确定。

4. 外加剂

外加剂是配置高品质碾压混凝土不可缺少的重要材料。根据碾压混凝土的设计指标、工程特点及施工季节的要求，掺入混凝土外加剂不但能够改善碾压混凝土的性能，使之便于施工，而且能节约工程费用。

在选择碾压混凝土的外加剂品种时，应通过试验论证，充分考虑外加剂与胶凝材料的适应性。

（1）对大体积及高温季节碾压混凝土施工应采用缓凝减水剂或缓凝高效减水剂。

（2）对有抗冻、抗渗要求的混凝土，应考虑掺用引气剂或引气减水剂；对有防冻或微膨胀要求的混凝土，还应掺用防冻剂或膨胀剂。

每批外加剂应有出厂检验报告，并应符合现行行业标准《水工混凝土外加剂技术规程》（DL/T 5100—2014）的规定，使用前应进行品质检验。存放期超过保质期的外加剂，不得使用。

5. 拌和用水

碾压混凝土拌和用水质量标准与常态混凝土相同；凡符合国家标准的生活饮用水，均可拌制碾压混凝土。

相关知识点 2：配合比设计

碾压混凝土配合比设计应符合现行行业标准《水工混凝土配合比设计规程》（DL/T 5330—2015）的规定，配合比应满足工程设计技术指标及施工工艺要求。

1. 一般要求

配合比设计参数选定应符合下列规定。

（1）水胶比。水胶比应根据设计要求的混凝土强度等级、抗渗性等级、抗冻性等级、拉伸变形等确定，不宜大于 0.65。

（2）砂率。最佳砂率值应通过试验进行选择。当使用天然粗骨料时，三级配碾压混凝土的砂率宜控制在 28%～32%，二级配宜控制在 32%～37%；使用人工粗骨料时，砂率宜增加 3%～6%。

（3）单位用水量。单位用水量应该根据碾压混凝土 VC 值、骨料种类、最大粒径、砂率、石粉含量、掺合料和外加剂等，并通过试验确定。

（4）掺合料、外加剂。掺合料、外加剂的种类和掺量应经试验确定。当掺合料的掺量超过 65%时，应通过试验进行论证。

2. 常用配合比计算方法

碾压混凝土配合比设计基本方法有表观密度法、包裹理论法、绝对体积法等。一般推荐采用绝对体积法进行配合比设计计算。

（1）收集所需资料。进行碾压混凝土配合比设计计算之前，应收集与配合比设计相关的全部文件和技术资料，主要包括：碾压混凝土设计指标及技术要求，如混凝土的抗渗、强度、变形、热学性能等；所使用原材料的品质、单价等。

（2）初步配合比设计。

1）初步确定配合比参数。该步骤主要是确定水胶比、掺合料的掺量、砂率、浆砂比等。配合比参数选择主要有以下三种方法：①单因素试验分析法；②正交试验设计选择法；③工程类比选择法。

2）计算单方混凝土中各材料用量。

a. 绝对体积法。该方法的基本原理为：$1m^3$ 新拌混凝土拌合物的体积与各组成材料的绝对体积加空气体积之和相等，计算公式为

$$C/\rho_C+F/\rho_F+W/\rho_W+S/\rho_S+G/\rho_G+E/\rho_E+A=1 \tag{6-4-1}$$

式中 C、F、W、S、G、E——水泥、掺合料、水、细骨料、粗骨料、外加剂用量，kg/m^3；

ρ_C、ρ_F、ρ_W、ρ_S、ρ_G、ρ_E——水泥密度、掺合料密度、水密度、细骨料及粗骨料饱和面干表观密度、外加剂密度，kg/m^3；

A——混凝土含气量，%。

b. 假定表观密度法。该方法的基本原理为：$1m^3$ 新拌混凝土的质量与各组成材料质量之和相等。通过试验求得 $1m^3$ 新拌混凝土的表观密度，试拌时假定混凝土的表观密度，若试验测得密度与假定密度有差异，则各材料用量应分别乘以实测密度与假定密度的比值，因此得到碾压混凝土单位体积材料用量，其公式为

$$\rho=C+F+W+S+G \tag{6-4-2}$$

c. 填充包裹法。该方法的基本原理为：混凝土中细骨料所形成的孔隙被灰浆充满，也就是灰浆体积与砂孔隙体积之比 $\alpha=1$；粗骨料所形成的孔隙被砂浆充满，也就是砂浆体积与粗骨料孔隙体积之比 $\beta=1$。实际施工过程中为了提高混凝土的工作性和可碾性，除充填孔隙外，还应通过富余的灰浆比和砂浆来包裹粗、细骨料表面。其计算公式为

$$C/\rho_C+F/\rho_F+W/\rho_W+S/\rho_S+G/\rho_G+E/\rho_E+A=1$$

$$\alpha=(1-S/\rho_S-G/\rho_G)/(S/r_S-S/\rho_S) \tag{6-4-3}$$

$$\beta=(1-G/\rho_G)/(G/r_G-G/\rho_G) \tag{6-4-4}$$

式中　r_S、r_G——粗、细骨料的紧密密度，kg/m^3。

（3）室内试拌调整。室内试拌时应按照初步确定的配合比进行，测定拌合物的VC值，若VC值与设计要求相比较大，则应增加用水量（保持水胶比不变）；若拌合物的抗分离性能较差则增加砂率等。

（4）室内配合比确定。室内配合比应根据室内的试验结果确定。

（5）现场碾压试验调整。碾压混凝土实际施工之前应进行现场碾压试验。通过现场碾压试验确定施工参数、检验施工生产系统的运行配套情况、落实施工管理措施，此外还可以检验碾压混凝土配合比设计值对施工设备的适应性及拌合物的抗分离性能等，必要时可根据碾压试验情况加以调整。

相关知识点3：碾压混凝土制备与运输

1. 制备

砂石料生产及储存系统、原材料供应、混凝土制备和检测等应符合有关技术要求。

拌制碾压混凝土宜选用强制式搅拌设备，也可采用自落式等其他类型搅拌设备，搅拌设备的称量系统应定期校准，保证在混凝土生产过程中满足称量精度要求。碾压混凝土的拌和时间、投料顺序、拌和量，均应通过现场混凝土拌和均匀性试验确定。拌和设备宜配备细骨料的含水率快速检测装置，并应具有相应的拌和水量自动调整功能。

卸料斗的出料口与运输机具之间的自由落差不宜大于1.5m。砂浆、灰浆和水泥浆的配料精度及拌和质量与混凝土拌制质量要求相同。砂浆、灰浆和水泥浆应由机械拌制，拌和质量应满足设计和施工要求。大型工程宜设置集中制浆站，并配有维持浆体均质的装置。混凝土生产过程中，骨料含水率、超逊径、细度模数发生波动及施工环境条件发生变化时，可对骨料和加水量等进行适量调整，应保持水胶比不变。

2. 运输

混凝土拌合物运输宜采用自卸汽车、胶带输送机、专用垂直溜管、满管溜

槽（管），也可采用缆机、门机、塔机配吊罐等机具。运输设备应在使用前全面检查，运输容器应清洗干净。

采用自卸汽车运输混凝土时，车辆行走的道路应平整。自卸汽车入仓前应将轮胎清洗干净，防止将泥土、水、杂物带入仓内。进出仓口应采取措施保证施工质量。在仓面行驶的车辆应避免急刹车、急转弯等有损混凝土质量的操作。混凝土汽车运输进出仓口宜设置在坝体下游，如设在上游，应采取专项施工措施。坝内斜坡道应避开防渗区设置，坡不宜陡于 1∶6，并保证其与新浇混凝土的结合质量。

采用胶带输送机运输混凝土时，应有遮阳、防雨设施，必要时应加设挡风设施，并应采取减少骨料分离和灰浆损失措施。

专用垂直溜管应具有抗分离的功能，必要时可设置防止堵塞的控制装置。采用满管溜槽（管）输送混凝土时，角度不宜小于 45°，并在满管出口设置控制门。

运输机具在转运或卸料时，出口处混凝土自由落差均不宜大于 1.5m，高差超过 1.5m 应采取缓降或其他防止骨料分离措施。连续运输机具与分批运输机具联合运用时，应在转料处设置容积足够的储料斗。输送灰浆应有防止浆液沉淀和泌水的措施。砂浆运输可采用混凝土运输机具，也可采用专门的砂浆运输机具，碾压混凝土运输汽车的仓内行驶路线宜避开已铺砂浆或水泥浆部位。

相关知识点 4：碾压混凝土施工

1. 一般规定

碾压混凝土施工前应进行仓面设计。模板、止水、钢筋、埋件、孔洞、进出仓口等准备工作，应满足连续铺筑施工要求，必要时需进行专门设计。

基础设置常态混凝土垫层时，应在基岩面上先铺砂浆；也可不铺砂浆，首坯层采用富浆混凝土。基础不设常态混凝土垫层时，首坯层应采用变态混凝土或富浆混凝土找平，随后开始直接铺筑碾压混凝土。

碾压混凝土宜采用通仓薄层浇筑施工，压实厚度宜为 300mm。当采用厚层碾压时，应经专项试验论证。碾压混凝土摊铺宜采用平层通仓铺筑法，也可采用斜层平推法。铺筑面积应与铺筑强度及碾压混凝土允许层间间隔时间相适应。

施工过程中，碾压混凝土的仓面应保持湿润，正在施工和刚碾压完毕的仓面，应防止外来水流入，碾压混凝土终凝后应及时保湿养护。对水平施工缝，养护时间应持续至上一层碾压混凝土开始铺筑为止。永久暴露面的养护时间不应少于 28d。

碾压混凝土与模板、孔洞周边以及与基岩结合部位，可采用变态混凝土浇筑，也可采用同变态混凝土配制的机拌低坍落度混凝土浇筑。

2. 仓面施工工艺

碾压混凝土施工的主要工序包括模板施工、卸料和平仓、碾压、结构成缝、层面与缝面处理等。

（1）模板施工。模板的设计、制作和使用，应符合现行行业标准《水电水利工程模板施工规范》（DL/T 5110—2013）的有关规定。碾压混凝土施工所用的模板应满足强度、刚度和稳定性要求，承受振动碾压及施工中的各项荷载，并保证建筑物的设计形状、尺寸正确，变形在允许范围内。

模板形式应与结构、构件特征、施工条件和浇筑方法相适应。宜采用悬臂模板、翻升式或自升式模板，背水面和廊道等孔洞结构可采用预制混凝土模板或定型模板。

混凝土浇筑过程中，应安排专职人员检查、维护、调整模板的位置和形态，以防止变位、漏浆等。碾压混凝土施工中模板拆除、翻升的时机，应通过计算、测试和现场试验确定。

（2）卸料和平仓。采用自卸汽车直接进仓或在仓内转运卸料时，宜卸在已摊铺而未碾压的层面上再平仓，且应控制料堆高度。卸料堆的分离骨料，应在平仓过程中均匀散布到混凝土内。

采用斜层平推法铺筑时，层面不得倾向下游，坡度不应陡于1∶10，坡脚部位应避免形成薄层尖角。碾压混凝土铺筑层应以固定方向逐条带铺筑，坝体迎水面3～5m内，平仓方向应与坝轴线方向平行。不合格的混凝土拌合物不得进仓，已进仓的，应做处理。当铺筑厚度不大于350mm时，宜一次平仓铺筑，平仓后混凝土表面应平整，碾压厚度应均匀。

（3）碾压。振动碾机型选择，应根据碾压效率、激振力、滚筒尺寸、振动频率、振幅、行走速度、维护要求和运行的可靠性确定。施工中采用的碾压厚度及碾压遍数宜经过试验确定，并与铺筑的综合生产能力等因素一并考虑。根据气候、铺筑方法等条件，可选用不同的碾压厚度，碾压厚度不宜小于混凝土最大骨料粒径的3倍。

坝体迎水面3～5m范围内，碾压方向应平行于坝轴线方向。碾压作业应采用搭接法，碾压条带间搭接宽度为100～200mm，端头部位搭接长度应大于1m。碾压层内铺筑条带边缘、斜层平推法的坡脚边缘，碾压时应预留200～300mm宽度与下一条带同时碾压，最终完成碾压的时间应控制在直接铺筑允许时间内，振动碾行走速度宜为1.0～1.5km/h。

碾压混凝土入仓后应尽快完成平仓和碾压，从拌和加水到碾压完毕的最长允许历时，应根据不同季节、天气条件及VC值变化规律，经过试验或类比其他工程实例来确定，不宜超过2h。需停歇的水平施工缝层面，达到规定的碾压遍数及表观密度后，宜进行1～2遍的无振碾压。设备在碾压完毕的混凝土层面上行走时，应避免损坏已成型的层面，对于已造成损坏的部位，应及时采取修补措施。每个碾压条带作业结束后，应及时按网格布点检测混凝土的表观密度，低于规定指标时应立即重复检测，必要时可增加测点，并查找原因，采取处理措施。建（构）筑物周边部位，可采用小型振动碾压实，也可采用变态混凝土。

（4）结构成缝。横缝可通过采用切缝机具切制、设置诱导孔或填缝材料等方法形成，缝面位置、缝的结构形式及缝内填充材料均应满足设计要求。切缝机切缝，宜根据工程具体情况采用先碾后切或先切后碾的方式。采用先碾后切时，应及时切缝，并对缝口进行补碾。设置诱导孔，宜在层间间歇期内完成，成孔后孔内应及时用干砂填塞。设置填缝材料，衔接处的间距不得大于100mm，高度应比压实厚度低30～50mm。有重复灌浆要求的横缝，灌浆系统的制作和安装，均应符合设计要求。拱坝诱导缝预制块设置应符合设计要求。

（5）层面与缝面处理。连续上升铺筑的碾压混凝土，层间间隔时间应控制在直接铺筑允许时间内。超过直接铺筑允许时间的层面，应先在层面上铺垫层拌合物，再铺筑上一层碾压混凝土。超过加垫层铺筑允许时间的层面应按施工缝处理，直接铺筑允许时间和加垫层铺筑允许时间，应根据工程结构对层面抗剪能力和结合质量的要求，综合考虑拌合物特性、季节、天气、施工方法、上下游不同区域等因素经试验确定。

混凝土施工缝面可用冲毛、刷毛等方法清除浮浆及松动骨料，使其微露粗砂。冲毛、刷毛时间可根据施工季节、混凝土强度、设备性能等因素，经现场试验确定。缝面应清洗干净，经验收合格后，及时铺垫层拌合物和上一层混凝土，并在垫层拌合物初凝前完成碾压。垫层拌合物可使用与碾压混凝土相适应的灰浆、砂浆或水泥浆。灰浆或水泥浆的水胶比应与碾压混凝土相同，砂浆的强度等级应提高一级。垫层拌合物应分条带摊铺，其中砂浆的摊铺厚度为10～15mm。施工中断时，应及时对已摊铺的混凝土进行碾压，停止铺筑的混凝土面边缘宜碾压成不大于1：4的斜坡面，并将坡脚处厚度小于150mm的部分切除。具备施工条件时，可根据中断时间采取层缝面处理措施后继续施工。施工缝面在铺砂浆、灰浆或水泥浆前应严格清除二次污染物，铺浆后应立即覆盖碾压混凝土。

3. 埋件施工

碾压混凝土内部观测仪器和电缆的埋设，宜采用后埋法。对没有方向性要求的仪器和电缆，坑槽深度应保证上部有大于200mm的回填保护层；对有方向性要求的仪器，上部有不小于500mm的回填保护层。回填料应为剔除大于40mm粒径骨料的同配比混凝土。坑槽回填混凝土应采取措施保证与周围混凝土结合良好，除电缆外，均应采用人工分层回填，并用木槌等工具捣实，确保回填混凝土的密实性。对电缆或电缆束，宜在槽内回填砂浆，以避免形成渗漏通道。观测电缆在埋设点附近应预留一定的富余长度。

应根据仪器埋设的高程合理安排施工计划，坑槽开挖层面宜位于施工间歇的水平施工缝面，并应保证埋设工作与混凝土铺筑施工之间的良好配合与协调。仪器埋设后，应进行标识和保护。当埋设区的回填混凝土未初凝或上层混凝土尚未摊铺时，施工设备不得在上面行驶。碾压混凝土中止水片（带）安装应采用定型构架夹紧定位，支撑牢固。止水片（带）周边500mm内宜采用变态混凝土施工。碾压混凝土中的排水孔宜采用预埋管、钻孔或拔管成孔。碾压混凝土中预埋构件时，应安装牢固，埋件周边宜采用变态混凝土施工。碾压混凝土中预埋冷却水管时，应在碾压完成后、上层铺料前进行。管路接头应牢固，安装完毕后，应通水（气）检查，发现堵塞或漏水（气），及时处理，直至合格。冷却水管引入廊道或坝体外时，管道应按序排列，明确标识，周边宜采用变态混凝土施工。

4. 异种混凝土施工

（1）常态混凝土与碾压混凝土结合部施工。坝内常态混凝土宜与主体碾压混凝土同步浇筑，结合部位的常态混凝土振捣与碾压混凝土碾压应相互搭接。常态混凝土与碾压混凝土的结合部位，两种混凝土应交叉浇筑，常态混凝土应在初凝前振捣密实，碾压混凝土应在允许层间间隔时间内碾压完毕。

（2）变态混凝土施工。变态混凝土应随碾压混凝土浇筑逐层施工，铺筑厚度宜与平仓厚度相同，铺料时宜采用平仓机辅以人工摊铺平整。变态混凝土所用浆液的水胶比，应不大于同种碾压混凝土水胶比，浆液配合比应经试验确定。变态混凝土用浆量应经试验确定。应按规定用量，在变态区范围内加浆，混凝土单位体积用浆量的偏差应控制在允许范围内。

变态混凝土灰浆或水泥浆可采用底部加浆，也可采用切槽和造孔加浆，但不得在表面加浆。变态混凝土宜使用强力振捣器振捣密实，不得欠振、漏振或过振。振捣时，应将振捣器插入下层混凝土，插入深度不应小于50mm，相邻区域混凝土碾压时与变态区域搭接宽度应大于200mm，变态混凝土也可采用加浆振捣一体化机械进行施工。

5. 温度控制

碾压混凝土温度控制方案应满足设计温控要求。碾压混凝土温度控制应根据水泥用量少、掺合料占比高、混凝土绝热温升小及温升速率慢等特点，在满足设计要求的条件下，简化温度控制措施。防止碾压混凝土发生裂缝的措施，应根据设计要求和原材料选择、配合比设计、施工方案、温度控制、养护和表面保护等 要求确定，混凝土最高温度应控制在设计允许范围内。

日平均气温高于25℃时，应缩短层间间隔时间，并在运输、摊铺和碾压等环节采取减少混凝土水分蒸发和温度回升的措施，必要时宜采用斜层平推法。碾压混凝土拌合物出机口温度与运输、浇筑过程中的温度回升，以及浇筑温度应符合设计要求。设计无要求时，浇筑温度应根据设计最高温度计算，碾压混凝土温控难度较大时，宜采用预冷骨料和加冷水等措施降低混凝土出机口温度。高温时段施工，混凝土运输应采用隔热遮阳措施，仓面可采用喷雾、保温等措施降低局部气温和浇筑温度。采用冷却水管进行通水冷却时，通水水温、时间、流量及降温速率应满足设计要求。冷却水管应保证强度，接头牢靠。进出口宜集中引至下游预留槽内，初期通水时间一般不宜少于30d。

有中、后期冷却要求的部位，冷却水温、降温速度、相邻部位温度梯度均应符合设计要求。当设计无具体要求时，宜参考类似工程或结合混凝土热力学性能计算确定以上参数，避免冷却过程中产生内部裂缝。低温、极低温季节或施工期遇气温骤降时，应做好混凝土外露面的保温防护。混凝土表面保温材料及其厚度，应根据不同部位、结构混凝土内外温差和气候条件，经计算和试验确定。

【任务实施】

(1) 碾压混凝土原材料。

引导问题1：

水泥每批应有____________，运到工地后除应进行检验外，必要时还需进行________________，袋装水泥储运超过________，散装水泥储运超过________，使用前应复检，不得使用结块的水泥。

引导问题2：

简述碾压混凝土制备所选砂料在细度模数、石粉含量、含水率、含泥量等方面的要求。

____

____

（2）配合比设计。

引导问题 3：

碾压混凝土配合比设计时，水胶比应根据设计要求的混凝土强度等级、抗渗性等级、抗冻性等级、拉伸变形等确定，不宜大于________。

最佳砂率值应通过试验选取，使用天然粗骨料时，三级配碾压混凝土的砂率宜为________，二级配宜为________；使用人工粗骨料时，砂率宜增加________。

（3）碾压混凝土制备与运输。

引导问题 4：

碾压混凝土制备出料时，卸料斗的出料口与运输机具之间的自由落差不宜大于________。

专用垂直溜管应具有____________的功能，必要时可设置防止堵塞的控制装置。采用满管溜槽（管）输送混凝土时，角度不宜缓于____________，并在满管出口设置控制门。

（4）碾压混凝土施工。

引导问题 5：

碾压混凝土宜采用____________施工，压实厚度宜为____________。

坝体迎水面 3～5m 内，平仓方向应与坝轴线方向________。

引导问题 6：

碾压作业应采用搭接法，碾压条带间搭接宽度为____________，端头部位搭接长度应大于____________。

碾压混凝土入仓后应尽快完成平仓和碾压，从拌和加水到碾压完毕的最长允许历时，应根据不同季节、天气条件及 VC 值变化规律，经过试验或类比其他工程实例来确定，不宜超过________。

引导问题 7：

振捣时，应将振捣器插入下层混凝土，插入深度不应小于________。

施工中断时，应及时对已摊铺的混凝土进行碾压，停止铺筑的混凝土面边缘宜碾压成不大于________的斜坡面，并将坡脚处厚度小于________的部分切除。

引导问题 8：

碾压混凝土温度控制措施主要有哪些？

____

____

____

____

____

【评价反馈】

综合评价表

项目（　　）　　　　任务（　　）：________					
班级		姓名		组号	
评价项目	分值	自我评价得分	小组互评得分	教师评价得分	综合得分
按时出勤	10				
学习准备	10				
学习态度	10				
任务是否按时完成	15				
任务完成准确率	15				
参与讨论主动性	10				
沟通协调能力	10				
语言表达能力	10				
安全、文明、规范施工意识	10				
合　计	100				

任务5 特种混凝土施工

【案例背景】

某供水配套工程为道路穿越工程，根据设计图纸要求，钢管管顶以下与混凝土管空隙部分用自密实混凝土充填，端部采用 MU10 砖封端，M10 水泥混凝土抹面，自密实混凝土设计标号为 C15。

为了保证施工质量，灌注主要分为三个阶段：

第一阶段：首先两端砌筑 MU10 砖墙封端，用 M10 砂浆抹面，在两端最上部各留一个 ϕ20mm 排气孔和一个 ϕ100mm 灌注孔。管内混凝土高度达到 400mm 时停止，使套管内混凝土将钢管底部固定，防止钢管上浮。

第二阶段：间隔 4h 以内（混凝土初凝期内）至钢管管顶平齐。

第三阶段：从灌注孔内灌注自密实混凝土，直到排气孔流出混凝土浆液时为止，达到套管内钢管外填充饱和状态。

【学习目标】

1. 了解自密实混凝土、水下混凝土两种特种混凝土配合比设计基本原则。
2. 能够自行总结自密实混凝土、水下混凝土施工工艺流程及质量控制要点。
3. 通过合作交流、探索实践，培养学生合作意识，具备一定的自学能力。

【任务分组】

学生任务分配表

班级		姓名		学号	
组号		本人任务		指导老师	
其他小组成员					
姓名	学号	任务分工	姓名	学号	任务分工

【任务准备】

相关知识点1：自密实混凝土施工

自密实混凝土亦称自流平混凝土，是一种具有高流动性、间隙通过性和抗离析性，浇筑时仅靠其自重作用而无须振捣便能充满模板空间并均匀密实成型的混凝土。其在水利工程中多用于输水隧洞内的二衬结构和一衬结构（或顶管套管）与钢衬管之间的充填。

1. 原材料

（1）水泥。宜选用硅酸盐水泥或普通硅酸盐水泥，大体积自密实混凝土宜优先选用中热硅酸盐水泥或低热硅酸盐水泥。普通硅酸盐水泥的混合材宜为矿渣或粉煤灰，不宜使用早强型水泥，硅酸盐水泥或普通硅酸盐水泥的技术要求应符合《通用硅酸盐水泥》(GB 175—2007) 的规定。中热硅酸盐水泥或低热硅酸盐水泥的技术要求应符合《中热硅酸盐水泥、低热硅酸盐水泥》(GB/T 200—2017) 的规定。

(2) 细骨料。细骨料应选用级配合理、质地均匀坚固、吸水率低、孔隙率小的洁净天然砂或人工砂，宜优先选用中砂，细度模数宜为 2.3～2.8。采用具有潜在碱-硅反应活性的细骨料时，应采取抑制碱骨料反应的技术措施，经试验验证抑制有效，不得采用具有碱-碳酸盐反应活性的细骨料。

(3) 粗骨料。粗骨料宜选用连续级配且级配合理、粒形良好、质地均匀坚固、线膨胀系数小的洁净天然骨料或人工碎石。粗骨料的最大粒径不应大于 40mm。采用具有潜在碱-硅反应活性的粗骨料时，应采取抑制碱骨料反应的技术措施，并经试验验证抑制有效，不得采用具有碱-碳酸盐反应活性的粗骨料。

(4) 外加剂。外加剂宜选用高性能减水剂或高效减水剂。外加剂性能应符合现行国家标准《混凝土外加剂》(GB 8076—2008) 和《混凝土外加剂应用技术规范》(GB 50119—2013) 中的相关规定。

(5) 拌和用水。自密实混凝土拌和用水应符合现行行业标准《混凝土用水标准》(JGJ 63—2006) 的相关规定。

2. 配合比设计

自密实混凝土的配合比应根据建筑物的结构、施工和环境条件所要求的自密实性能，以及强度、耐久性等技术要求进行设计。自密实混凝土宜增加粉体材料用量，选用高性能减水剂或高效减水剂，必要时掺加增黏剂、增稠剂等，满足拌合物的自密实性能要求。配合比设计应合理选择原材料，确定骨料最大粒径以及配合比其他基本参数，进行初始配合比的计算，配合比设计宜采用绝对体积法。经过试验室试配、调整后确定自密实混凝土配合比。在配合比调整时，应考虑水胶比对自密实混凝土设计强度的影响，以及水粉比、粗骨料用量、外加剂等对自密实混凝土工作性的影响。

初始配合比设计步骤如下：

(1) 粗骨料最大粒径及单位体积用量。

1) 粗骨料最大粒径应根据结构的构造尺寸和形式，钢筋的净间距和密集程度，以及自密实性能要求确定，应符合《水工混凝土施工规范》(DL/T 5144—2015) 的规定。

2) 单位体积混凝土中的粗骨料体积可以按照表 6-5-1 选取。

表 6-5-1　　单位体积混凝土中的粗骨料体积

粗骨料最大粒径/mm	10	20	40
单位体积混凝土中粗骨料体积/m^3	0.260～0.330	0.280～0.350	0.300～0.370

(2) 单位体积用水量、水粉比及单位体积粉体量。

1) 应根据粉体的种类和性质以及骨料的品质选择自密实混凝土单位体积用水量、水粉比和单位体积粉体量。

2）单位体积混凝土中的用水量可以按照表 6-5-2 选取。

表 6-5-2 单位体积混凝土中的用水量

粗骨料最大粒径/mm	10	20	40
单位体积混凝土中的用水量/kg	165～195	155～185	150～180

3）水粉比按体积比，宜取 0.80～1.15。

4）单位体积粉体量应根据单位体积用水量和水粉比计算得到，宜为 0.13～0.23m^3。

5）自密实混凝土单位体积浆体量宜为 0.29～0.40m^3。

（3）含气量。自密实混凝土的含气量应根据抗冻等级确定。

（4）单位体积细骨料用量。单位体积细骨料用量应根据单位体积用水量、单位体积粉体量、单位体积粗骨料用量和含气量确定，宜为骨料总体积用量的 45%～55%。

（5）单位体积胶凝材料用量。单位体积胶凝材料用量是单位体积混凝土中水泥与粉煤灰、磷渣粉、矿渣粉、硅粉等活性掺合料的总和。

（6）单位体积活性掺合料和水泥用量。

1）由结构设计强度标准值确定混凝土配制强度。

2）根据混凝土配制强度计算出水灰比，并得到相应的理论单位体积水泥用量。

3）当单位体积胶凝材料用量小于理论单位体积水泥用量时，通过降低水粉比或者减少惰性掺和料，使单位体积胶凝材料用量满足理论单位体积水泥用量，此时单位体积胶凝材料用量等于理论单位体积水泥用量。

4）当单位体积胶凝材料用量大于理论单位体积水泥用量时，通过试验建立活性掺和料体积掺量与混凝土强度的关系，再由混凝土配制强度确定活性掺合料体积掺量，计算出单位体积活性掺合料用量和实际单位体积水泥用量。

（7）水胶比。水胶比根据单位体积用水量、单位体积活性掺合料和水泥用量计算得到。

（8）外加剂掺量。外加剂掺量应根据自密实混凝土的性能要求通过试验确定。

3. 施工工艺

自密实混凝土的施工应根据设计要求和施工环境等因素，制定施工技术方案、施工过程的质量控制与保证措施。自密实混凝土施工前应进行现场工艺性试验，验证和完善自密实混凝土的配合比、施工工艺、施工设备以及施工组织。自密实混凝土的施工应按照《自密实混凝土应用技术规程》（JGJ/T 283—2012）的有关规定执行。

自密实混凝土的施工工艺主要包括模板施工、拌和、运输、浇筑及养护等。

（1）模板施工。模板及其支架设计应符合《自密实混凝土应用技术规程》（JGJ/T 283—2012）的有关规定。

成型的模板应拼装紧密，不得漏浆，应保证构件尺寸、形状，并应符合下列规定：

1）斜坡面混凝土的外斜坡面表面应支设模板。

2）混凝土上表面模板应有抗自密实混凝土浮力的措施。

3）浇筑形状复杂或封闭模板空间内混凝土时，应在模板上适当部位设置排气口和浇筑观察口。

模板及其支架拆除应符合《自密实混凝土应用技术规程》（JGJ/T 283—2012）的有关规定，对薄壁、异形等构件宜延长拆模时间。

（2）拌和。自密实混凝土应采用拌和站（楼）集中拌制，拌和站（楼）应配有自动计量系统和强制式搅拌机。混凝土拌和前，应测定粗细骨料的含水率及其变化，及时调整施工配合比。含水率宜每班抽测 2 次，当含水率有显著变化时，应增加测定次数。搅拌时，宜先向搅拌机投入粗骨料、细骨料、水泥、掺合料和其他材料，搅拌 1min，再加入水和外加剂，并继续搅拌 2min。

自密实混凝土坍落度试验设备及方法与普通混凝土相同，唯一的区别在于一次装模，插捣 5 次。测试的指标有坍落度 S、坍落扩展度 D、坍落扩展速度（T50：坍落扩展至 50cm 的时间），另外还要观察坍落扩展后的状态。

（3）运输。宜采用搅拌车运输自密实混凝土，并确保浇筑工作连续进行。应确保混凝土在运输过程中能够保持均匀性，不发生分层、离析和泌浆等现象，并具有要求的工作性能。

（4）浇筑。在开放空间自密实混凝土浇筑按《自密实混凝土应用技术规程》（JGJ/T 283—2012）的规定执行，在密闭空间浇筑自密实混凝土，需按设计要求和施工条件制定专项施工方案。

（5）养护。自密实混凝土浇筑完毕后，要及时采取养护措施，养护时间不得少于 14d，混凝土表面与内部温差应小于 25℃。

相关知识点 2：水下混凝土施工

水下混凝土，即在陆地（干处）拌制而在水下浇筑（灌注）、凝结硬化的混凝土。

6-1

1. 一般规定

水下混凝土施工时，钢筋或钢骨架等应按照设计图纸规定的位置正确布置，施工应按《水工混凝土钢筋施工规范》（DL/T 5169—2013）执行。混凝土原材料中的水泥、骨料和外加剂，应分别符合《通用硅酸盐水泥》（GB 175—2007）、《水工混凝土施工规范》（DL/T 5144—2015）和《水工混凝土外加剂技术规程》（DL/T 5100—2014）的规定，基础处理应满足设计要求。水上施工所采用的船舶、移动平台等其他设备应满足安全施工要求和定位要求。

2. 配合比设计

混凝土配合比设计应按《水工混凝土配合比设计规程》（DL/T 5330—2015）执行。水下混凝土配制强度宜提高 10%～20%；其胶凝材料用量不宜少于 360kg/m^3；混凝土在水中有自由落差时，胶凝材料用量不宜低于 400kg/m^3。水下混凝土拌合物应具有自密实性能，必要时可采用水下不分散混凝土。水胶比的上限应根据混凝土耐久性的要求确定，砂率应在适宜的流动性范围之内，以单位用水量最少来确定。外加剂及掺合料的品种和掺量应通过试验确定，水下不分散混凝土应使用抗分散剂，水下自密实混凝土应使用高效减水剂。自密实混凝土粗骨料应采用连续级配，最大粒径不宜超过 40mm，且不得超过构件最小尺寸的 1/4 或钢筋最小净间距的 1/2，水下不分散混凝土的粗骨料最大粒径不宜超过 20mm。

水下混凝土的流动性应满足施工要求，其流动性试验应按照《水下不分散混凝土试验规程》（DL/T 5117—2021）坍落扩展度试验进行。混凝土初凝时间应根据气温、运距及灌注时间长短等因素确定，必要时可经试验掺配适量缓凝剂。

3. 施工工艺

（1）制备与运输。混凝土拌和及运输能力应不小于平均计划浇灌强度的 1.5 倍，技术性能匹配、运输路线顺畅，确保混凝土连续供应要求。

1）混凝土制备规定。混凝土制备应遵守下列规定：

a. 混凝土拌和宜采用强制式搅拌设备。

b. 材料计量允许误差执行《水工混凝土施工规范》（DL/T 5144—2015）的有关规定。

c. 水下混凝土拌和应按工艺确定的顺序投料。

d. 水下混凝土的拌和时间，应根据试验确定，不分散混凝土宜不少于 120s，自密实混凝土宜不少于 90s。

2）混凝土运输规定。混凝土运输应遵守下列规定：

a. 水下混凝土运输宜采用混凝土搅拌运输车。

b. 浇灌现场内的入仓方式可选用混凝土泵、吊罐、溜管等。

c. 泵送混凝土时，应采取扩大管径、降低输送速度、减少弯头和软管、提高泵送能力等措施。

（2）混凝土浇筑。施工中采用的吊车、输送泵等混凝土输送设备及机具能力应满足水下混凝土浇灌需要，其选型应根据水下混凝土浇灌场所、管输条件、可泵性、一次浇灌量、浇灌速率等因素选定。混凝土浇筑时应保证浇筑的连续性，施工现场配备的备用发电机或备用电源应满足现场连续施工最低用电容量的需要。

1）导管法浇筑施工规定。导管法浇筑施工时应遵守下列规定：

a. 水下混凝土导管在平面上的布设，应根据每根导管的作用半径和浇筑面积确定。

b. 混凝土导管应由装料漏斗及导管、隔水球构成。导管宜优先选用钢管，导管内径应根据浇筑面积、导管作用半径、初灌量确定，不宜小于 200mm，导管壁厚不宜小于 3mm，装料漏斗容量应满足首批混凝土浇筑量的需用要求。

c. 导管在使用前应试拼、试压，不得漏水，各节应统一编号，在每节自上而下标识刻度，并在浇筑前进行升降试验，导管吊装设备能力满足安全提升要求。

d. 开始浇筑时，导管底部应接近地基面 300～500mm，并应尽量安置在地基的低洼处。

e. 第一罐水下混凝土浇筑时在导管中应设置隔水球将混凝土与水隔开。

f. 从首批混凝土浇灌至结束，导管的下端不得拔出已浇筑的混凝土，且导管埋入混凝土内深度不宜小于 1m。

g. 浇筑过程中，混凝土宜连续供应。

h. 应根据混凝土面的上升高度及时提升导管，每次提升高度应与混凝土浇筑速度相适应。

2）泵压法浇灌施工规定。泵压法浇灌施工时应遵守下列规定：

a. 混凝土泵送前，先在输送管内塞入海绵球等，再泵送砂浆，使混凝土与输送管内的水隔开。

b. 混凝土的输送管在浇筑过程中处于充满混凝土状态。

c. 在混凝土输送中断时，应将输送管的出口插入已浇筑的混凝土中，埋入深度不宜小于300mm。

d. 施工中需移动水下泵管时，输送管的出口端应安装活门或挡板。

e. 当浇筑面积较大时，可采用挠性软管，由潜水员水下移动浇筑，泵管移动时不得扰动已浇筑的混凝土。

f. 泵送结束后，宜及时清洗混凝土泵及泵管。

3）开底容器法浇灌施工规定。开底容器法浇灌施工时应遵守下列规定：

a. 开底容器宜采用大容器，罐底宜采用锥形、方形或圆柱形。

b. 浇灌时，开底容器应轻放缓提，当底门打开时，应保证混凝土自由落差不大于500mm。

4）模袋法浇筑施工规定。模袋法浇筑施工时应遵守下列规定：

a. 模袋混凝土基础面应平整，无明显凹凸、尖角等，必要时采用砂或碎石找平，潜水员辅助水下整坡。

b. 模袋混凝土的充灌宜用泵送方法，拌制混凝土的骨料最大粒径不宜超过20mm。

c. 模袋混凝土的充灌速度及压力宜根据模袋大小和充灌要求进行控制。

d. 水下施工需潜水员配合充灌口的连接及浇筑过程中的水下辅助作业。

e. 模袋混凝土在充灌过程中出现的不饱满情况可用注入浓浆法进行修补。

f. 模袋混凝土灌注完成后应及时做好封口处理。

施工条件具备时，水下混凝土可采用混凝土搅拌车、溜槽、溜筒等直接灌注方法。浇筑应充填到各个角落，浇筑完的水下混凝土上表面应平整，当水下混凝土需要抹平时，应待混凝土的表面自密实和自流平终止后进行。当水下混凝土表面露出水面后需继续浇筑普通混凝土时，应将露出水面的顶部混凝土劣质层清除。水下混凝土浇筑完成后与水接触面保持静水养护14d以上，在动水条件下，应做好水下混凝土表面保护。

【任务实施】

（1）自密实混凝土施工。

引导问题1：

简要归纳细骨料、粗骨料选用时应注意的问题。

____

____

____

引导问题 2：

自密实混凝土初始配合比设计过程中，水粉比按体积比，宜取________。

单位体积细骨料用量应根据单位体积用水量、单位体积粉体量、单位体积粗骨料用量和含气量确定，宜为骨料总体积用量的________。

引导问题 3：

自密实混凝土施工前进行现场工艺性试验主要验证和完善哪些内容？

____

____

____

____

引导问题 4：

浇筑形状复杂或封闭模板空间内混凝土时，应在模板上适当部位设置________和________。

混凝土拌和前，应测定粗细骨料的含水率及其变化，及时调整施工配合比。含水率宜每班抽测________次，当含水率有显著变化时，应增加测定次数。

引导问题 5：

自密实搅拌时，宜先向搅拌机投入粗骨料、细骨料、水泥、掺合料和其他材料，搅拌________ min，再加入水和外加剂，并继续搅拌________ min。

(2) 水下混凝土施工。

引导问题 6：

水下混凝土配制强度宜提高________；其胶凝材料用量不宜少于________；混凝土在水中有自由落差时，胶凝材料用量不宜低于________。

引导问题 7：

简述水下混凝土的拌和时间要求。

____

____

____

____

引导问题 8：

导管宜优先选用________________，导管内径应根据浇筑面积、导管作用半径、________________确定，不宜小于____________，导管壁厚不宜小于 3mm；装料漏斗容量应满足首批混凝土浇筑量的需用要求。

第一罐水下混凝土浇筑时在导管中应设置________将混凝土与水隔开。

引导问题 9：

泵压法浇灌施工时，若混凝土输送中断，应将输送管的出口插入已浇筑的混凝土中，埋入深度不宜小于________。

水下混凝土浇筑完成后与水接触面保持静水养护________以上。

【评价反馈】

综合评价表

项目（ ） 任务（ ）：______					
班级		姓名		组号	
评价项目	分值	自我评价得分	小组互评得分	教师评价得分	综合得分
按时出勤	10				
学习准备	10				
学习态度	10				
任务是否按时完成	15				
任务完成准确率	15				
参与讨论主动性	10				
沟通协调能力	10				
语言表达能力	10				
安全、文明、规范施工意识	10				
合 计	100				

任务6　高性能混凝土施工

【案例背景】

某工程全部采用高性能混凝土，其属于预拌混凝土，故无须考虑其原材料、拌制、运输等控制，重点做好高性能混凝土的浇筑、振捣、养护等环节。

高性能混凝土浇筑主要包括模板支撑、泵车位置、振捣方式选择、振捣时间控制、不同等级混凝土的现浇对接和抹面等内容。

以底板高性能混凝土浇筑为例：采用预拌混凝土罐车运输，汽车泵浇筑输送，混凝土的泵管采用直径125mm的无缝直管，在浇筑区域内分两层浇筑，浇筑大体积混凝土时，可利用自然流淌形成斜坡沿高度均匀上升，分层厚度不应大于500mm，高性能混凝土分层浇筑间隙时间不得超过90min，不得随意留置施工缝。

浇筑时利用插入式振捣棒快插慢拔，插点呈梅花形布置，移动间距不大于振捣棒作用半径的一倍，连续多层浇筑时，振捣棒插入下层混凝土拌合物50mm。对于浇筑厚度不大于200mm的外表，较大的平面结构或构件，宜采用外表振动成型。

【学习目标】

1. 熟悉高性能混凝土原材料、配合比设计的基本要求及原则。
2. 掌握高性能混凝土施工工艺流程，具备组织施工和质量检查的能力。
3. 通过混凝土配合比设计、施工工艺的学习，逐步培养学生形成安全、环保、节约意识。

【任务分组】

学生任务分配表

班级		姓名		学号	
组号		本人任务		指导老师	
其他小组成员					
姓名	学号	任务分工	姓名	学号	任务分工

【任务准备】

高性能混凝土是针对不同的用途要求，以混凝土耐久性作为主要设计指标，同时具备高强度、高稳定性、高工作性及经济性的混凝土。水利工程中重要水工建筑物的大体积混凝土、输水隧洞内的二衬结构混凝土可列为高性能混凝土。

相关知识点1：高性能混凝土原材料

1. 水泥

在一般情况下，高性能混凝土不得采用立窑水泥。高性能混凝土采用的水泥必须符合下列国家标准的规定：

(1)《通用硅酸盐水泥》(GB 175—2007)；

(2)《中热硅酸盐水泥、低热硅酸盐水泥》(GB/T 200—2017)；

(3)《抗硫酸盐硅酸盐水泥》(GB/T 748—2005)。

2. 骨料

高性能混凝土采用的细骨料应选择质地坚硬、级配良好的中、粗河砂或人工砂。其性能指标应符合行业标准《普通混凝土用砂、石质量及检验方法标准》(JGJ 52—2006)的规定。配制C60以上强度等级高性能混凝土的粗骨料，应选用级配良好的碎石或碎卵石。岩石的抗压强度与混凝土的抗压强度之比不宜低于1.5，或其压碎值Q宜小于10%。粗骨料的最大粒径不宜大于25mm，宜采用15～25mm和5～15mm两级粗骨料配合，粗骨料中针片状颗粒含量应小于10%，且不得混入风化颗粒。在一般情况下，不宜采用碱活性骨料，当骨料中含有潜在的碱活性成分时，必须按规定检验骨料的碱活性，并采取预防危害的措施。

3. 矿物微细粉

矿物微细粉宜采用硅粉、粉煤灰、磨细矿渣粉、天然沸石粉、偏高岭土粉以及其复合微细粉等，所选用的矿物微细粉必须对混凝土和钢材无害。

(1) 所选用的矿物微细粉应符合下列标准的质量要求：

1)《粉煤灰混凝土应用技术规范》(GB/T 50146—2014)，宜选用Ⅰ级粉煤灰，当采用Ⅱ级粉煤灰时，应先通过试验证明能达到所要求的性能指标，方可采用；

2)《用于水泥和混凝土中的粉煤灰》(GB/T 1596—2017)；

3)《高强高性能混凝土用矿物外加剂》(GB/T 18736—2017)；

4)《混凝土和砂浆用天然沸石粉》(JG/T 566—2018)；

(2) 高性能混凝土中，矿物微细粉等量取代水泥的最大用量宜符合下列要求：

1) 硅粉不大于10%，粉煤灰不大于30%，磨细矿渣粉不大于40%，天然沸石粉不大于10%，偏高岭土粉不大于15%，复合微细粉不大于40%；

2) 当粉煤灰超量取代水泥时，超量值不宜大于25%。

4. 外加剂

高性能混凝土中采用的外加剂，必须符合现行国家标准《混凝土外加剂》(GB 8076—2008)和《混凝土外加剂应用技术规范》(GB 50119—2013)的规定，并应对混凝土和钢材无害。所采用的减水剂宜为高效减水剂，其减水率不宜低于20%。

5. 拌和用水

高性能混凝土的拌和和养护用水，必须符合现行行业标准《混凝土用水标准》(JGJ 63—2006)的规定。

对于原材料的管理，宜在相对固定的、具有一定规模的供应网点采购，进场材料应经材料管理人员和质量管理人员取样检验合格，并办理交验手续后方可使用。各种原材料应在固定的堆放地点存放，并有明确的标志，标明材料名称、品种、生产厂家和生产（或进场）日期，避免误用。粗、细骨料应堆放在具有排水功能的硬质地面上，存放时间不宜超过半年，使用砂、粗骨料时，应准确测定因天气变化引起砂、粗骨料含水量的变化。对袋装粉状材料（水泥、微细粉和粉状高效减水剂）应注意防潮，对液体外加剂应注意防止沉淀和分层。

相关知识点2：配合比设计

高性能混凝土的配合比设计应根据混凝土结构工程的要求，确保其施工要求的工作性，以及结构混凝土的强度和耐久性。

耐久性设计应针对混凝土结构所处外部环境中劣化因素的作用，使结构在设计使用年限内不超过容许劣化状态。

高性能混凝土的试配强度应按式（6－6－1）确定：

$$f_{cu,o} \geqslant f_{cu,k} + 1.645\sigma \quad (6-6-1)$$

式中　$f_{cu,o}$——混凝土试配强度，MPa；

$f_{cu,k}$——混凝土强度标准值，MPa；

σ——混凝土强度标准差，当无统计数据时，对商品混凝土可取4.5MPa。

高性能混凝土的单方用水量不宜大于175kg/m^3，胶凝材料总量宜采用450～600kg/m^3，其中矿物微细粉用量不宜大于胶凝材料总量的40%。宜采用较低的水胶比，砂率宜采用37%～44%，高效减水剂掺量应根据坍落度要求确定。高性能混凝土抗碳化、抗冻害、抗盐害、抗硫酸盐腐蚀耐久性设计及抑制碱-骨料反应有害膨胀设计应按《高性能混凝土应用技术规程》（CECS 207：2006）的规定执行。

相关知识点3：高性能混凝土施工

1. 施工工艺

高性能混凝土施工工序主要包括混凝土拌制、工作性检验、运输、浇筑及养护等。

（1）混凝土拌制。高性能混凝土必须采用强制式搅拌机拌制。原材料计量应准确，应严格按设计配合比称量，其允许偏差应符合下列规定（按重量计）：

1）胶凝材料（水泥、微细粉等）±1%。

2）化学外加剂（高效减水剂或其他化学添加剂±1%）。

3）粗、细骨料±2%。

4）拌和用水±1%。

应严格测定粗、细骨料的含水率，宜每班抽测2次，使用露天堆放骨料时，应随时根据其含水量变化调整施工配合比。化学外加剂可采用粉剂和液体外加剂。当采用液体外加剂时，应从混凝土用水量中扣除溶液中的水量；当采用粉剂时，应适当延长搅拌时间，不宜少于0.5min。拌制第一盘混凝土时，可增加水泥和细骨料用量10%，但保持水灰比不变。原材料的投料顺序宜为：粗骨料、细骨料、水泥、微细粉投入（搅拌约0.5min）→加入拌和水（搅拌约1min）→加入减水剂（搅拌约0.5min）→出料。当采用其他投料顺序时，应经试验确定其搅拌时间，保证搅拌均匀。

搅拌的最短时间尚应符合设备说明书的规定，从全部材料投完算起的搅拌时间不得少于 1min。搅拌 C50 以上强度等级的混凝土或采用引气剂、膨胀剂、防水剂和其他添加剂时，应相应延长搅拌时间。

(2) 工作性检验。搅拌成的高性能混凝土拌合物应立即检验其工作性，包括测定坍落度、扩展度、坍落度损失，观察有无分层、离析、泌水，评定均质性，有抗冻性要求的混凝土尚应测定含气量。

高性能混凝土拌合物出厂前，应检验其工作性，包括测定其坍落度、扩展度，观察有无分层、离析，测定坍落度经时损失等，经检验合格后方可出厂。高性能混凝土拌合物运送到现场后，应在工程项目有关三方见证取样的条件下，测定其工作性，经检验合格后方可使用。

(3) 运输。高性能混凝土从搅拌结束到施工现场使用不宜超过 120min。在运输过程中，严禁添加计量外用水。当高性能混凝土运输到施工现场时，应抽检坍落度，每混凝土应随机抽检 3～5 次，检测结果应作为施工现场混凝土拌合物质量评定的依据。

高性能混凝土应使用搅拌运输车运送，运输车装料前应将筒内的积水排净。混凝土的运送时间应满足合同规定，合同未做规定时，宜按 90min 控制（当最高气温低于 25℃时，运送时间可延长 30min）。当需延长运送时间时，应采取经过试验验证的技术措施。当确有必要调整混凝土的坍落度时，严禁向运输车内添加计量外用水，而必须在专职技术人员指导下，在卸料前加入外加剂，且加入后采用快速转动料筒搅拌，外加剂的数量和搅拌时间应经试验确定。

(4) 浇筑。高性能混凝土的浇筑应采用泵送施工，高频振捣器振动成型。

混凝土泵送施工应符合现行行业标准《混凝土泵送施工技术规程》(JGJ/T 10—2011) 的下列规定：

1) 混凝土浇筑时应加强施工组织和调度，混凝土的供应必须确保在规定的施工区段内连续浇筑的需求量。

2) 混凝土的自由倾落高度不宜超过 2m，在不出现分层离析的情况下，最大落料高度应控制在 4m 以内。

3) 泵送混凝土应根据现场情况合理布管，在夏季高温时应采用湿草帘或湿麻袋覆盖降温，冬季施工时应采用保温材料覆盖。

4) 混凝土搅拌后 120min 内应泵送完毕，如因运送时间不能满足要求或气候炎热，应采取经试验验证的技术措施，防止因坍落度损失影响泵送。

冬期浇筑混凝土时应遵照现行行业标准《建筑工程冬期施工规程》(JGJ/T 104—2011) 和现行国家标准《混凝土外加剂应用技术规范》(GB 50119—2013) 的有关规定，制定冬期施工措施。在施工环境的最低气温高于－5℃时，可采取混凝土正温入模，加盖塑料薄膜和保温材料，做好保湿蓄热养护。在寒冷地区和严寒地区冬期施工，应按高性能混凝土的要求，经试验确定掺加外加剂的品种和数量。浇筑高性能混凝土应振捣密实，宜采用高频振捣器垂直点振，当混凝土较黏稠时，应加密振点分布。应特别注意二次振捣和二次振捣的时机，确保有效地消除塑性阶段产生的沉缩和表面收缩裂缝。

(5) 养护。高性能混凝土必须加强保湿养护，特别是底板、楼面板等大面积混凝土浇筑后，应立即用塑料薄膜严密覆盖。二次振捣和压抹表面时，可卷起覆盖物操作，然后及时覆盖，混凝土终凝后可用水养护。采用水养护时，水的温度应与混凝土的温度相适应，避免混凝土因温差过大而出现裂缝，保湿养护期不应少于14d。

当高性能混凝土中胶凝材料用量较大时，应采取覆盖保温养护措施。保温养护期间应控制混凝土内部温度不超过75℃，应采取措施确保混凝土内外温差不超过25℃。可通过控制入模温度控制混凝土结构内部最高温度，可通过保湿蓄热养护控制结构内外温差，还应防止混凝土表面温度因环境影响（如暴晒、气温骤降等）而发生剧烈变化。

2. 质量验收

除施工前严格进行原材料质量检查外，在混凝土施工过程中，还应对混凝土的以下指标进行检查控制：①混凝土拌合物：水胶比、坍落度、含气量、入模温度、泌水率、匀质性；②硬化混凝土：标准养护试件抗压强度、同条件养护试件抗压强度、抗渗性等。

混凝土质量应符合现行国家标准《混凝土质量控制标准》(GB 50164—2011) 的规定；混凝土结构工程的施工质量验收应符合现行国家标准《混凝土结构工程施工质量验收规范》(GB 50204—2015) 的规定；混凝土强度检验评定应符合现行国家标准《混凝土强度检验评定标准》(GB/T 50107—2010) 的规定。

【任务实施】

(1) 高性能混凝土原材料。

引导问题1：

简要归纳高性能混凝土原材料中细骨料、粗骨料的选用要求。

____

____

(2) 配合比设计。

引导问题2：

高性能混凝土的单方用水量不宜大于________，胶凝材料总量宜采用________，其中矿物微细粉用量不宜大于胶凝材料总量的________。

(3) 高性能混凝土施工。

引导问题3：

高性能混凝土须采用________式搅拌机拌制。

当采用液体外加剂时，应从混凝土用水量中扣除溶液中的________；当采用粉剂时，应适当延长搅拌时间，不宜少于________。

引导问题4：

高性能混凝土在运输过程中，可以根据实际情况洒水或加水。(　　)

____

____

引导问题5：

混凝土的自由倾落高度不宜超过________，在不出现分层离析的情况下，最大落料高度应控制在________以内。

混凝土搅拌后________ min内应泵送完毕，如因运送时间不能满足要求或气候炎热，应采取经试验验证的技术措施，防止因坍落度损失影响泵送。

引导问题6：

当高性能混凝土中胶凝材料用量较大时，应采取覆盖保温养护措施。保温养护期间应控制混凝土内部温度不超过________℃；应采取措施确保混凝土内外温差不超过________℃。

【评价反馈】

综合评价表

项目（ ）　　任务（ ）：________					
班级		姓名		组号	
评价项目	分值	自我评价得分	小组互评得分	教师评价得分	综合得分
按时出勤	10				
学习准备	10				
学习态度	10				
任务是否按时完成	15				
任务完成准确率	15				
参与讨论主动性	10				
沟通协调能力	10				
语言表达能力	10				
安全、文明、规范施工意识	10				
合　计	100				

项目七　地 下 工 程 开 挖

任务 1　顶　管　施　工

【案例背景】

某工程为 DN1200 钢筋混凝土管穿主路顶管，该路 W56、W57 现状高程分别为 132.330m、132.760m，路南侧为 W56 顶管工作坑，设计管内底标高 129.931m，路北侧为 W57 顶管接收坑，设计管内底标高 129.611m，顶管长度为 26m，管材采用Ⅲ级 DN1200 钢筋混凝土钢承插口管。

【学习目标】

1. 掌握顶管施工不同方法的工作过程特点。

2. 能够辨别顶管施工常用方法种类，确定工作过程相关设施作用。

3. 通过对工作过程设施的确定和明确各环节工作内容，培养学生严谨认真的工作态度。

【任务分组】

学生任务分配表

班级		姓名		学号	
组号		本人任务		指导老师	
其他小组成员					
姓名	学号	任务分工	姓名	学号	任务分工

【任务准备】

相关知识点 1：顶管施工常用方法

1. 敞开人工手掘式（开放型）

人工手掘式施工成本低，但是其缺点是顶进管径应大于 800mm，否则不方便人员进出，管内应设置照明、通风、通信设备等。该方法不适用于已经建好的构筑物区域的管道施工，由于敞开式取土会引起地表的沉降现象，因此应使用在对地面沉降要求不严格的农田或是与新建市政道路工程同时施工的情况。人工手掘式顶管的顶速慢、遇到流砂层时难以控制出土量。该施工方法适用于顶进管径为 800～3000mm 的情况。

2. 密封机械式顶管（密封型）

封闭机械式顶管法主要有：泥水平衡顶管法、土压平衡顶管法等。其中，泥水平衡顶管法的特点是利用泥浆带出刀头分离下来的土，适用于地层松软的地质工程。土压平衡顶管法的特点是利用机械原理带出刀头分离的土和其他坚硬物，可以将石头自动破碎成小块带出来，造价相对泥水平衡而言更高。在选择时，应针对不同的地质情况、施工条件、设计要求，选用相适应的顶管施工方式。

（1）泥水平衡顶管法。泥水平衡顶管系统主要由顶管机头、地面操作台及其他辅助设备组成。机头内部有PLC（可编程逻辑控制器）控制箱，地面操作台发出动作信号对机头动作进行控制。排泥系统将弃土排除，之后再吊车下管，由千斤顶将管道分段顶进。

泥水平衡式顶管工作过程是一种以全断面切削土体的顶管形式，刀盘在不断转动，进泥管不断提供泥水，排泥管不断将混有弃土的泥水排出泥水舱，切削下来的泥水作为输送弃土介质，利用泥水压力来平衡地下水压力和土压力，使刀盘在有泥水压力的情况下向前顶进。其中，泥水平衡工具管是以泥水护壁为原理，为了使挖掘面保持稳定，要向泥水舱注入一定压力的泥水，该泥水会渗透到土体中，在开挖面形成一层泥皮。一方面，泥皮阻止泥水继续向土体内部渗漏；另一方面，泥水的压力通过泥皮作用在开挖面防止坍塌。

（2）土压平衡顶管法。土压平衡顶管法的设备组成与泥水平衡顶管法的设备基本类似。土压平衡顶管设备主要有两种形式：单刀盘土压平衡掘进机和多刀盘土压平衡掘进机。单刀盘土压平衡掘进机适用土质范围很广，一般除了岩石类的其他土质基本都适用；多刀盘土压平衡掘进机适用于软黏土层，当泥舱中注入黏土时，也可以在砂层中使用该设备。

土压平衡顶管是利用土压平衡工作原理，通过大刀盘及仿形刀盘对准机头正面土体进行全断面切削。利用主顶设备把机头向前推进，同时将切削下来的泥土挤进机头出土仓内，通过调节机头顶进速度和螺旋输送机的转速来控制土仓内的压力，以此压力来平衡地下水的压力和机头前方的土压力。

相关知识点2：顶管施工相关设施

1. 工作坑施工

工作坑多是在顶管施工中的起始点，一般可选在检查井处。确定工作坑尺寸时，要考虑管道下放、设备进出、人员上下等空间的安排。工作坑位置还应与被穿越的构筑物之间保持一定的安全距离，为了便于后续设备的使用，还应靠近水电等设施。工作坑开挖施工时，应遵循“开槽支护、先撑后挖、分层开挖、严禁超挖”的原则进行开挖和支护工作。

（1）工作坑的宽度。工作坑的宽度计算公式：

$$W=D+2(B+b) \tag{7-1-1}$$

式中　W——工作坑底面宽度，m；

D——被顶进管道的外径，m；

B——管道两侧操作宽度，m，一般每侧为1.2～1.6m；

b——撑板与立柱厚度之和，m，一般采用 0.2m。

工作坑宽度和深度示意图如图 7-1-1 所示。

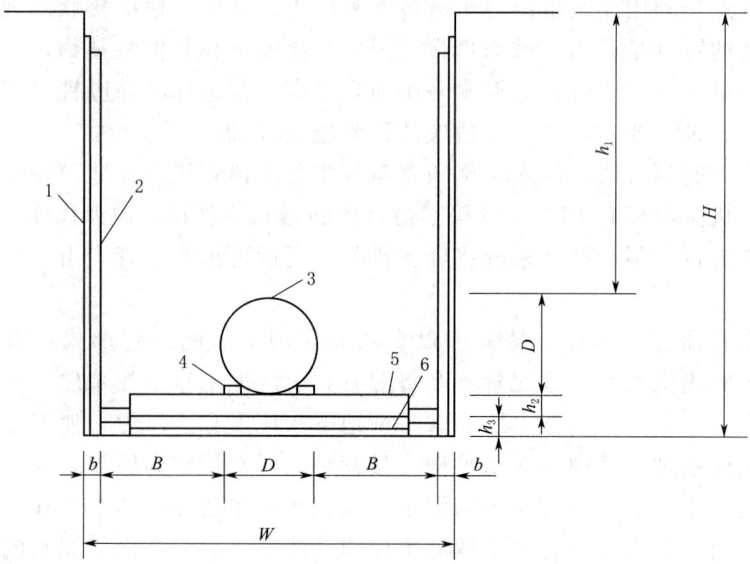

图 7-1-1 工作坑宽度和深度示意图

1—撑板；2—支撑立木；3—管子；4—导轨；5—基础；6—垫层

(2) 工作坑的深度。工作坑的深度计算公式：

$$H=h_1+D+C+h_2+h_3 \tag{7-1-2}$$

式中 H——工作坑开挖深度，m；

h_1——管道覆土厚土，m；

D——管道外径，m；

C——管外壁与基础面之间的空隙，一般为 0.01～0.03m；

h_2——基础厚度，m；

h_3——垫层厚度，m。

(3) 工作坑的坑底长度。工作坑的坑底长度计算公式：

$$L=a+b+c+d+e+2f+g \tag{7-1-3}$$

式中 L——工作坑坑底长度，m；

a——后背宽度，m；

b——立铁宽度，m；

c——横铁宽度，m；

d——千斤顶长度，m；

e——顶铁长度，m；

f——单节管长度，m；

g——已顶进的管节留在导轨上的最小长度，混凝土管取 0.3m，钢管取 0.6m。

工作坑长度示意图如图 7-1-2 所示。

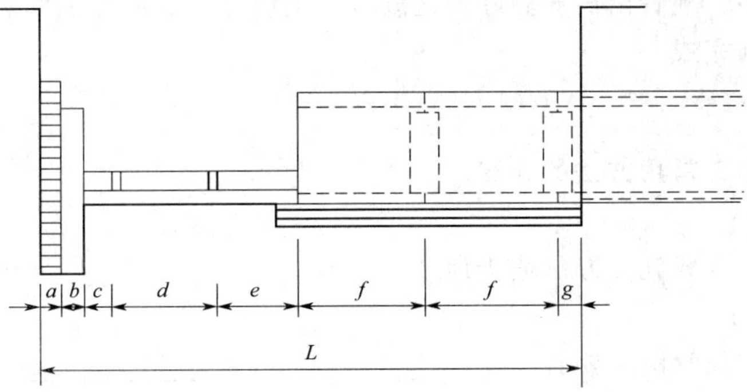

图 7-1-2 工作坑长度示意图

2. 掘进与出土

顶管施工过程中，顶管工具利用人工或机械形式将土挖出称为掘进。根据顶管施工采用的工法不同，工具管也不同，一般有手掘式、泥水平衡式、土压平衡式等类型。泥水平衡顶管机的出土是以泥水状态通过泥水平衡管道系统直接输送出去；土压平衡顶管机需要将土通过螺旋机输送到管内的土斗车中，再运送到工作坑处，利用龙门吊将其垂直运送出去。

3. 顶进系统

顶进系统主要由千斤顶、油缸、顶铁、导轨等设备组成，其作用是完成管道的推进。千斤顶设置在千斤顶支架上，顶管钻头设置在导轨上，千斤顶的伸缩杆朝向顶管钻头，千斤顶与顶管钻头之间设有环形顶铁，环形顶铁贴靠在顶管钻头的端部，导轨上方设有起重设备。

4. 穿墙止水环

穿墙止水环安装在井壁上的预留洞口上，具有防止触变泥浆、地下水、泥沙从管节和止水环的间隙流出。当地下水丰富、压力大、管道埋深较深，压板加工成铰接，能够防止止水橡胶往外翻出。

5. 泥水系统

泥水平衡顶管施工主要设备还有排泥系统，该系统包括：进排泥浆泵、泥浆管、泥水处理装置、泥水箱等。排泥系统能将顶进过程中混入泥水中的土排出，还可以平衡地下水等外部压力。

6. 触变泥浆系统

触变泥浆系统主要由拌浆、注浆等组成。该系统的主要作用是能够减小顶进过程中土体与管节的摩阻力。

7. 测量与纠偏

测量与纠偏系统主要由测量靶、激光经纬仪、监视器组成。该设备主要是监测顶管机在推进过程中的轴线偏差情况，并及时做出调整指令。

8. 顶管出洞

顶管出洞是将掘进机从土体中顶出的过程，要保证出洞的安全、可靠、连续性，是一项重要工序。顶管出洞要做好管道放线、铺设导轨、洞口加固和止水等环节，确保顶管施工顺利完成。

【任务实施】

7-1

（1）顶管施工常用方法的介绍。

引导问题 1：

敞开人工手掘式施工方法适于顶进管径为________________ mm 的情况。

引导问题 2：

封闭机械式顶管法主要有____________、____________、____________等。

引导问题 3：

泥水平衡式顶管工作过程：____

____

引导问题 4：

土压平衡式顶管工作过程：____

____

（2）顶管施工相关设施。

引导问题 5：

顶管施工过程中用到的相关设备有：______________________________________

____

简要描述顶管施工过程中各相关设备作用：________________________________

____

【评价反馈】

综 合 评 价 表

项目（ ） 任务（ ）：________________					
班级		姓名		组号	
评价项目	分值	自我评价得分	小组互评得分	教师评价得分	综合得分
按时出勤	10				
学习准备	10				
学习态度	10				
任务是否按时完成	15				
任务完成准确率	15				
参与讨论主动性	10				
沟通协调能力	10				
语言表达能力	10				
安全、文明、规范施工意识	10				
合 计	100				

任务2 浅埋暗挖施工

【案例背景】

某干渠承担着多个水源的任务，该施工采用浅埋暗挖法，主洞一衬开挖洞径4.8m，一衬施工主要分为超前支护和开挖支护两部分。超前支护在拱顶上半部分打设超前小导管，小导管为内径25mm的无缝钢管，管的环向间距为40cm，长度为1.5m。超前小导管注浆所用的浆液为水泥水玻璃；支护采用正台阶法留核心土，铺设钢筋网片，架设格栅，布设纵向连接筋，打锁脚锚杆，喷C25混凝土。

【学习目标】

1. 掌握浅埋暗挖的施工过程及原则。
2. 能够针对实际工程写出浅埋暗挖的施工过程。
3. 通过工程案例引导学生团结合作完成任务，增强学生按照原则和标准施工的职业意识。

【任务分组】

学生任务分配表

班级		姓名		学号	
组号		本人任务		指导老师	
其他小组成员					
姓名	学号	任务分工	姓名	学号	任务分工

【任务准备】

浅埋暗挖法是一种在离地表很近（一般洞顶覆土厚度需大于洞径的1.5倍）的地下进行各种类型洞室暗挖施工的方法，适用于在软弱围岩地层中施工，也称矿山法，与盾构法同属暗挖法。其主要施工过程为：施工准备→超前小导管布设→注浆→土方开挖→格栅架立→格栅网片、连接筋→喷射混凝土→防水施工→二次衬砌。浅埋暗挖应按照“十八字”原则进行隧道的设计和施工，即管超前、严注浆、短开挖、强支护、快封闭、勤量测。

相关知识点1：管超前

管超前的目的是提高土体稳定性，控制下沉，防止围岩松弛和坍塌。《给水排水管道工程施工及验收规范》(GB 50268—2008) 中要求，超前小导管加固土层时，宜采用顺直、长度为3～4m、直径为40～50mm的钢管；沿拱部轮廓线外侧设置，间距、孔位、孔深、孔径符合设计要求；小导管的后端应支承在已设置的钢格栅上，其前端应嵌固在土层中，前后两排小导管的重叠长度不应小于 1m，外插角不应大于 15°。

相关知识点 2：严注浆

在超前小导管支护后，立即压注浆液，填充围岩孔隙，使周围形成一个壳体，增强围岩自稳能力。每次注浆前必须对工作面进行喷射混凝土封闭，以防浆液在压力作用下溢出。超前小导管加固的浆液应依据土层类型，通过试验选定，一般采用水泥浆液、水泥水玻璃浆液，应取样进行注浆效果检查，未达要求时应调整浆液或调整小导管间距。注浆压力宜控制在 0.15～0.3MPa 之间，最大不得超过 0.5MPa，每孔稳压时间不得小于 2min。注浆应有序，自一端起跳孔顺序注浆，并观察有无串孔现象，发生串孔时应封闭相邻孔。注浆后，根据浆液类型及其加固试验效果，确定土层开挖时间，通常 4～8h 后方可开挖。

相关知识点 3：短开挖

在浅埋暗挖过程中要求一次注浆多次开挖，开挖方式主要根据地质条件而定，常用的开挖方法有全断面法、台阶法、环形开挖预留核心土法、中隔墙台阶法、单侧壁导坑法、双侧壁导坑法等。

土方开挖宜用激光准直仪控制中线和隧道断面仪控制外轮廓线，内径小于 3m 的管道，宜用正台阶法或全断面法开挖，每开挖一榀钢拱架的间距，应及时支护、喷锚、闭合，严禁超挖。土层变化较大时，应及时控制开挖长度；在稳定性较差的地层中，应采用保留核心土的开挖方法，核心土的长度不宜小于 2.5m。在稳定性差的地层中停止开挖，或停止作业时间较长时，应及时喷射混凝土封闭开挖面。相向开挖的两个开挖面相距约 2 倍管（隧）径时，应停止一个开挖面作业，进行封闭，由另一开挖面做贯通开挖。

其中，环形开挖预留核心土法适用于一般土质或易坍塌的软弱围岩，将断面分成环形拱部、上部核心土、下部台阶三部分，主要的过程是开挖环形拱部→架立钢支撑→挂钢筋网→喷混凝土。宜采用挖掘机或单臂掘进机开挖核心土和下部台阶，随时接长钢支撑和喷混凝土、封底。根据初次支护的变形情况或施工步序，安排施工二次衬砌作业。

相关知识点 4：强支护

在松软地层和浅埋条件下进行地下大跨度结构施工，初期支护必须十分牢固，以确保万无一失。初期支护的施工过程主要包括：土方开挖→钢筋网片＋格栅拱架＋纵向连接筋＋钢筋网片的安装→喷射混凝土。支护钢格栅、钢架以及钢筋网的加工、安装要符合设计要求，安装前应除锈，并抽样试拼装，合格后方可使用。

相关知识点 5：快封闭

喷射混凝土是“快封闭”的重要工序。喷射混凝土作业应保证工作面平整、光滑、无干斑或流淌滑坠现象，喷射作业分段、分层进行，应在前一层混凝土终凝后进行，喷射顺序由下而上；喷射混凝土时，喷头应保持垂直于工作面，喷头距工作面不宜大于 1m，减少喷射混凝土回弹损失。喷射混凝土时，先两边后顶部，保证混凝土的密实性。一次喷射混凝土的厚度：侧壁宜为 60～100mm，拱部宜为 50～60mm，钢格栅、钢架、钢筋网的喷射混凝土保护层不应小于 20mm。应在喷射混凝土终凝 2h 后进行养护，时间不少于 14d；冬期不得用水养护，混凝土强度低于 6MPa 时不得受冻。

相关知识点 6：勤量测

勤量测要求及时观察一衬的变形情况，当钢格栅上、下拱封闭成形后，观测拱顶下沉及收敛情况，做好日报和数据分析。量测信息要及时准确地反馈给设计施工单位，以便及时修改设计或采取特殊的施工措施。

【任务实施】

（1）浅埋暗挖施工要点。

引导问题 1：

小导管的后端应支承在__________上，其前端应嵌固在土层中，前后两排小导管的重叠长度不应小于__________ m，外插角不应大于__________°。

引导问题 2：

1. 注浆压力宜控制在__________ MPa 之间，最大不得超过__________ MPa，每孔稳压时间不得小于__________ min。

2. （判断题）注浆应有序，自一端起跳孔顺序注浆，并观察有无串孔现象，发生串孔时应封闭相邻孔。（　　）____________________________

3. 注浆后，根据浆液类型及其加固试验效果，确定土层开挖时间，通常______ h 后方可开挖。

引导问题 3：

在浅埋暗挖过程中要求一次注浆____________开挖，开挖方式主要根据地质条件而定，常用的开挖方法有____________________________等。

引导问题 4：

环形开挖预留核心土法将断面分成______、______、______三部分，主要的过程是：______________________________________。

引导问题 5：

一次喷射混凝土的厚度：侧壁宜为______ mm，拱部宜为______ mm，钢格栅、钢架、钢筋网的喷射混凝土保护层不应小于______ mm。应在喷射混凝土终凝______ h 后进行养护，时间不少于______ d。

（2）浅埋暗挖施工原则和流程。

引导问题 6：

浅埋暗挖按照“十八字”原则，即____________________________进行隧道的设计和施工。

引导问题 7：

各组独立完成浅埋暗挖的施工流程的确定，并画出流程图。

描述流程各阶段的工作过程：______

______

______

浅埋暗挖的施工流程图：

【评价反馈】

综合评价表

项目（ ）　　　任务（ ）：______					
班级		姓名		组号	
评价项目	分值	自我评价得分	小组互评得分	教师评价得分	综合得分
按时出勤	10				
学习准备	10				
学习态度	10				
任务是否按时完成	15				
任务完成准确率	15				
参与讨论主动性	10				
沟通协调能力	10				
语言表达能力	10				
安全、文明、规范施工意识	10				
合　计	100				

任务3 盾 构 施 工

【案例背景】

某输水隧洞在里程 K3+250 处穿越地铁线，与地铁线交角为 82°，隧洞圆形断面直径为 5m，埋深为 11m，采用盾构法施工。隧洞外层衬砌承受外部荷载，厚为 0.5m，拼装预制钢筋混凝土管片；内层衬砌承受内部水压，厚为 0.45m，现浇混凝土结构。

【学习目标】

1. 掌握盾构法施工设备组装及施工过程。
2. 能够根据实际工程选取合适的盾构施工方法，并能梳理出工作过程图。
3. 通过工程案例引导学生团结合作完成任务，我国在盾构事业上的蓬勃发展激发学生的爱国情怀，增强其科技兴国意识。

【任务分组】

学 生 任 务 分 配 表

班级		姓名		学号	
组号		本人任务		指导老师	
其他小组成员					
姓名	学号	任务分工	姓名	学号	任务分工

【任务准备】

盾构是在钢壳体保护下完成隧道掘进、出渣、管片拼装等作业，由主机和后配套设备组成的全断面推进式隧道施工机械设备，根据开挖面的稳定方式，分为土压平衡式盾构、泥水平衡式盾构、敞开式盾构和气压平衡式盾构。

相关知识点1：始发井和接收井

盾构工作井包括始发井和接收井，工作井施工一般采用机械开挖基坑、围护结构围挡的方式。工作井施工应根据地质条件和环境条件，选择安全经济和对周边影响小的方法。

始发井的长度需大于盾构主机长度 3m，宽度需大于盾构直径 3m。接收井的平面内净尺寸应满足盾构接收、解体和调头的要求。始发井、接收井的井底板应低于始发和到达洞门底标高，并应满足相关装置安装和拆卸所需的最小作业空间要求。工作井预留洞门直径应满足盾构始发和接收的要求，按照公式（7-3-1）进行计算。洞门圈、密封、其他预埋件等要在盾构始发或接收前按照要求安设完成，符合质量要求。

当洞口段土体不能满足盾构始发和接收对防水、防坍等的安全要求时，需采取加固措施。

$$D_S \geqslant H \cdot \tan\alpha + (D/\cos\alpha) + \Delta e + \Delta s + \Delta g \tag{7-3-1}$$

式中 D_S——工作井预留洞门直径，m；

H——洞门井壁厚度，m；

D——盾构外径，m；

α——隧道轴线与洞门轴线的夹角，(°)，通常取平面或纵坡夹角值；

Δe——设计规定的始发井或接收井预留口直径大于盾构外径的差值，m，始发井取 0.10m，接收井取 0.20m；

Δs——测量误差，m，取 0.10m；

Δg——盾构基座安装高程误差，m，取 0.05m。

相关知识点 2：盾构法施工过程

盾构应包括刀盘、推进液压缸、管片拼装机、螺旋输送机、泥水循环系统、铰接装置、渣土改良系统和注浆系统等，要求选型与配置适用、可靠、经济。盾构法施工设备组装主要过程为托架下井安装定位，满足盾构机始发位置需求，进而进行始发车的放置，螺旋输送机吊装下井，盾构机的吊装组装等。完成设备的组装后盾构开始掘进，在掘进过程中进行管片拼装并完成同步注浆。

1. 盾构掘进

7-2

盾构是一个钢质的筒状壳体，由切削环、支撑环、衬砌环三部分组成，内部设有挖掘、推进、拼装拱环等结构。切削环在盾构的最前端，其前面是对工作面具有支撑作用的挖土工作面。切削环可以容纳作业人员挖土或安装挖掘设备，作为保护罩起到保护作用。支撑环在盾构中间部位，是盾构结构的主体，在切削环之后，承受着作用在盾构壳上的大部分土压力。在支撑环内部，沿壳壁均匀地布置千斤顶。衬砌环在盾构最后部位，主要是掩护衬砌块的拼装，防止水、注浆材料等从盾尾与衬砌块之间进入盾构内部。

2. 管片拼接

盾构管道的管片应错位安装。管片拼砌采用先封底形式，即底部管片第一片，左右交叉进行，最后封顶成环。钢筋混凝土管片的接缝防水主要是在管片的接缝处钳填防水密封垫。混凝土管片在衬砌环中，螺栓先初步拧紧，拖出盾尾后再次拧紧。拼砌完的每 3 段管段进行全面检查并拧紧，且同步注浆。

3. 同步注浆

当盾构机掘进到土体后，在地层与管片之间存在空隙，需要在管片壁后环向间隙采用同步注浆方式填充浆液，控制地层变形、减少沉降，有利于提高隧道抗渗性以及管片衬砌的早期稳定。

《盾构法隧道施工及验收规范》（GB 50446—2017）要求，注浆前，应根据注浆施工要求准备拌浆、储浆、运浆和注浆设备，并进行试运转，同时对注浆孔、注浆管路和设备进行检查。同步注浆的注浆量充填系数应根据地层条件、施工状态和环境要求确定，充填系数宜为1.30～2.50。根据注浆量和注浆压力控制同步注浆过程，注浆速度应根据注浆量和掘进速度确定。注浆作业应连续进行，作业后应及时清洗注浆设备和管路。同步注浆有不足的地方可以进行二次注浆，二次注浆的注浆量和注浆压力应根据环境条件和沉降监测结果等确定。

相关知识点3：盾构施工方法

1. 土压平衡盾构施工法

土压平衡盾构施工法利用安装在盾构最前面的全断面切削刀盘，开挖渣土应充满土仓，渣土形成的土仓压力应与刀盘开挖面外的水土压力平衡，并应使排土量与开挖土量相平衡，以减少盾构推进对地层土体的扰动，从而控制地表沉降。在出土时由安装在密封仓下部的螺旋运输机将土渣向排土口连续地排出。该施工方法根据土压变化调整出土和盾构推进速度，易达到工作面的稳定，减少了地表变形。根据工程地质和水文地质条件，向刀盘前方及土仓注入添加剂，使渣土处于流塑状态。掘进中应监测和记录盾构运转情况、掘进参数变化和排出渣土状况，并及时分析反馈，调整掘进参数和控制盾构姿态。

2. 泥水平衡盾构施工法

泥水平衡盾构施工法是通过向支承环前面装置隔板的密封仓中注入适当压力的泥浆，使其在开挖面形成泥膜，支承正面土体，并由安装在正面的大刀盘切削土体表层泥膜，与泥水混合后，形成高密度泥浆，由排浆泵及管道输送至地面处理，整个过程通过建立在地面中央控制室内的泥水平衡自动控制系统统一管理。该施工方法刀盘所受扭矩小，更适合大直径隧道的施工。

泥浆压力与开挖面的水土压力应保持平衡，排出渣土量与开挖渣土量应保持平衡，并应根据掘进状况进行调整和控制。应根据工程地质条件，经试验确定泥浆参数，应对泥浆性能进行检测，并实施泥浆动态管理。根据隧道工程地质与水文地质条件、隧道埋深、线路平面与坡度、地表环境、施工监测结果、盾构姿态和盾构始发掘进阶段的经验，设定盾构刀盘转速、掘进速度、泥水仓压力和送排泥水流量等掘进参数。泥水管路延伸和更换，应在泥水管路完全卸压后进行。

【任务实施】

(1) 盾构法施工过程。

引导问题1：

盾构是一个钢质的筒状壳体，由____________、____________、____________三部分组成。

引导问题2：

管片安装后，同步注浆的注意点：____

____

____

____。

引导问题 3：

土压平衡盾构施工法：____

____

____。

引导问题 4：

泥水平衡盾构施工法：____

____

____。

（2）案例背景中的盾构施工方法和过程。

引导问题 5：

各组根据工程案例选择本组的盾构施工方法（　　　　　　　　）；选择原因：

____

____。

引导问题 6：

各组独立完成盾构法施工流程的确定，并画出流程图。

描述流程各阶段的工作过程：____

____

____

____

____。

盾构法施工流程示意图：

引导问题 7：

在盾构施工中，哪三点是控制要点？

____

____

____

【评价反馈】

综 合 评 价 表

项目（ ） 任务（ ）：______					
班级		姓名		组号	
评价项目	分值	自我评价得分	小组互评得分	教师评价得分	综合得分
按时出勤	10				
学习准备	10				
学习态度	10				
任务是否按时完成	15				
任务完成准确率	15				
参与讨论主动性	10				
沟通协调能力	10				
语言表达能力	10				
安全、文明、规范施工意识	10				
合 计	100				

任务4　TBM　施　工

【案例背景】

某段隧洞工程区的地层主要为第四系岩层，岩性主要为砂岩、板岩，局部为岩浆岩，隧洞埋深大且穿越的大断裂多。隧洞方向与区域应力轴方向夹角较小，与断层构造线方向呈大角度相交，采用 TBM（岩石隧道掘进机）法施工能以较短距离穿越主要断层破碎带。

【学习目标】

1. 掌握 TBM 施工设备的基本构造及主要的施工流程。

2. 能够根据实际案例工程选择合适的 TBM 施工工艺并完成流程的确定。

3. 通过小组合作学习提升团队合作能力，通过对案例工程的了解增强严谨认真的职业素养和安全施工的职业意识。

【任务分组】

学生任务分配表

班级		姓名		学号	
组号		本人任务		指导老师	
其他小组成员					
姓名	学号	任务分工	姓名	学号	任务分工

【任务准备】

岩石隧道掘进机是通过旋转并推动刀盘，使安装于刀盘上的滚刀挤压并切割岩石而使隧洞一次成形的专用施工机械。TBM 法多应用于硬质岩层长距离圆形隧洞，在安全、环保、工期等方面较钻孔爆破法有一定优势。

相关知识点 1：TBM 的种类

TBM 主要分为敞开式、护盾式两种。护盾式 TBM 又分为单护盾 TBM、双护盾 TBM 等，我国应用双护盾 TBM 的情况较多。

1. 敞开式 TBM

敞开式 TBM 是依靠支撑系统提供推进反力、锚喷系统对护盾后出露的围岩实施锚喷支护的 TBM。敞开式 TBM 主要由切削盘、切削盘支撑与主梁、支撑与推进这三部分组成。敞开式 TBM 利用岩壁的反作用力，实现掘进功能所需的反推力和反扭矩，在常温常压下，实现隧道掘进一次成型、初期支护、出渣运输功能，集机、电、液、气为一体，实现隧道施工自动化。敞开式 TBM 常用于硬岩，采取有效支护手段后也可应用于软岩隧道。

敞开式 TBM 的工作过程：主支撑先是撑紧洞壁，在推进油缸的推力作用下，切削盘上的刀盘滚压岩石，岩石达到破裂极限后开始逐步开裂并剥落成片状岩渣，掉落到刀盘下部，岩渣由刀盘铲斗装入皮带机上进行外运，支护系统完成隧道的初期支护和二衬任务，整个工作步骤循环往复。

2. 单护盾 TBM

单护盾 TBM 的护盾由前盾、中盾和尾盾组成，护盾系统只可作为单一盾体整体推进，无支撑系统，设有一套推进油缸，其掘进与管片安装需交替进行。单护盾 TBM 掘进时是利用管片作为支撑，因此必须停止管片的安装，不能同时进行掘进和管片安装。单护盾 TBM 常用于软岩地层。

3. 双护盾 TBM

双护盾 TBM 的护盾由前盾、伸缩护盾、支撑护盾和尾盾组成，其伸缩护盾为内、外双层结构，设有支撑系统和主、辅两套推进油缸，护盾系统的前后两部分可由主、辅推进油缸分别推进，掘进和管片安装可同步进行。双护盾 TBM 适用于各种地质，既能适应软岩，也能适应硬岩或软硬岩交互地层，地质条件适用能力较强。在硬岩中施工时，双护盾 TBM 的工作过程是利用水平撑靴，支撑洞壁传递反力。在软岩中施工时，其利用尾部的推力千斤顶顶推安装好的衬砌管片向前推进，衬砌管片安装与掘进过程能够同时进行。

相关知识点 2：TBM 的掘进与支护

1. TBM 始发与试掘进

敞开式 TBM 施工应设置始发洞，护盾式 TBM 应设置始发导台。根据《水工隧洞 TBM 施工技术规范》（T/CCIA 0030—2020），始发洞的长度按 TBM 主机长度确定，保证 TBM 始发时有足够的支撑反力，断面按支撑结构确定；始发洞宜采用钢筋混凝土衬砌，衬砌完成后应对所有错台进行处理，错台不得大于 3mm。在始发导台施工或安装时，应确保导台位置误差在±10mm 以内，从而保证始发位置正确。

护盾式 TBM 始发前应对始发导台的位置、稳定性进行检查。敞开式 TBM 始发前应检查撑靴与洞壁的贴合情况，保证撑靴撑紧洞壁。始发掘进时，对 TBM 的姿态进行检查。开始时应低速转动刀盘，慢速推进，将岩面慢慢切削平整后方可开始试掘进。在试掘进初期，掘进速度不宜过快，以低速度、低推力为宜。待掘进、支护、物料运输等各项工作协调配合度提高后，方可逐步加快掘进和支护速度。

始发及试掘进过程中，应依据超前地质预报并结合掌子面的岩石状况，控制 TBM 姿态和掘进推力，并根据监测结果选择、调整掘进参数。掘进时的推进速度应保持相对平稳，并控制好每次的纠偏量。在试掘进施工过程中，应全面系统地检验 TBM 设备和系统的运行状况，及时调整不合理的结构和装置，处理设备相关故障。

试掘进期间，应做好材料供应，及时进行轨道和管路延伸，跟进后配套设备。确定管片拼装、壁后注浆和材料运输等作业方式，完善 TBM 施工管理体系和作业流程。

2. 正常掘进

TBM 正常掘进前，应对 TBM 设备进行系统检查，确保各系统无安全隐患，运行正常；为 TBM 施工服务的辅助设备应具备高强度生产能力，原材料准备充足，TBM 施工和管理人员全部到位，安全设施齐备。每天检查自动导向系统精准度，确保导向准确。对已掘进洞段进行轴线检测，及时进行轴线纠偏。

TBM 一般具有自动扭矩控制、自动推力控制和手动控制三种控制模式。在均质硬岩条件下，宜选择自动推力控制模式；在节理发育或软弱围岩条件下，宜选择自动扭矩控制模式；如果掌子面围岩软硬不均，不能判定围岩状态，应选择手动控制模式。TBM 在通过地质破碎带时，应严格控制出渣量，并采取综合措施，及时支护。

3. 姿态控制

应加强掘进过程中的测量工作，通过管片/仰拱预制块的拼装调整、TBM 自身的纠偏转机构控制或调整 TBM 姿态。实时测量 TBM 掘进里程、轴线偏差、俯仰角、方位角、滚转角和盾尾管片间隙，并根据测量数据和隧洞轴线线型，选择管片型号。

对掘进姿态和管片状态进行测量、复核并详细记录。TBM 机身偏转量应控制在设计允许值范围内，当偏离时应进行纠偏。纠偏时，应逐环、小量纠偏，防止过量纠偏损坏已拼装管片和盾尾密封。TBM 进行姿态调整时，应平缓操作，不得强行急促转弯。

双护盾 TBM 在竖曲线与平曲线段施工时，应考虑已成环隧洞管片竖、横向位移对轴线控制量的影响。

4. 贯通掘进

贯通掘进前，应制定 TBM 贯通施工方案，做好技术交底，明确 TBM 掘进的实时桩号及刀盘与贯通面的距离，并按制定的施工方案实施，做好出洞场地、洞口段的加固。贯通掘进的最后 300m，掘进时宜采用低转速、低推力、小贯入度，并及时跟进支护。双护盾 TBM 贯通掘进前，应设置管片纵向拉紧装置；到达终点前应做好以下准备工作：

（1）检查洞内的测量导线。

（2）在洞内拆卸时检查 TBM 拆卸段支护情况。

（3）准备贯通所需材料、工具。

（4）设置施工接收导台、铺设滑行轨道。

（5）增加监测的频次，并及时反馈监测结果。

5. 支护作业

敞开式 TBM 在软弱破碎围岩掘进时应进行初期支护，并按设计要求进行监控量测，确保施工安全。敞开式 TBM 施工初期支护包括喷混凝土、挂网、锚杆施工、钢环梁施工等。喷锚支护施工中，应做好喷锚支护施工记录，包括喷射混凝土的强度、厚度、外观尺寸等项检查记录和试验报告、监控量测记录。

护盾式 TBM 管片拼装时，应熟悉管片排列位置及拼装顺序，对管片及防水密封条进行检查，并按拼装顺序存放，封顶块安装前，应在侧面涂抹润滑剂，以免损伤密封条。

管片/仰拱预制块拼装完成后，应及时对管片/仰拱预制块背后充填豆砾石，充填应按先拱底、次两侧、后拱顶的次序进行，充填应密实。

相关知识点 3：防尘与通风

掘进过程中将产生大量的热量和粉尘，因此需要设置防尘及通风装置。刀盘头部一般会安装喷水装置、吸尘设备，在掘进过程中实现连续喷水降尘。在设备中也会专设通风降温装置。

水工隧洞应根据施工机械、人员数量、风速决定最小供风量，并按隧洞内施工高峰期人数计算，每人供应新鲜空气不应小于 $3m^3/min$。通风机的功率及通风管的直径应根据隧洞的掘进长度、运输净空以及衬砌作业净空等计算确定。特长隧洞施工过程中，应及时检测不同通风里程的风压、风速以及风机的转速、功率等，保证风机配置满足施工要求。

通风机、通风管的安装应符合下列要求：

（1）通风机安装保险装置，当发生故障时能自动停机。

（2）通风机有适当的备用数量。

（3）通风机的安装位置宜在洞口前方 30m 以外；通风机前后 5m 范围内不得堆放杂物，通风机进口设置铁箅。

（4）通风管的安装平顺，接头严密，每 100m 平均漏风率不大于 1%，弯管半径不得小于通风管直径的 3 倍或采用刚性风筒连接。

（5）通风管的吊点间距一般不大于 1m，吊点牢固。

（6）通风管破损时，及时修理或更换。

当通风管较长，需要提高风压或风量时，可采用多台通风机串联或并联，且采用同一型号通风机。

【任务实施】

（1）TBM 的种类。

引导问题 1：

岩石隧道掘进机主要分为________________、________________两种。

引导问题 2：

敞开式 TBM 主要由________________、________________、________________这三部分组成。

引导问题 3：

单护盾 TBM 常用于软岩地层，其工作过程与____________________施工相似。

引导问题 4：

双护盾 TBM 主要由________、________、________、________等构件组成。

（2）TBM 的掘进与支护。

引导问题 5：

针对案例背景中的地质环境选择的 TBM 施工方法是________。

引导问题 6：

请分组描述 TBM 的施工过程。

1）TBM 始发与试掘进________。

2）正常掘进________。

3）姿态控制________。

4）贯通掘进________。

5）支护作业________。

引导问题 7：

通过查找资料确定哪种 TBM 更容易出现卡机问题，说出理由。

____

____

____

【评价反馈】

综合评价表

项目（ ） 任务（ ）：________					
班级		姓名		组号	
评价项目	分值	自我评价得分	小组互评得分	教师评价得分	综合得分
按时出勤	10				
学习准备	10				
学习态度	10				
任务是否按时完成	15				
任务完成准确率	15				
参与讨论主动性	10				
沟通协调能力	10				
语言表达能力	10				
安全、文明、规范施工意识	10				
合 计	100				

任务5 钻孔爆破施工

【案例背景】

某水电站引水隧洞A段全长2375m，开挖直径7.9m，底坡0.0029，围岩类别为Ⅱ级。采用钻孔爆破法施工，测量放线、布孔采用激光发生器，钻孔用多臂凿岩台车。设计开挖断面42.67m^2，钻孔125个，钻孔直径为100mm、45mm，钻孔深度3.1m，循环进尺3.0m，爆破效率90.1%，每天4个循环。

【学习目标】

1. 掌握钻孔爆破法的工序过程和各工序环节的主要操作内容。
2. 能根据工程案例背景资料正确设置工序流程，布置开挖断面炮孔顺序。
3. 钻孔爆破法施工存在一定的危险性，引导学生增强安全施工的职业意识。

【任务分组】

学生任务分配表

班级		姓名		学号	
组号		本人任务		指导老师	
其他小组成员					
姓名	学号	任务分工	姓名	学号	任务分工

【任务准备】

钻孔爆破法是指钻孔、装药、爆破开挖岩石的方法，简称钻爆法，地下工程钻爆法尤其适用于硬质岩层地下洞室和非圆形、短距离隧洞。对于长距离圆形输水隧洞，其在应对特殊复杂水文地质条件、降低成本等方面较TBM法有一定优势。

隧洞钻孔爆破一般采用光面爆破法，其主要工序为：测量布孔→钻孔→装药爆破→排烟除尘→安全处理→出渣运输→临时支护，一般一昼夜的循环作业次数应为整数，循环时间可以为4h、6h、8h、12h等。

相关知识点1：炮孔布置

进行炮孔布置首先应确定施工开挖线，通常将开挖断面上的炮孔分区布置且分区顺序起爆，如图7-5-1所示，炮孔一般分为三类：掏槽孔、崩落孔、周边孔。

1. 掏槽孔

掏槽孔一般布置在开挖断面的中央偏下，在整个断面上最先起爆，其作用是将开挖断面上某一部位的岩石掏出一个槽，增加爆破临空面，为其余炮孔的爆破提供新的

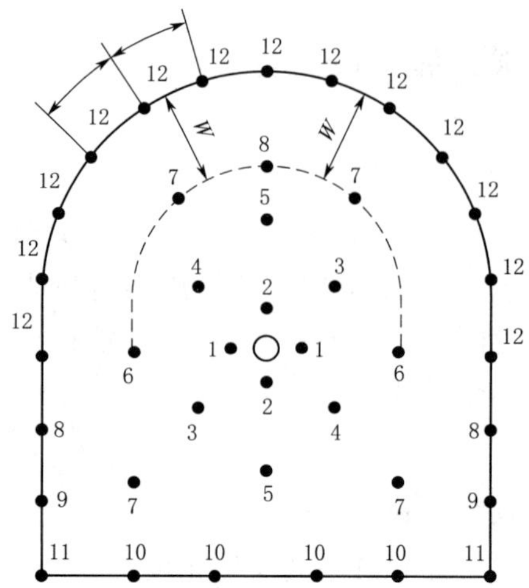

图 7-5-1 爆破网络图

自由面。为了提高爆破效率，掏槽孔一般要比崩落孔深 10%～15%。

掏槽孔按布孔形式可分为楔形掏槽、锥形掏槽和直孔掏槽。楔形掏槽与锥形掏槽称为斜孔掏槽，因其钻孔方向与开挖断面呈斜交状。

（1）楔形掏槽。楔形掏槽由 2～4 对对称的相向倾斜的炮孔组成，爆破后可以形成楔形槽。对于层理大致垂直或倾斜的岩层，一般采用垂直楔形掏槽。水平楔形掏槽较适用于岩层层理接近于水平的围岩或整体均匀的围岩，但由于其向上倾斜，因此钻孔作业比较困难，使用较少。

（2）锥形掏槽。锥形掏槽由数个掏槽孔呈角锥形布置，各孔以大体相同角度向中心轴线倾斜，孔底不贯通，但趋于集中，爆破后形成锥形槽，孔数为 3～6 个，通常呈三角锥形、四角锥形等。炮孔倾斜角度一般为 60°～70°，岩石越硬，倾角越小。

（3）直孔掏槽。直孔掏槽由很多个彼此距离很近的垂直于开槽面的炮孔组成。由于炮孔深度不受开挖断面尺寸的限制，便于提高钻孔作业单循环的开挖进尺，目前多采用直孔掏槽。但因其炮孔位置与方向要求较为准确，炮孔数量和单位用药量较多，在施工中要保证良好的掏槽效果。

2. 崩落孔

崩落孔布置在掏槽孔和周边孔的中间，其深度应在同一平面，孔眼应由内向外，逐层起爆，装药量比掏槽孔小很多。其作用是进一步扩大掏槽体积，崩落开挖断面上更多的岩石，为周边孔提供自由面。

3. 周边孔

周边孔布置在设计轮廓上，孔径较小，间距较小，其作用是爆破后使开挖断面达到平整的开挖轮廓。周边孔是最后起爆的炮孔，一般为同时起爆。周边孔的孔口应距开挖断面设计边线 10～20cm，钻孔时控制倾斜角度和深度，要求孔底落到同一平面上。

采用钻孔爆破法，洞室的轮廓控制主要由周边孔的布置与爆破参数的选择决定，常采用光面爆破技术。隧洞光面爆破参数设计参考值见表 7-5-1。

表 7-5-1 隧洞光面爆破参数设计参考值

岩石类别	最小抵抗线 W/cm	炮孔间距 a/cm	线装药密度 /(g/m)	适用情况
硬岩	60～80	55～65	300～350	炮孔直径为 40～50mm，药卷直径为 20～25mm，炮孔深度为 1.0～3.5m
中硬岩	60～75	45～60	200～300	
软岩	45～55	35～45	80～120	

相关知识点2：炮孔数目确定

钻孔爆破所需的炮孔数量与岩层性质、炸药性能、开挖断面等多种因素有关。

炮孔数量可应用装药量平衡原理计算，通常可按照炮孔平均分配药的原则，常用计算公式（7-5-1）：

$$N=\frac{qS}{a\gamma} \tag{7-5-1}$$

式中 N——一次掘进循环中开挖面上的炮孔总数；

S——开挖断面面积，m^2；

q——单位耗药量，kg/m^3，见表7-5-2；

a——炮孔的装药系数，见表7-5-3；

γ——单个炮孔每米装药量，kg/m，见表7-5-4。

表7-5-2　隧洞开挖爆破所需的单位耗药量 q 参考值

开挖断面面积/m^2	围岩类别/(kg/m^3)			
	Ⅳ～Ⅴ	Ⅲ～Ⅳ	Ⅱ～Ⅲ	Ⅰ
4～6	1.6	1.7	2.3	2.9
7～9	1.3	1.6	2	2.5
10～12	1.2	1.5	1.8	2.25
13～15	1.2	1.4	1.7	2.1
16～20	1.1	1.3	1.6	2
40～43			1.1	1.4

表7-5-3　炮孔装药系数 a 值

炮孔名称	围岩类别			
	Ⅳ，Ⅴ	Ⅲ	Ⅱ	Ⅰ
掏槽孔	0.5	0.55	0.6	0.65～0.8
崩落孔	0.4	0.45	0.5	0.55～0.7
周边孔	0.4	0.45	0.55	0.60～0.75

表7-5-4　2号岩石炸药每米质量 γ 值

药卷直径/mm	50	45	40	38	35	32
γ/(kg/m)	1.90	1.59	1.25	1.10	0.96	0.78

相关知识点3：钻孔爆破施工过程

1. 钻孔

钻孔是爆破开挖中的主要工序，其工作强度较大，约占循环作业1/4～1/2的时间。钻孔常使用凿岩机和风钻。钻孔时采用激光定位系统，对准掏槽孔和周边孔的设计位置，严格按照设计位置、孔径、深度、角度施钻。

2. 装药

装药前应对炮孔位置、深度等按照设计要求进行检查，然后对钻好的炮孔进行清理，用风管通入孔底吹出孔内的岩渣。待炮孔合格后，可装药、堵塞和连接引爆线路。

3. 出渣运输

出渣运输同钻孔一样是控制掘进速度的关键，一般约占循环时间的1/3～1/2，因此要拟定选择好调度运输方式、安全运行措施、弃渣场所，规划好内外运输路线。对于围岩稳定性较好、机械设备较低的平洞可选用棚架漏斗装渣、机车牵引斗车出渣形式；对于围岩稳定的小断面平洞、施工支洞、导洞，选用装岩机装渣、机车牵引斗车或矿车出渣形式；对于中、大断面全断面开挖的平洞，选用装载机或挖掘机装车、自卸汽车出渣形式。

4. 临时支护

当围岩稳定性较差时，容易发生塌方或松动掉块，必须对开挖出来的面积进行临时支护，主要有构架式支撑和锚喷支护，较好的支护方法为锚杆支护和喷混凝土，可以有效防止围岩松动变形，兼具临时和永久支护的作用。

【任务实施】

（1）炮孔布置。

引导问题1：

炮孔一般分为三类：____________、____________、____________。

引导问题2：

____________一般布置在开挖断面的中央偏下，在整个断面上最先起爆，其作用是将开挖断面上某一部位的岩石掏出一个槽。

引导问题3：

____________布置在掏槽孔和周边孔的中间，其深度应在同一平面，孔眼应由内向外，逐层起爆。

引导问题4：

____________布置在设计轮廓上，孔径较小，间距较小，其作用是爆破后使开挖断面达到平整的开挖轮廓。

（2）炮孔数目确定。

引导问题5：

结合案例背景已知条件，尝试计算一次掘进掏槽孔的炮孔数目。

____

____

____

（3）钻孔爆破施工过程。

引导问题6：

钻孔爆破法是地下建筑岩体开挖的主要施工方法，其主要工序有________→

________→________→________→________→________→________→________→________→________。

引导问题7：

描述主要施工工序的工作过程：____

____

____

____

____

____

【评价反馈】

综合评价表

项目（ ） 任务（ ）：________________					
班级		姓名		组号	
评价项目	分值	自我评价得分	小组互评得分	教师评价得分	综合得分
按时出勤	10				
学习准备	10				
学习态度	10				
任务是否按时完成	15				
任务完成准确率	15				
参与讨论主动性	10				
沟通协调能力	10				
语言表达能力	10				
安全、文明、规范施工意识	10				
合 计	100				

项目八　水工建筑物施工

任务1　渠　道　施　工

【案例背景】

某渠道为倒梯形断面，渠底宽度为7.744m，渠道内一级边坡为1∶2，渠底高程123.489～123.191m，一级马道（堤顶）宽5.0m，渠道纵比降为1/26000。全段采用混凝土衬砌，渠坡厚度为10cm，渠底厚度为8cm。混凝土衬砌强度等级为C20，抗冻标号F150，抗渗标号W6。全渠段采用复合土工膜防渗，在渠底及渠坡防渗复合土工膜下均铺设保温板防冻层。

在渠道开口线与永久占地线之间设有截流沟、防护堤、林带。截流沟纵比降根据地形确定，为防止冲刷，纵比降较陡处全断面采用干砌石护砌。

【学习目标】

1. 掌握渠道开挖方法及要求、不同渠道衬砌施工过程。

2. 能够根据实际情况选择合适的渠道衬砌方法，能根据施工实际情况选择合适的渠道开挖方法。

3. 培养学生踏实肯干、严谨认真的态度。

【任务分组】

学生任务分配表

班级		姓名		学号	
组号		本人任务		指导老师	
其他小组成员					
姓名	学号	任务分工	姓名	学号	任务分工

【任务准备】

渠道施工包括开挖、填筑、衬护。渠道施工的特点是工程量大、场地分散、施工线路长。但工种单纯，技术要求较低，工作面宽，可以同时组织较多的劳力施工。

相关知识点1：渠道开挖

渠道开挖的施工方法有人工开挖、机械开挖、爆破开挖。根据技术条件、土壤种类、渠道纵断面和横截面尺寸及地下水位等因素选择开挖方法。

1. 人工开挖渠道

（1）施工排水。排水应本着上游照顾下游，下游服从上游的原则，即向下游放水的时间和流量，应照顾下游的排水条件，同时下游应服从上游的需要，一般下游应先开工，并不得阻碍上游水量的排泄，以保证水流畅通。如遇有需排除降水和地下水，还必须开挖排水沟。

（2）开挖方法。

1）龙沟一次到底法。该方法适用于土质较好（如黏性土）、地下水来量小、总挖深2～3m的渠道，一次将龙沟开挖到设计高程以下0.3～0.5m，然后由龙沟向左右扩大，如图8-1-1所示。

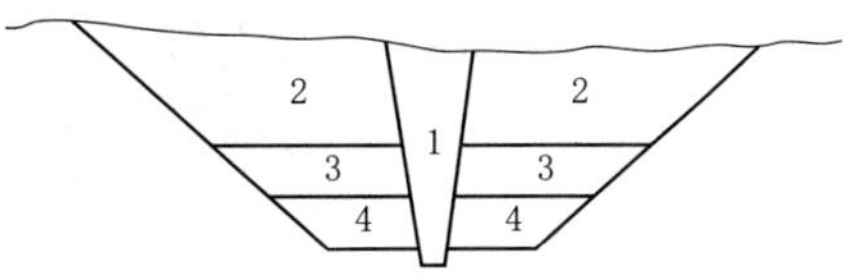

图8-1-1　龙沟一次到底法

1，2，3，4—开挖顺序

2）分层开挖法。如开挖深度较深，龙沟一次开挖到底有困难，可以根据地形施工条件分层开挖龙沟，分层挖土，如图8-1-2所示。

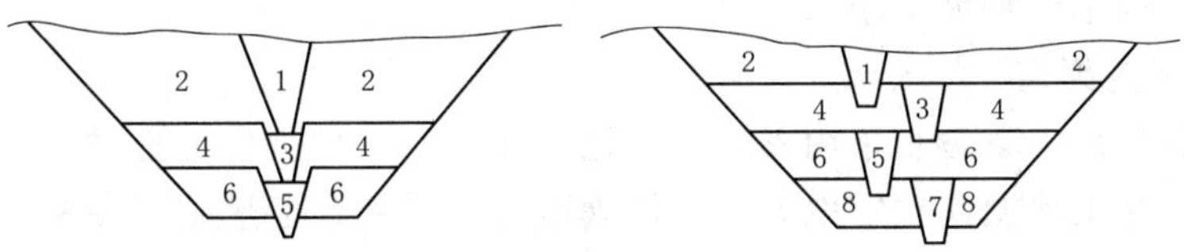

图8-1-2　分层开挖法龙沟布置

1，2，3，4，5，6，7，8—开挖顺序；1，3，5，7—排水沟

2. 机械开挖渠道

（1）推土机开挖渠道。采用推土机开挖渠道，其深度一般不宜超过1.5～2.0m，填筑渠道高度不宜超过2～3m，边坡不宜陡于1∶2，如图8-1-3所示。在渠道施工中，推土机还可以平整渠底、清除植土层、修整边坡、压实渠道等。

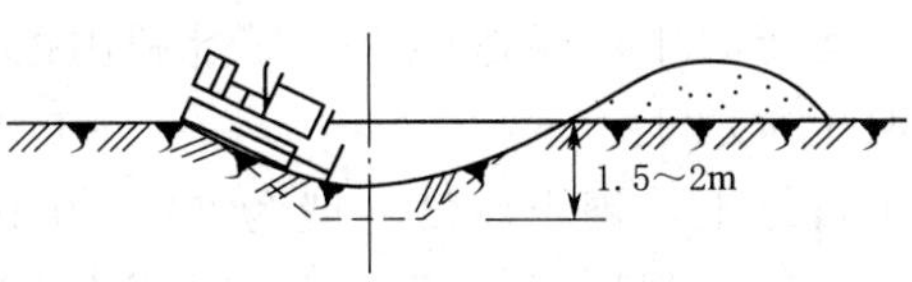

图8-1-3　推土机开挖渠道

（2）铲运机开挖渠道。半挖半填渠道或全挖方渠道就近弃土时，采用铲运机开挖最为有利。需要在纵向调配土方的渠道，如运距不远，也可用铲运机开挖。铲运机开挖渠道的开行方式有：

1）环形开行。当渠道开挖宽度大于铲土长度，而填土或弃土宽度又大于卸土长度，可采用横向环形开行，如图8-1-4（a）所示。反之，则采用纵向环形开行，如图8-1-4（b）所示。铲土和填土位置可逐渐错动，以完成所需要的断面。

2）“8”字形开行。当工作前线较长，填挖高差较大时，则应采用“8”字形开行，如图8-1-4（c）所示。其进口坡道与挖方轴线间的夹角以40°～60°为宜，过大

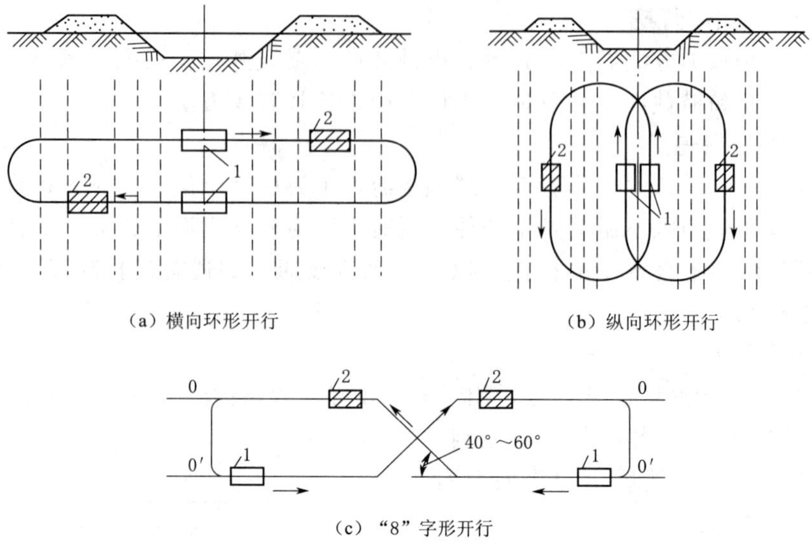

图 8-1-4　铲运机的开行路线

1—铲土；2—填土；0—0—填方轴线；0′—0′—挖方轴线

则转弯不便，过小则加大运距。

3. 爆破开挖渠道

岩基渠道和盘山渠道宜采用爆破法开挖。开挖时先挖平台再挖槽，一般采用抛掷爆破，将待开挖土体抛向预定地方。挖槽爆破时，采用预裂爆破或预留保护层，再采取浅孔小炮或人工清边清底。

相关知识点 2：渠堤填筑

筑堤用的土料，不得掺有杂质，应以黏土略含砂质为宜。如果用几种土料，应将透水性小的填在迎水坡，透水性大的填在背水坡。土料应保持一定的含水量，以利于压实。

填方渠道的取土坑与堤脚应保持一定距离，挖土深度不宜超过 2m，且中间应留有土埂。取土宜先远后近，并留有斜坡道以便于运土。半填半挖渠道应尽量利用挖方筑堤。只有在土料不足或土质不适用时，才在取土坑取土。

铺土前应清基，并将基面略加平整，然后进行刨毛，铺土厚度一般为 20～30cm，并应铺平铺匀。每层铺土宽度应略大于设计宽度，以免削坡后断面不足。堤顶应做成坡度为 2%～5%的坡面，以利于排水。填筑高度应考虑沉陷，一般可预加 5%的沉陷量。对小型渠道土堤夯实，宜采用人力夯和蛙式夯击机。对砂卵石填堤，可选用轮胎碾或振动碾，在水源充沛时可用水力夯实。

相关知识点 3：渠道衬护

进行衬砌的目的是防止渗漏，保护渠基不风化，降低糙率，美化建筑物。渠道衬砌的类型有灰土、砌石、混凝土、沥青材料及塑料薄膜等。应结合当地气象条件、水文地质及工程地质条件、自然生态状况、适宜的防渗材料、占地以及工程运行情况，拟定不同的防渗衬砌工程形式，通过经济技术比较选定。

渠道防渗衬砌工程不宜在低温季节施工，确需施工且当地平均气温连续5d稳定在5℃以下或最低气温连续5d稳定在−3℃以下时，应编制低温施工方案。

1. 混凝土衬砌

混凝土衬砌由于防渗效果好，一般能减少90%以上的渗漏量，且耐久性好、糙度小、强度高、便于管理、适应性强，因而成为一种广泛采用的衬护方法。

2. 砌石衬砌

在砂砾石地区坡度大、渗漏强的渠道，采用浆砌卵石衬护，有利于就地取材，发挥当地河工的技术特长，是一种经济的抗冲防渗措施，同时还具有较高的抗磨能力和抗冻性，一般可减少渗漏量80%～90%。施工时应先按设计要求铺设垫层，然后再砌卵石；砌卵石的基本要求是使卵石的长边垂直于边坡或渠底，并砌紧、砌平、错缝，坐落在垫层上，如图8-1-5所示。

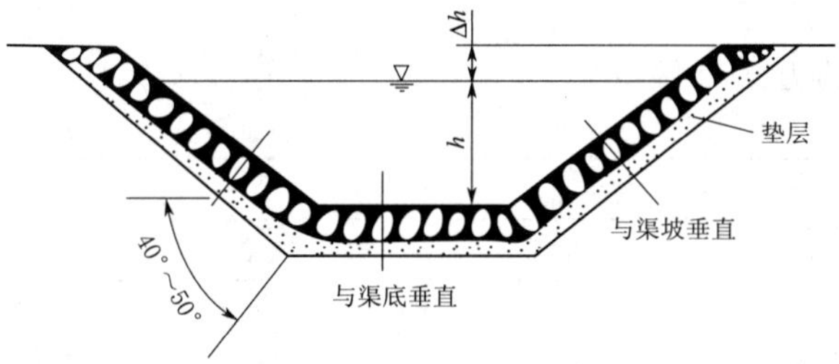

图8-1-5 浆砌卵石渠道衬砌示意图

【任务实施】

(1) 渠道开挖。

引导问题1：

渠道开挖方法可分为__________、__________、__________。

引导问题2：

简述渠道开挖方法。

____

____

____

(2) 渠堤填筑。

引导问题3：

筑堤用的土料以__________为宜。

如果用几种透水性不同的土料，应将透水性__________的填在迎水坡，透水性__________的填在背水坡。

引导问题4：

简述渠堤填筑过程中应该注意的问题。

____

____

____

(3) 渠道衬护。

引导问题 5：

进行衬砌的目的是__________，保护__________不风化，降低糙率，美化建筑物。

引导问题 6：

堤顶应做成坡度为__________的坡面，以利于__________。

引导问题 7：

渠道衬砌方式有__________、__________等。

引导问题 8：

渠道衬砌冬季施工要求：____。

引导问题 9：

分析渠道衬护的方式有哪些。

____

____

____

引导问题 10：

渠道设计的要求有哪些？在设计时应该如何考虑？

____

____

____

【评价反馈】

综合评价表

项目（　　）　　任务（　　）：________					
班级		姓名		组号	
评价项目	分值	自我评价得分	小组互评得分	教师评价得分	综合得分
按时出勤	10				
学习准备	10				
学习态度	10				
任务是否按时完成	15				
任务完成准确率	15				
参与讨论主动性	10				
沟通协调能力	10				
语言表达能力	10				
安全、文明、规范施工意识	10				
合　计	100				

任务2 水 闸 施 工

【案例背景】

北运河甘棠闸，因地处北京市通州区原甘棠乡得名，是北运河上最重要的拦河闸之一。北运河承担着中心城区九成面积雨水的排水任务，一旦遭遇暴雨，北运河首当其冲，其闸坝的安全性十分关键。原甘棠闸始建于2001年，为传统橡胶坝，用于拦河蓄水，平时在上游形成一片广阔水面，汛期保障行洪安全。十余年风吹水渍，橡胶坝老化严重。2016年汛后，通州区正式着手改造。

改建后榆林庄闸等别为Ⅱ等，大（2）型水闸，主要建筑物闸室、防渗段铺盖、护坡、翼墙、消力池等为2级建筑物，次要建筑物上游非防渗段护砌，下游海漫、防冲槽及护坡等为3级建筑物。设计行洪标准为50年一遇，校核标准达到100年一遇。

【学习目标】

1. 掌握水闸各部分结构的施工要求，掌握水闸混凝土浇筑顺序。

2. 能够根据实际情况制定水闸施工方案。

3. 水闸施工各环节要求严格，通过学习培养学生不怕苦的工作精神和不断钻研的学习精神。

【任务分组】

学生任务分配表

班级		姓名		学号	
组号		本人任务		指导老师	
其他小组成员					
姓名	学号	任务分工	姓名	学号	任务分工

【任务准备】

水闸是利用闸门控制流量和调节水位的低水头水工建筑物，可完成灌溉、排涝、防洪、给水等多种任务，一般由上游连接段、闸室段和下游连接段3部分组成，如图8-2-1所示。

水闸混凝土工程的施工应以闸室为中心，按照“先深后浅、先重后轻、先高后低、先主后次”的原则进行。

相关知识点1：水闸混凝土分缝与分块

水闸混凝土通常由沉陷缝、温度缝分成许多结构块。为了施工方便，确保混凝土的浇筑质量，当结构块较大时，须将施工缝较大的结构块分为若干小的浇筑块，称为

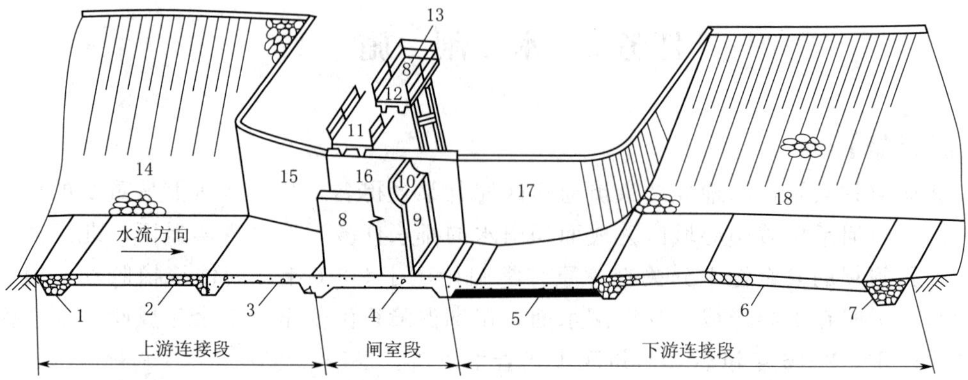

图 8-2-1　水闸组成

1—上游防冲槽；2—上游护底；3—铺盖；4—底板；5—护坦（消力池）；6—海漫；7—下游防冲槽；8—闸墩；9—闸门；10—胸墙；11—交通桥；12—工作桥；13—启闭机；14—上游护坡；15—上游翼墙；16—边墩；17—下游翼墙；18—下游护坡

筑块。必须根据混凝土的生产能力、运输浇筑能力等，对筑块的体积、面积和高度等进行控制。

1. 筑块的面积

筑块的面积应能保证在混凝土浇筑中不发生冷缝，筑块的面积（m^2）为

$$A \leqslant \frac{Q_c k (t_2 - t_1)}{h} \tag{8-2-1}$$

式中　Q_c——混凝土拌和站的实际生产率，m^3/h；

k——时间利用系数，可取 0.80～0.85；

t_1——混凝土的初凝时间，h；

t_2——混凝土运输、浇筑所占的时间，h；

h——混凝土铺料厚度，m。

当采用斜层浇筑法时，筑块的面积可以不受限制。

2. 筑块的体积

筑块的体积不应大于混凝土拌和站的实际生产能力（当混凝土浇筑采用昼夜三班连续作业时，不受此限制），则筑块的体积（m^3）为

$$V \leqslant Q_c m \tag{8-2-2}$$

式中　m——按一班或二班制施工时，拌和站连续生产的时间，h。

3. 浇筑块的高度

浇筑块的高度一般根据立模条件确定，目前 8m 高的闸墩可以一次立模浇筑到顶。施工中如果不采用三班制作业，还要受到混凝土在相应时间内的生产量限制，则浇筑块的高度（m）为

$$H \leqslant \frac{Q_c m}{A} \tag{8-2-3}$$

水闸混凝土筑块划分时，除应满足上述条件外，还应考虑如下原则：

（1）筑块的数量不宜过多，应尽可能少一些，以确保混凝土的质量和加快施工速度。

（2）在划分筑块时，要考虑施工缝的位置。施工缝的位置和形式应在无害于结构的强度及外观的原则下设置。

（3）施工缝的设置还要有利于组织施工。如闸墩与底板从结构上是一个整体，但在底板施工之前，难以进行闸墩的扎筋、立模等工作，因此闸墩与底板的结合处往往要留设施工缝。

（4）施工缝按混凝土的硬化程度，采用凿毛、冲毛或刷毛等方法清除老混凝土表层的水泥浆薄膜和松软层，并冲洗干净。排除积水后，方可进行上层混凝土浇筑的准备工作，临浇前水平缝应铺一层1～2cm的水泥砂浆，垂直缝应刷一层净水泥砂浆，其水灰比应较混凝土减少0.03～0.05，新老混凝土接合面的混凝土应细致捣实。

相关知识点2：底板施工

1. 底板模板与脚手架安装

在基坑内距模板1.5～2m处设地龙木，外侧用木桩固定，作为模板斜撑。沿底被样桩拉出的铅丝线位置立上模板，随即安放底脚围图，并用搭头板将每块板临时固定。经检查校正模板水平、垂直位置均无误后，用平撑周定底脚围图再立第二层模板。在两层模板的接缝处，外侧安设横围图，再沿横围图摊上斜撑，一端与地龙木固定。斜撑与地面夹角小于45°。经仔细校正底部模板的平面位置和高程无误后，最后固定斜撑。对横围图与模板结合不紧密处可用木楔塞紧，防止模板走动。底板立模与仓面脚手架如图8-2-2所示。

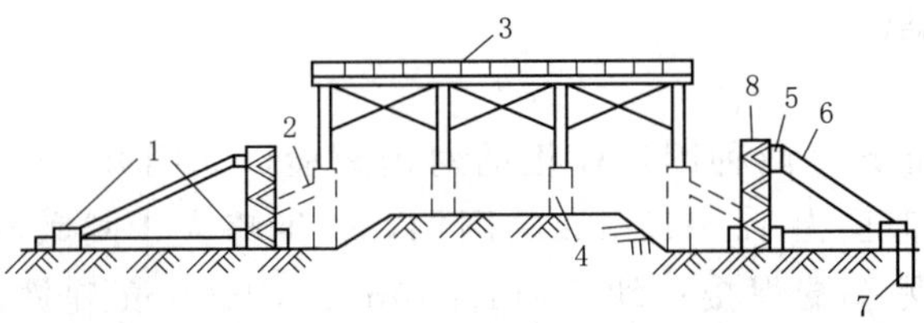

（a）剖面图

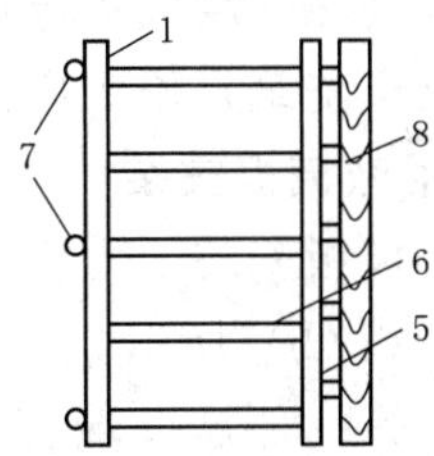

（b）模板平面

图8-2-2 底板立模与仓面脚手架

1—地龙木；2—内撑；3—仓面脚手架；4—混凝土柱；5—横围图；6—斜撑；7—木桩；8—模板

若采用满堂红脚手架，则在搭设脚手架前，应根据需要预制混凝土柱（断面约为15cm×15cm的方形），表面凿毛。搭设脚手架时，先在浇筑块的模板范围内竖立混凝土柱，然后在柱顶安设立柱、斜撑、横梁等。混凝土柱间距视脚手架横梁的跨度而定，一般可为2～3m，柱顶高程应低于闸底板表面。当底板浇筑接近完成时，可将脚手架拆除，并立即把混凝土表面抹平，混凝土柱则埋入浇筑块内。

2. 底板混凝土浇筑

对于平原地基上的水闸，在基坑开挖以后，一般要进行垫层铺筑，以方便在其上浇筑混凝土。浇筑底板时运送混凝土入仓的方法较多，可以用吊罐入仓，此法不需在仓面搭设脚手架，可以通过架子车或翻斗车等运输工具运送混凝土入仓。

当底板厚度不大时，由于拌和站生产能力限制，混凝土浇筑可采用斜层浇筑法，一般均先浇上下游齿墙，然后再从一端向另一端浇筑。

当底板顺水流长度在12m以内时，通常采用连坯滚法安排两个作业组分层浇筑。首先两个作业组同时浇筑下游齿墙，待浇筑平后，将第二组调至上游浇筑上游齿墙，第一组则从下游向上游浇筑第一坯混凝土；当浇到底板中间时，第二组将上游齿墙基本浇平，并立即自下游向上游浇筑第二坯混凝土；当第一组浇到上游底板边缘时，第二组将第二坯浇到底板中间，此时第一组再转入第三坯，如此连续进行。这样可缩短每坯时间间隔，从而避免了冷缝的发生，提高了混凝土质量，加快了施工进度。

为了节约水泥，底板混凝土中可适当埋入一些块石，受拉区混凝土中不宜埋块石。块石要新鲜坚硬，尺寸以30～40m为宜，最大尺寸不得大于筑块最小尺寸的1/4，长条或片状块石不宜采用。块石在入仓前要冲洗干净，均匀地安放在新浇的混凝土上，不得抛扔，也不得在已初凝的混凝土层上安放。块石要避免触及钢筋，与模板的距离不小于30cm。块石间距最好不小于混凝土骨料最大粒径的2.5倍，以不影响混凝土振捣为宜。埋石方法是在已振捣过的混凝土层上安放一层块石，然后在块石间的空隙中灌入混凝土并加以振捣，最后浇筑上层混凝土把块石盖住，并做第二次振捣，分层铺筑两次振捣，能保证埋石混凝土的质量。混凝土骨料最大粒径为8cm时，埋石率可达8%～15%。为改善埋石混凝土的和易性，可适当提高坍落度或掺加适量的塑化剂。

相关知识点3：闸墩施工

由于闸墩高度大、厚度小、门槽处钢筋较密、相对位置要求严格，所以闸墩的立模与混凝土浇筑是施工中的关键。

1. 闸墩模板安装

（1）模板安装。立模前，准备好两种固定模板的对销螺栓，如图8-2-3（a）、图8-2-3（b）所示。一种是直径为12～19mm的圆钢，长度略大于闸墩厚度，两端套丝；另一种是一端套丝、另一端焊接一块5mm×40mm×400mm扁铁的螺栓，扁铁上钻两个圆孔，以便固定在对拉撑木上。

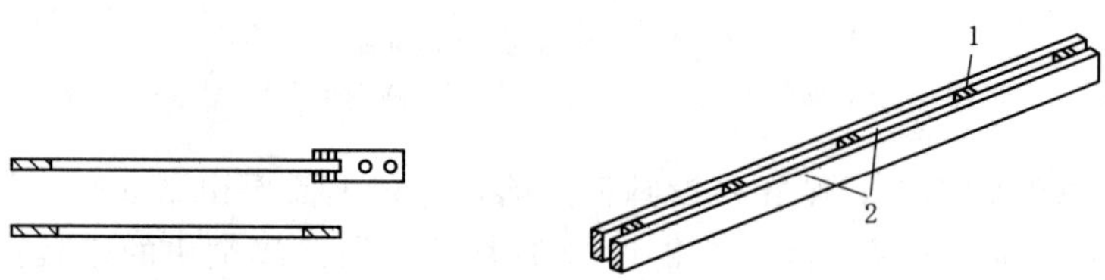

（a）对销螺栓　（b）双夹围囹

图8-2-3　对销螺栓及双夹围囹

1—每隔1m一块的25mm小木块；2—两块50mm×150mm的木板

闸墩立模，一要保证闸墩的厚度，二要保证闸墩的垂直度，立模应先立墩侧的平面模板，然后架立墩头曲面模板。

为了立模时穿入螺栓方便，模板外的横向和纵向围囹均可采用双夹围囹，如图 8-2-3（b）所示。对销螺栓与铁板螺栓应相间放置，对销螺栓与毛竹管或混凝土空心管的作用主要是保证闸墩的厚度；铁板螺栓和对拉撑木的作用主要是保证闸墩的垂直度、调整对拉撑木与纵向围囹间的木楔块，可以使闸墩模板左右移动，当模板位置调整好后即可在铁板螺栓的两个孔中钉入马钉。另外，再绑扎纵、横撑杆和剪刀撑，模板的位置就可以全部固定，如图 8-2-4 所示。

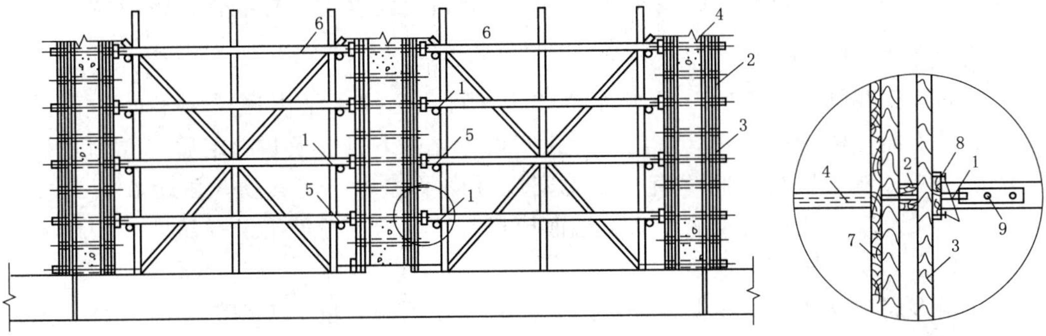

图 8-2-4　铁板螺栓、对拉撑木支撑的闸墩模板（单位：m）

1—铁板螺栓；2—双夹围囹；3—纵向围囹；4—毛竹管；5—马钉；
6—对拉撑木；7—模板；8—木楔块；9—螺栓孔

（2）钢组合模板翻模施工。由于钢模板在水利水电工程上的广泛应用，施工员依据滑模的施工特点，发展形成了用于闸墩施工的翻模施工法。立模时一次至少立三层，当第二层模板内混凝土浇至腰箍下缘时，第一层模板内腰箍以下部分的混凝土须达到脱模强度（以 98kPa 为宜），这样便可拆掉第一层架立第四层模板，并绑扎钢筋。依次类推，保持混凝土浇筑的连续性，以避免产生冷缝，具体组装如图 8-2-5 所示。

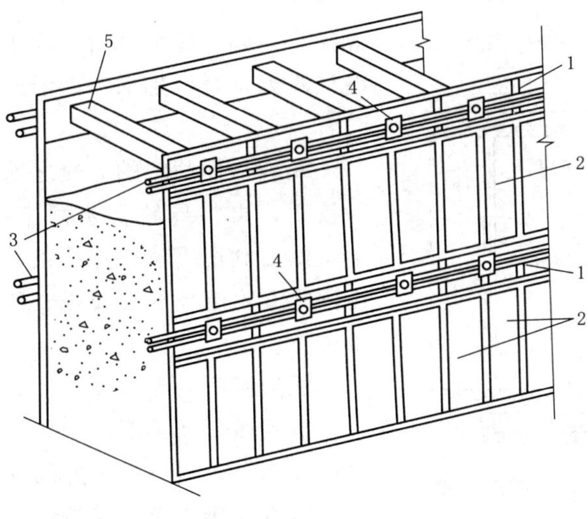

图 8-2-5　钢模组装图

1—腰箍模板；2—定型钢模；3—双夹围囹（钢管）；4—对销螺栓；5—水泥撑木

2. 混凝土浇筑

闸墩模板立好后，随即进行清仓工作。用压力水冲洗模板内侧和闸墩底面，污水由底层模板上的预留孔排出。清仓完毕堵塞小孔后，即可进行混凝土浇筑。闸墩混凝土一般采用溜管进料，溜管间距为 2～4m，溜管底距混凝土面的高度应不大于 2m。施工中应注意控制混凝土面的上升速度，以免产生跑模现象。

由于仓内工作面窄，浇捣人员走动困难，可把仓内浇筑面划分成几个区段，每区段内固定浇捣工人，这样可提高工作效率。每坯混凝土厚度可控制在 30m 左右。

相关知识点 4：胸墙施工

胸墙施工在闸墩浇筑后、工作桥浇筑前进行，全部重量由底梁及下面的顶撑承受。下梁下面立两排排架式立柱，以顶托底板。立好下梁底板并固定后，立圆角板再立下游面板，然后吊线控制垂直；接着安放围囹及撑木，使其临时固定在下游立柱上，待下梁及墙身扎铁后再而上立上游面模板，而后立下游面板及顶梁。模板用围囹和对销螺栓与支撑脚手相连接。

胸墙多属板梁式简支薄壁构件，在立模时先立外侧模板，等钢筋安装后再立内侧模板，注意胸墙与闸门顶止水设备的安装。

相关知识点 5：闸门槽施工

采用平面闸门的中小型水闸，在闸墩部位都设有门槽。为了减小启闭门力及闸门封水，门槽部分的混凝土中需埋设导轨等铁件，如滑动导轨、主轮、侧轮及反轮导轨、止水座等，这些铁件的埋设可采取预埋及留槽后浇两种办法。小型水闸的导轨铁件较小，可在闸墩立模时将其预先固定在模板的内侧，如图 8-2-6 所示。闸墩混凝土浇筑时，导轨等铁件即浇入混凝土中。

由于大中型水闸导轨较大、较重，在模板上固定较为困难，宜采用预留槽浇二期混凝土的施工方法。浇筑一期混凝土时，在门槽位置留出一个较门槽宽的槽位，并在槽内预埋一些开脚螺栓或插筋，作为安装导轨的固定埋件，如图 8-2-7 所示。一期混凝土达到一定强度后，需用凿毛的方法对施工缝认真处理，以确保二期混凝土与一期混凝土的结合。

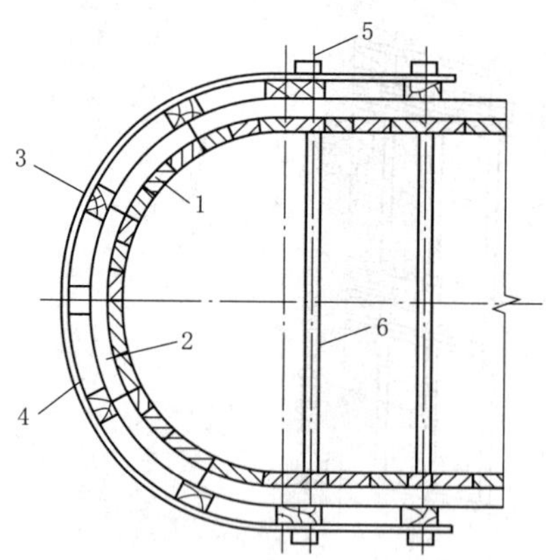

图 8-2-6 导轨预先埋设方式

1—面板；2—板带；3—垂直围囹；4—钢环；5—螺栓；6—撑管

安装平面闸门的导轨之前，要对基础螺栓进行校正，再将导轨初步固定在预埋螺栓或钢筋上，然后利用垂球逐点校正，使其铅直无误，最终固定并安装模板。模板安装应随混凝土浇筑逐步进行。

弧形闸门的导轨安装，需在预留槽两侧先设立垂直闸墩侧面并能控制导轨安装垂直度的若干对称控制点。再将校正好的导轨分段与预埋的钢筋临时点焊接数点，待按设计坐标位置逐一校正无误，并根据垂直平面控制点，用样尺检验调整导轨垂直度后，焊接牢固，如图 8-2-8 所示。

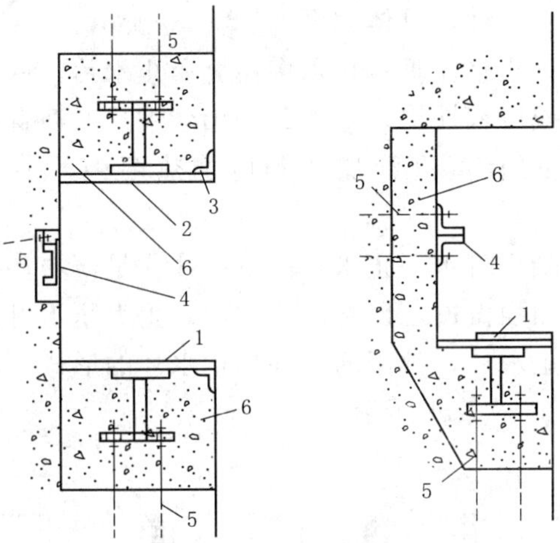

(a) 平面滚轮闸门的门槽　(b) 平面滑动闸门的门槽

图 8-2-7　门槽二期混凝土

1—主轮或滑动导轨；2—反轮导轨；3—侧水封座；4—侧导轨；5—预埋基础螺栓；6—二期混凝土

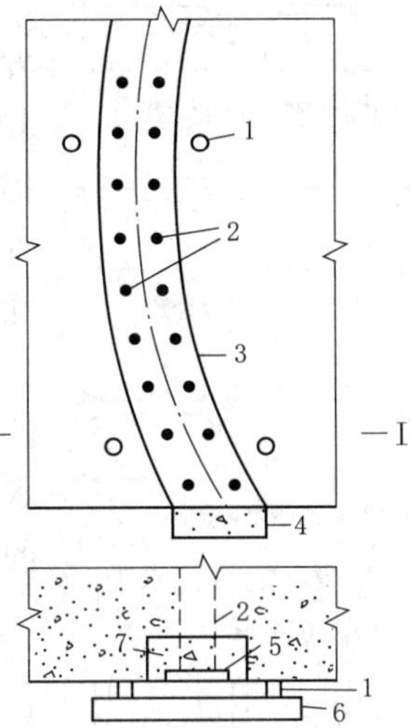

Ⅰ—Ⅰ剖面

图 8-2-8　弧形闸门侧轨安装

1—垂直平面控制点；2—预埋钢筋；3—预留槽；4—地坎；5—侧轨；6—样尺；7—门槽二期混凝土

导轨就位后即可立模浇筑二期混凝土。浇筑二期混凝土时，应采用较细骨料混凝土，并细心振捣，不要振动已装好的金属构件。门槽较高时，不要直接从高处下料，可以分段安装和浇筑。二期混凝土拆模后，应对埋件进行复测，并做好记录，同时检查混凝土表面尺寸，清除遗留的杂物、钢筋头，以免影响闸门启闭。

▶ 8-1

相关知识点 6：接缝及止水施工

1. 接缝

为了适应地基的不均匀沉降和伸缩变形，在水闸设计中均设置温度缝与沉陷缝，并常用沉陷缝代温度缝作用。缝有垂直和水平两种，缝宽一般为 1.0～2.5cm。缝中填料及止水设施，在施工中应按设计要求确保质量。

常用的填充材料有沥青油毛毡、沥青杉木板及沥青芦席等。其安装方法有以下两种：将填充材料用铁钉固定在模板内侧，铁钉不能完全钉入，至少要留有 1/3，再浇混凝土，拆模后填充材料即可贴在混凝土上；先在缝的一侧立模浇混凝土并在模板内侧预先钉好安装填充材料的铁钉数排，使铁钉的 1/3 留在混凝土外面，然后安装填料，敲弯钉尖，使填料固定在混凝土面上。可借固定模板用的预制混凝土块和对销螺栓夹紧，使缝墩处填充材料竖立平直。

2. 止水施工

凡位于防渗范围内的缝，都有止水设施。止水设施分为水平止水和垂直止水两种。

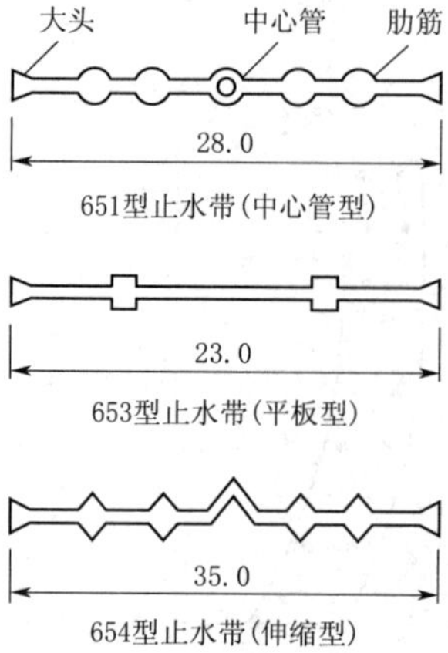

图 8-2-9　塑料止水带
（单位：cm）

（1）水平止水。水闸的水平止水大都采用塑料止水带（图 8-2-9）或橡胶止水带，其安装与沉陷缝填料的安装方法一样也有两种，具体如图 8-2-10 所示。

（2）垂直止水。垂直止水多用金属止水片，一般可用铝片、镀锌或镀铜铁皮，重要部分用紫铜片。沥青井内沥青的加热方式有蒸汽管加热和电加热两种，多采用电加热。

浇筑混凝土时水平止水片的下部往往是薄弱环节，应注意铺料并加强振捣，以防形成空洞。垂直止水可以用止水带或金属止水片，常用沥青井加止水片的形式，其施工的方法如图 8-2-11 所示。

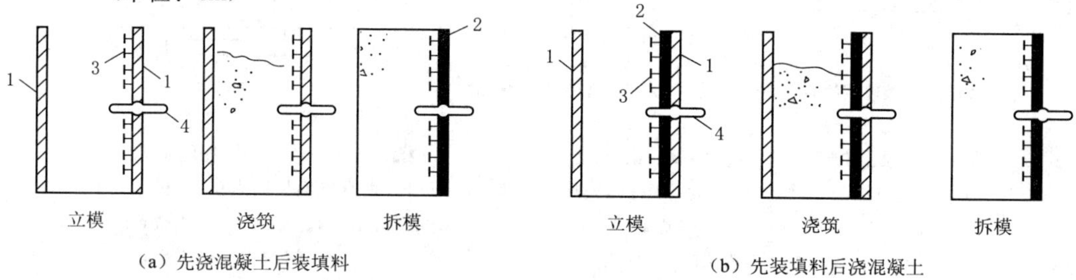

图 8-2-10　水平止水安装示意图
1—模板；2—填料；3—铁钉；4—止水带

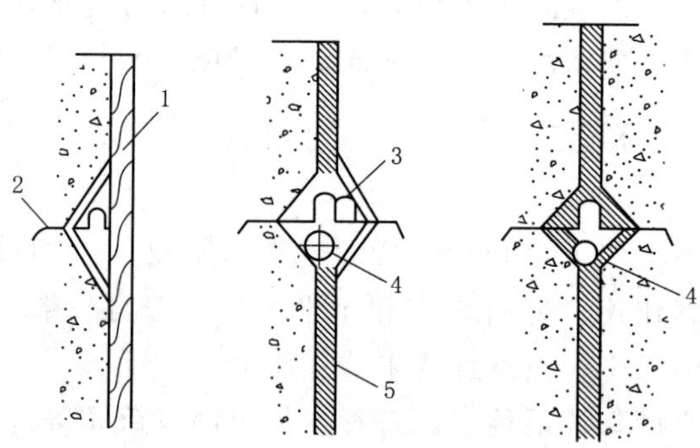

图 8-2-11　垂直止水施工过程示意图
1—模板；2—金属止水片；3—预制混凝土块；4—灌热沥青；5—填料

【任务实施】

（1）水闸混凝土分缝与分块。

引导问题 1：

混凝土水闸常根据__________、__________将其分为许多结构块。

引导问题 2：

简述水闸浇筑块的浇筑应遵循的原则。

____

____

____

(2) 底板施工。

引导问题 3：

简述底板立模过程。

____

____

____

引导问题 4：

底板混凝土浇筑时应当注意______________________

____

____。

引导问题 5：

简述底板施工过程。

____

____

____

(3) 闸墩施工。

引导问题 6：

水闸闸墩的特点是__________大、__________薄、模板安装__________。

引导问题 7：

简述闸墩模板安装程序。

____

____

____

引导问题 8：

翻模施工过程：______________________________

____

____。

(4) 胸墙施工。

引导问题 9：

闸墩立胸墙槽模板时应注意______________________

____

____。

(5) 闸门槽施工。

引导问题 10:

闸门的导轨如何安装?

____

____

____

(6) 接缝及止水施工。

引导问题 11:

为了适应地基的__________和__________，在水闸设计中均设置温度缝与沉陷缝。

引导问题 12:

缝有__________和__________两种。

引导问题 13:

止水设施分__________和__________两种。

引导问题 14:

水平止水工作过程：______________________________

______________________________。

引导问题 15:

简述混凝土浇筑顺序及注意事项。

____

____

____

【评价反馈】

综 合 评 价 表

项目（　） 任务（　）：__________					
班级		姓名		组号	
评价项目	分值	自我评价得分	小组互评得分	教师评价得分	综合得分
按时出勤	10				
学习准备	10				
学习态度	10				
任务是否按时完成	15				
任务完成准确率	15				
参与讨论主动性	10				
沟通协调能力	10				
语言表达能力	10				
安全、文明、规范施工意识	10				
合 计	100				

任务3 渡 槽 施 工

【案例背景】

长留娄高速某标某水渠共有渡槽 4 处，总长度为 410m，每跨跨度为 10m。4 处渡槽全部位于路基主线右侧红线外。渡槽上部是矩形预制渡槽，墩、台均采用扩大基，槽墩为柱式。

考虑到农田灌溉和雨季施工对总工期的影响，必须马上施工渡槽。为节约时间和受施工便道的制约，排架墩和槽身采取就地预制的方法。总体施工顺序为：先进行桥台基础、桥墩基础施工，再进行桥台台身施工。排架墩和渡槽在现场预制，待混凝土龄期达到要求、预制工作完毕后，进行排架墩和槽身吊装工作；最后进行接口处理及内壁处理工程。基础开挖采用潜孔钻机钻孔，爆破作业，空压机采用移动式柴油空压机，吊装作业采用两台 25t 汽车吊进行；混凝土拌制利用拌和站进行，混凝土罐车运输，施工钢筋由拌和场钢筋处统一加工。

【学习目标】

1. 了解不同形式槽身的预制过程，掌握装配式渡槽施工的过程及要求。
2. 能够根据实际情况制定渡槽的施工方案。
3. 引导学生严格按照规范进行施工的意识。

【任务分组】

学 生 任 务 分 配 表

班级		姓名		学号	
组号		本人任务		指导老师	
其他小组成员					
姓名	学号	任务分工	姓名	学号	任务分工

【任务准备】

渡槽是输送水流跨越渠道、河流、道路、山川、谷口等的架空输水建筑物。当挖方渠道与冲沟相交时，为避免山洪及泥沙入渠，还可在渠道上面修建排洪渡槽，用来排泄冲沟来水及泥沙。

渡槽由槽身、支承结构、基础及进出口建筑物等部分组成，如图 8-3-1 所示。槽身置于支承结构上，槽身重及槽中水重通过支承结构传给基础，再传至地基。

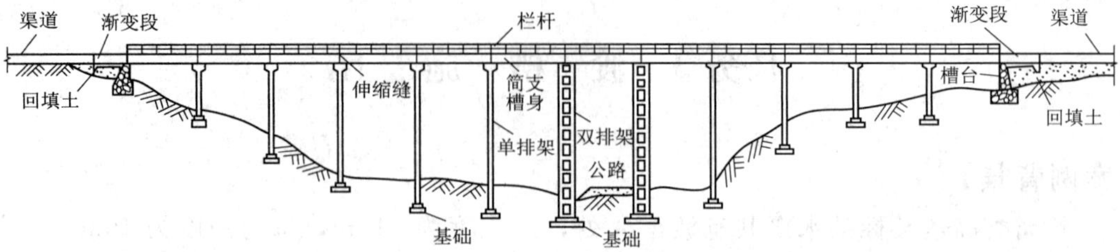

图 8-3-1 梁式渡槽纵剖面图

渡槽一般适用于渠道跨越深宽河谷且洪水流量较大、渠道跨越广阔滩地或洼地等情况。它比倒虹吸管水头损失小，便利通航，管理运用方便，是交叉建筑物中采用最多的一种形式。

相关知识点 1：渡槽的类型

渡槽根据其支承结构的情况，分为梁式渡槽和拱式渡槽两大类。

1. 梁式渡槽

梁式渡槽槽身置于槽墩或排架上，其纵向受力和梁相同，故称梁式渡槽。槽身在纵向均匀荷载作用下，一部分受压，一部分受拉，故常采用钢筋混凝土结构。

为了节约钢筋和水泥，还可采用预应力钢筋混凝土及钢丝网水泥结构，跨度较小的槽身也可用混凝土建造。

梁式渡槽的槽身根据其支承位置不同，可分为简支梁式（图 8-3-1）、双悬臂梁式［图 8-3-2（a)］、单悬臂梁式［图 8-3-2（b)］三种形式。

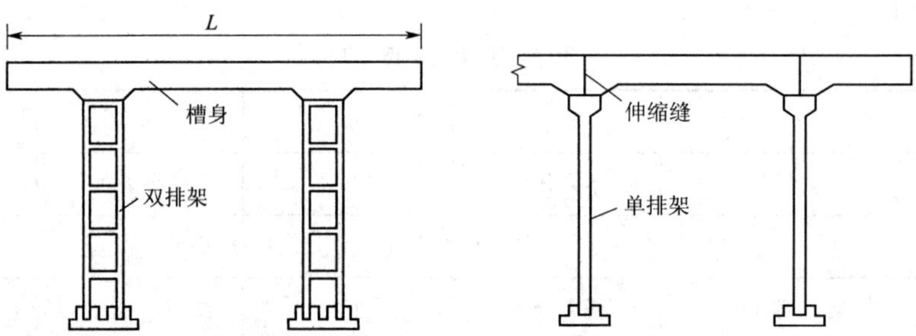

（a）双悬臂梁式 （b）单悬臂梁式

图 8-3-2 悬臂梁式渡槽

（1）简支梁式渡槽。简支梁式渡槽的优点是结构简单、施工吊装方便、接缝处止水构造简单，缺点是跨中弯矩较大、底板受拉、对抗裂防渗不利。其常用跨度是 8～15m，经济跨度大约为墩架高度的 0.8～1.2 倍。

（2）双悬臂梁式渡槽。根据悬臂长度的不同，其又可分为等跨双悬臂式和等弯矩双悬臂式。

等跨双悬臂式，在纵向受力时，其跨中弯矩为零，底板承受压力，有利于抗渗。等弯矩双悬臂式，跨中弯矩与支座弯矩相等，结构受力合理，但需上下配置受力筋及构造筋，总配筋量常大于等跨双悬臂式，不一定经济，且由于跨度不等，对墩架工作不利，故应用不多。双悬臂梁式渡槽因跨中弯矩较简支梁小，每节槽身长度可为25～40m，但其重量大，整体预制吊装困难，当悬臂顶端变形或地基产生不均匀沉陷时，接缝处止水容易被拉裂。

(3) 单悬臂梁式渡槽。单悬臂梁式渡槽一般在靠近两岸的槽身或双悬臂梁式向简支梁式过渡时采用。

2. 拱式渡槽

槽身置于拱式支承结构上的渡槽，称为拱式渡槽。拱式渡槽的主要承重结构是拱圈。槽身通过拱上结构将荷载传给拱圈，它的两端支承在槽墩或槽台上。拱圈的受力特点是承受以压力为主的内力，故可应用石料或混凝土建造，并可用于较大的跨度。但拱圈对支座的变形要求严格，跨度较大的拱式渡槽应建筑在比较坚固的岩石地基上，如图8-3-3所示。

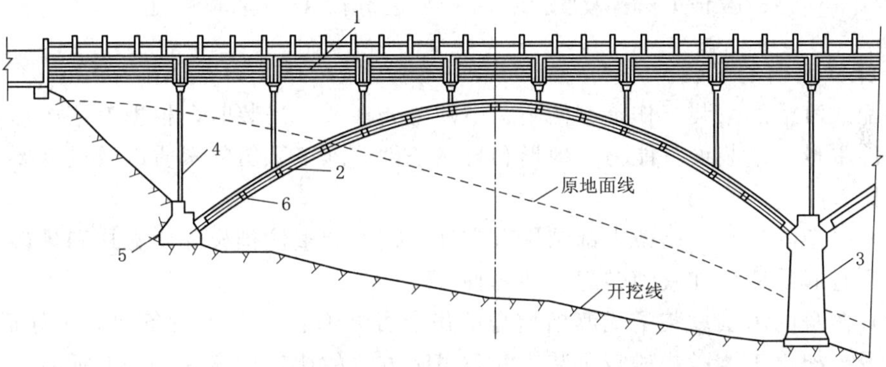

图8-3-3 拱式渡槽

1—槽身；2—肋拱；3—槽墩；4—排架；5—拱座；6—横系梁

相关知识点2：装配式渡槽施工

装配式渡槽施工包括预制和吊装两个施工过程。

1. 构件的预制

(1) 槽架的预制。槽架是渡槽的支撑构件。为了便于吊装，一般选择在靠近槽址的场地预制。预制的方式有地面立模和砖土胎模两种。

1) 地面立模。在平坦夯实的地面上用水泥、黏土、砂浆（1∶3∶8）抹面，厚约1cm，压抹光滑作为底模，立上侧模后就地浇制。拆模后，当强度达到70%时，即可移出存放，以便重复利用场地。

2) 砖土胎模。砖土胎模的底模和侧模均采用砌砖或实土做成。与构件的接触面用水泥黏土、砂浆抹面，并涂上脱模剂即可。使用土模应做好四周的排水工作。

(2) 槽身的预制。为便于预制后直接吊装，整体槽身预制宜在两排架之间或排架一侧进行。槽身的方向可以垂直或平行于渡槽的纵向轴线，根据吊装设备和方法而定。要避免因预制位置选择不当而在起吊时发生摆动或冲击现象。

U形薄壳梁式槽身的预制，有正置和反置两种浇筑方式。正置浇筑是槽口向上，优点是内模板拆除方便，吊装时不需翻身，但底部混凝土不易捣实，适用于大型渡槽或槽身不便翻身的工地。反置浇筑是槽口向下，优点是捣实较易，质量容易保证，且拆模快、用料少等，缺点是增加了翻身的工序。

矩形槽身，可以整体预制，也可以分块预制。中小型工程，槽身预制可采用砖土材料制模，如图 8-3-4 所示。

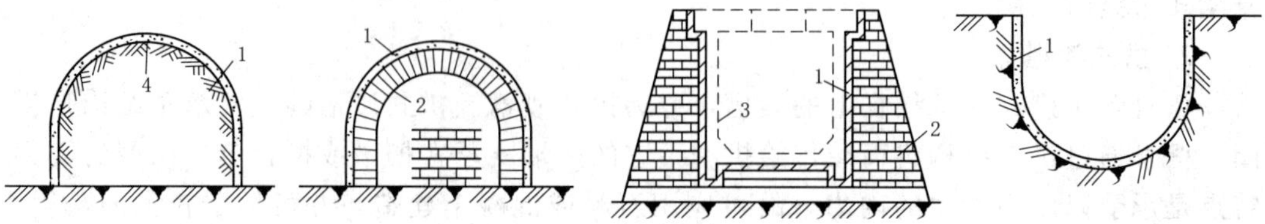

（a）反置土内模　（b）反置砖内模　（c）正置砖外模　（d）正置土外模

图 8-3-4　砖土材料制模

1—1∶4 水泥砂浆层厚 3～5mm；2—砖砌体；3—槽身；4—填土

2. 梁式渡槽的吊装

装配式渡槽的吊装工作是渡槽施工中的主要环节。吊装时，根据渡槽的形式、尺寸、构件重量、吊装设备能力、地形和自然条件、施工队伍的素质以及进度要求等进行分析比较。

（1）槽架的吊装。槽架下部结构有支柱、横梁和整体排架等。支柱和排架的吊装通常有垂直起吊插装和就地转起立装两种。

（2）槽身的吊装。装配式渡槽槽身的吊装方式有：①起重设备架立于地面吊装；②起重设备架立于槽墩或槽身吊装。两类吊装方法的比较如表 8-3-1 所示。

表 8-3-1　梁式槽身吊装方法的比较

项目	起重设备架立于地面	起重设备架立于槽墩或槽身
优点	1）起重设备在地面上进行组装、拆除，工作比较便利； 2）设备立足于地面，比较稳定安全	1）起重设备架立在槽墩上或已安装好的槽身上进行吊装，不受地形的限制； 2）起重设备的高度不大，降低了制造设备的费用
缺点	1）起吊高度大，因而增加了起重设备的高度； 2）易受地形的限制，特别是在跨越河床水面时，架立和移动设备更为困难	1）起重设备的组装、拆除均为高空作业，较地面进行困难； 2）有些吊装方法还使已架立的槽架产生很大的偏心荷载，必须加强槽架结构和基础
适用范围	适用于起吊高度不大和地形比较平坦的渡槽吊装工作	这类吊装方法的适用性很强，在吊装渡槽工作中采用广泛
采用的吊装起重机或起重机构	可利用扒杆成对组成扒杆抬吊、龙门扒杆、摇臂扒杆或缆索起重机进行吊装。此外，履带式起重机，汽车式起重机等均可应用	在槽墩上架立 T 形钢塔、门形钢塔进行吊装；在槽墩上利用推拖式吊装进行整体槽身架设；在槽身上设置摇头扒杆和双人扒杆吊装槽身等已被广泛采用

起重设备架立在地面上吊装槽身的方法如图 8-3-5 所示。

起重设备架立在槽身或槽墩上吊装槽身方法如图 8-3-6 所示。

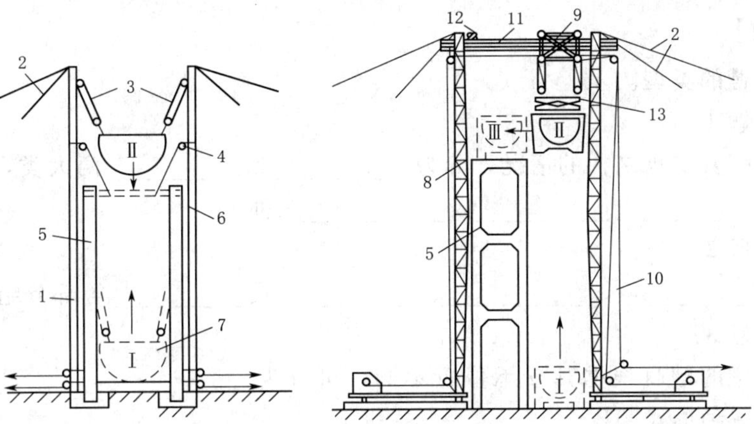

（a）独脚扒杆抬吊　　（b）龙门架抬吊

图 8-3-5　地面吊装槽身示意图

1—扒杆；2—缆绳；3—主滑车组；4—副滑车组；5—排架；6—枕头木；7—预槽身位置；8—龙门架；9—行车；10—行车控制索；11—横梁；12—行车止动块；13—蝴蝶铰

Ⅰ、Ⅱ、Ⅲ—槽身吊装过程

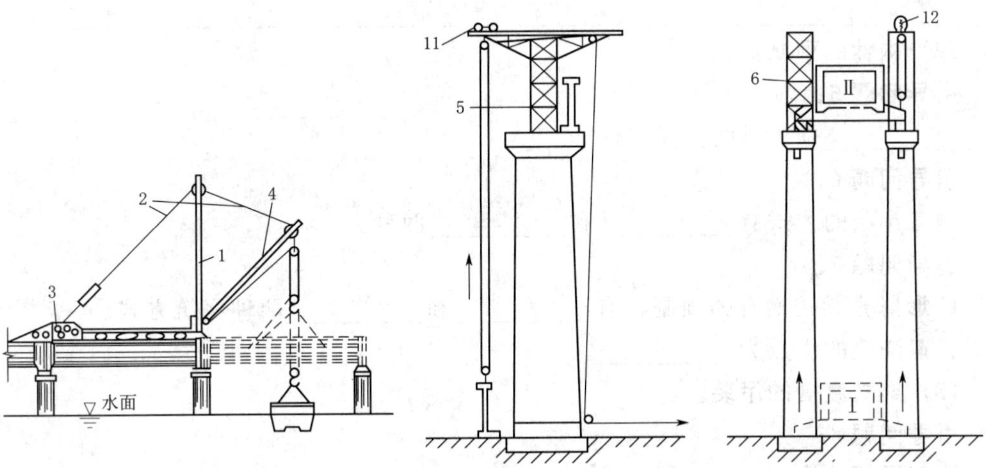

（a）双人字扒杆吊槽身法　　（b）T形钢梁抬吊槽身法　　（c）门形钢架抬吊槽身法

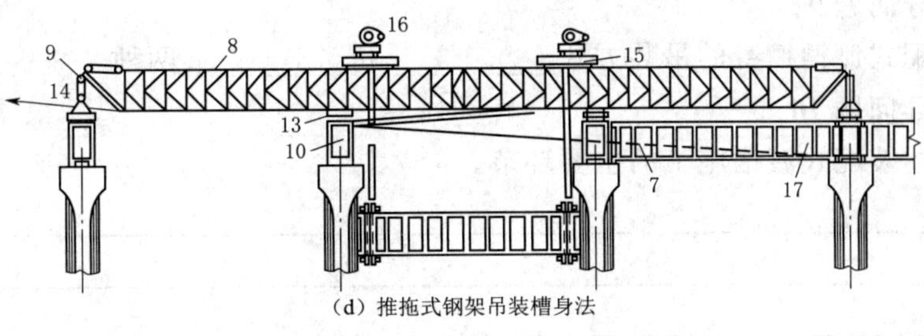

（d）推拖式钢架吊装槽身法

图 8-3-6　在槽身或槽墩吊装示意图

1—钢管人字架；2—钢拉杆；3—起重卷扬机；4—人字形起重臂；5—T 形钢架；6—门形钢架；7—推拖索；8—钢架；9—扒杆；10—现浇短槽身；11—推拖定滑车；12—承重工字架；13—滚轮托架；14—牵引绳；15—平移装置底盘；16—平移小车；17—卷扬机

【任务实施】

（1）渡槽的类型。

引导问题 1：

渡槽根据其支承结构的情况，分为＿＿＿＿＿＿和＿＿＿＿＿＿两大类，根据施工方法，分为＿＿＿＿＿＿、＿＿＿＿＿＿及＿＿＿＿＿＿三种。

引导问题 2：

渡槽由＿＿＿＿＿＿、＿＿＿＿＿＿、＿＿＿＿＿＿及＿＿＿＿＿＿等部分组成。

引导问题 3：

梁式渡槽的槽身根据其支承位置不同，可分为＿＿＿＿＿＿＿、＿＿＿＿＿＿＿＿、＿＿＿＿＿三种形式。

引导问题 4：

比较梁式渡槽、拱式渡槽的优缺点。

＿＿

＿＿

＿＿

（2）构件的预制。

引导问题 5：

＿＿＿＿＿＿是渡槽的支撑构件。

引导问题 6：

槽身预制的方式有＿＿＿＿＿＿和＿＿＿＿＿＿两种。

引导问题 7：

U 形薄壳梁式槽身的预制，有＿＿＿＿＿＿和＿＿＿＿＿＿两种浇筑方式。

正置浇筑的优点为＿＿＿＿＿＿。

（3）梁式渡槽的吊装。

引导问题 8：

槽架下部结构有＿＿＿＿＿＿、＿＿＿＿＿＿和＿＿＿＿＿＿。

引导问题 9：

装配式渡槽槽身的吊装方式＿＿＿＿＿＿和＿＿＿＿＿＿两种。

引导问题 10：

简述装配式渡槽施工的主要环节。

＿＿

＿＿

＿＿

引导问题 11：

分析梁式渡槽吊装时应注意哪些因素。

＿＿

＿＿

【评价反馈】

综 合 评 价 表

项目（ ） 任务（ ）：________________

班级		姓名		组号	
评价项目	分值	自我评价得分	小组互评得分	教师评价得分	综合得分
按时出勤	10				
学习准备	10				
学习态度	10				
任务是否按时完成	15				
任务完成准确率	15				
参与讨论主动性	10				
沟通协调能力	10				
语言表达能力	10				
安全、文明、规范施工意识	10				
合 计	100				

任务4　泵　站　施　工

【案例背景】

杭州八堡排水泵站位于杭州钱塘区下沙街道头格社区京杭运河二通道一线船闸东侧。该工程是扩大杭嘉湖南排工程子项目，列入了国务院确定的172项重大节水供水工程，也是护航亚运的城市防洪排涝标志性工程。工程为Ⅰ等工程，主要由上游引河、进水池、泵站、出水池、排水箱涵、挡潮排水闸、月雅河节制闸、管理房、室外景观等工程组成。泵站设计排涝流量200m^3/s，选用5台50m^3/s斜式轴流泵组（其中1台备用），单机功率3800kW，全力运转1d，可抽掉1.8个西湖，在2023年亚运会前建成并发挥作用，有效解决杭州主城区涝水外排问题，提高杭嘉湖流域和区域防洪排涝与水资源配置能力。

【学习目标】

1. 掌握泵房各部分结构的施工要求。
2. 能够根据泵房各结构的施工要求完成施工。
3. 通过学习泵站各部分的施工过程，引导学生严格按照规范进行施工的意识。

【任务分组】

学生任务分配表

班级		姓名		学号	
组号		本人任务		指导老师	
其他小组成员					
姓名	学号	任务分工	姓名	学号	任务分工

【任务准备】

泵站主要由泵房、进出水建筑物、管道及变电站等组成，如图8-4-1所示。泵房内安装有水泵、传动装置和动力机组组成的机组，还有辅助设备和电气设备等。进出水建筑物主要有取水、引水设施以及进水池和出水池（水塔）等。泵站的管道包括进水管和出水管。进水管把水源和水泵口连接起来，出水管则是连接水泵出口和出水池的管道。泵站运行时，水流即可通过进水建筑物和进水管进入水泵，通过水泵加压后，将水流送往出水池（水塔）或管网，从而达到提水或输水的目的。

对于泵房钢筋混凝土的施工，应做好施工措施设计。施工单位必须按照施工措施设计中拟定的混凝土浇筑强度要求，备足施工机械和劳力，做好混凝土配合比试验和

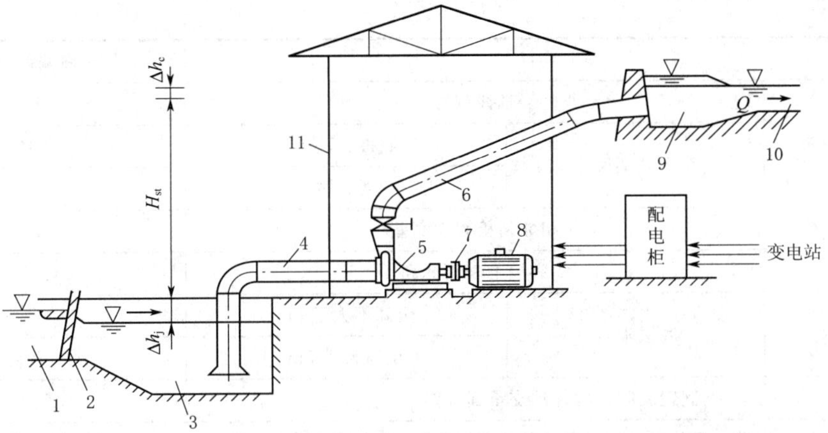

图 8-4-1 泵站

1—水渠；2—拦污栅；3—进水池；4—进水管；5—水泵；6—出水管；7—传动装置；8—电动机；9—出水池；10—干渠；11—泵房

有关的技术准备工作。

泵房水下混凝土宜整体浇筑。对于安装大、中型立式机组的泵房工程，可按泵房结构兼顾进、出水流道的整体性设计分层，由下至上分层施工。层面应平整。如出现高低不同的层面，应设斜面过渡段。

泵房浇筑，在平面上一般不再分块。如泵房较长，需分期分段浇筑，应以永久伸缩缝为界面，划分数个浇筑单元施工。泵房挡水墙围护结构不宜设置垂直施工缝。泵房内部的机墩、隔墙、楼板、柱、墙外启闭台、导水墙等，可分期浇筑。

相关知识点1：泵房底板施工

泵房底板地基，必须经过工程验收合格，才能进行混凝土施工。

地基面上宜先浇一层素混凝土垫层，其厚度可为80～100mm，混凝土强度不应低于C10，垫层混凝土面积应大于底板的面积，以利施工，避免搅动地基土。模板制作和安装的允许偏差，应按表8-4-1的规定执行。

底板上、下层钢筋骨架网应使用有足够强度和稳定性的柱掌。柱掌可为钢柱或混凝土预制柱。应架设与上部结构相连接的插筋，插筋与上部钢筋的接头应错开。

制作和安装钢筋的允许偏差应按表8-4-2和表8-4-3的规定执行。

表8-4-1　制作和安装模板的允许偏差

项目		允许偏差/mm
木模制作	模板长度和宽度	±3
	相邻两板表面高差	1
	平面刨光模板局部不平（用2m直尺检查）	3
钢模板制作	模板长度和宽度	±2
	模板表面局部不平（用2m直尺检查）	2
	连接配件的孔眼位置	±1

续表

<table>
<tr><td colspan="3">项 目</td><td>允许偏差/mm</td></tr>
<tr><td rowspan="7">模板安装</td><td colspan="2">轴线位置</td><td>5</td></tr>
<tr><td rowspan="2">截面内部尺寸</td><td>底板、基础</td><td>+10</td></tr>
<tr><td>墙、墩</td><td>±5</td></tr>
<tr><td colspan="2">相邻两板表面高差</td><td>2</td></tr>
<tr><td colspan="2">底模上表面标高</td><td>±5</td></tr>
<tr><td rowspan="2">底层垂直</td><td>全高不大于5m</td><td>6</td></tr>
<tr><td>全高大于5m</td><td>8</td></tr>
<tr><td colspan="3">搁置装配式构件的支承面标高</td><td>+2，−5</td></tr>
<tr><td colspan="3">门槽、门槛、流道、深井筒式的泵房及其他有特殊要求的模板制作和安装</td><td>按设计要求确定</td></tr>
</table>

注 1. 一般钢筋混凝土梁、柱的模板允许偏差应按《混凝土结构工程施工及验收规范》(GB 50204—2015) 的有关规定执行。

2. 定型组合钢模板的使用，除满足本表规定外，尚应参照相应标准执行。

表 8-4-2　　加工后的钢筋允许偏差

项 目	允许偏差/mm
受力钢筋顺长度方向全长净尺寸	±10
钢筋弯起点位置	±20
箍筋各部分长度	±5

表 8-4-3　　钢筋安装位置和保护层的允许偏差

<table>
<tr><td colspan="2">项 目</td><td>允许偏差/mm</td></tr>
<tr><td colspan="2">受力钢筋间距</td><td>±10</td></tr>
<tr><td colspan="2">分布钢筋间距</td><td>±20</td></tr>
<tr><td colspan="2">箍筋间距</td><td>±20</td></tr>
<tr><td colspan="2">钢筋间距</td><td>±5</td></tr>
<tr><td colspan="2">钢筋弯起点位移</td><td>20</td></tr>
<tr><td rowspan="3">受力钢筋的保护层</td><td>底板、基础、墩、厚墙</td><td>±10</td></tr>
<tr><td>薄墙、梁和流道</td><td>−5，+10</td></tr>
<tr><td>桥面板、楼板</td><td>−3，+5</td></tr>
</table>

钢筋混凝土预制桩中柱的结构与配筋应合理。混凝土的标准强度应与浇筑部位相同。柱的表面应凿毛，且洗刷干净。柱在现场使用时应支承稳定。应处理好柱周边和柱顶面的混凝土，防止渗透现象。

混凝土浇筑前应全面检查准备工作，经验收合格后，才能开盘浇筑。混凝土应分层连续浇筑，不得斜层浇筑。如果浇筑仓面较大，可采用多层阶梯推进法浇筑，其上、下两层前后距离不宜小于1.5m，同层的接头部位应充分振捣，不得漏振。

在斜面基底上浇筑混凝土时，应从低处开始，逐层升高，并采取措施保持水平分层，防止混凝土向低处流动。混凝土浇筑过程中，应及时清除黏附在模板、钢筋、止水片和预埋件上的灰浆。混凝土表面泌水过多时，应及时采取措施，设法排去仓内积水，但不得带走灰浆。混凝土表面应抹平、压实、收光，防止松顶和干缩裂缝。

相关知识点2：泵房楼层结构

楼层混凝土结构墩、墙、柱底端的施工缝宜设在底板或基础老混凝土顶面，其上端施工缝宜设在楼板或大梁的下面，中部如有与其嵌固连接的楼层板、梁或附墙楼梯等需要分期浇筑，其施工缝的位置及插筋、嵌槽应同设计单位商定。

与板连成整体的大断面梁，宜整体浇筑。如需分期浇筑，其施工缝宜设在板底面以下20～30mm处，当板下有梁托时，应设在梁托下面。有主、次梁的楼板，施工缝应设在次梁跨中1/3范围内。单向板施工缝宜平行于板的长边。双向板、多层钢架及其他结构复杂的施工缝位置，应按设计要求留置。

模板及支架、脚手架应有足够的支承面积和可靠的防滑措施。杆件节点应连接牢固。下层模板应达到足够的强度或支撑、支架能承受上、下层全部荷载。采用桁架支模时，其支撑结构必须有足够的强度和刚度。上、下层支架的立柱应对准，并应铺设垫板。

墩、墙、柱的模板，宜用对拉螺栓固定；隔水墙、胸墙、流道及其他有防渗要求的部位，其使用的螺栓不宜加套管。拆模后，应将螺杆两端外露段和深入保护层部分截除，并用与结构同质量的水泥砂浆填实抹光，螺栓中必要时可加焊截渗钢板。

混凝土的配合比和骨料选择，应根据设计要求和结构物的大小确定，且应符合规范。隔水墙、胸墙、水池等有防渗要求的构筑物，其厚度小于400mm者，应配制防水混凝土。防水混凝土的水泥用量不宜小于300kg/m^3，砂率应适当加大，且宜选掺防水外加剂，其配合比应由试验确定。浇筑较高的墩、墙、柱混凝土时，必须使用溜筒、导管等工具，将拌好的混凝土徐徐灌入；对于断面狭窄、钢筋较密的薄墙、柱等结构物，可在两侧模板的适当部位，均匀地布置一些便于进料和振捣的扁平窗口。随着浇筑面积的上升，窗口应及时完善封堵。浇筑与墩、墙、柱连成整体的梁和板时，应在墩、墙、柱浇筑完毕后停歇0.5～1h，使其初步沉实，再继续进行。浇筑混凝土时应指派专人负责检查模板和支架，发现有变形迹象，应及时加固纠正；发现模板漏浆或仓内积水，应分别堵浆和处理。泵房建筑施工应保证下部结构的安全，有合理的施工方案和技术措施。

【任务实施】

(1) 泵房底板施工。

引导问题1：

施工时，地基面上应先浇一层__________，厚度要求__________，混凝土强度要求__________。

引导问题 2：

浇筑时应注意：____。

（2）泵房楼层结构。

引导问题 3：

楼层混凝土结构墩、墙、柱底端的施工缝宜设在__________或基础老混凝土顶面。

引导问题 4：

墩、墙、柱的模板，宜用__________固定。

引导问题 5：

泵房施工工艺顺序：____。

引导问题 6：

简述泵站的结构组成及其施工流程。

____

【评价反馈】

综合评价表

项目（　　）　　任务（　　）：________					
班级		姓名		组号	
评价项目	分值	自我评价得分	小组互评得分	教师评价得分	综合得分
按时出勤	10				
学习准备	10				
学习态度	10				
任务是否按时完成	15				
任务完成准确率	15				
参与讨论主动性	10				
沟通协调能力	10				
语言表达能力	10				
安全、文明、规范施工意识	10				
合　计	100				

任务5 倒虹吸施工

【案例背景】

位于河南境内的安阳河是海河流域卫河的第二大支流，安阳河渠道倒虹吸工程是南水北调中线工程的主要跨河建筑物之一，横跨安阳河河谷，南端与冲积平原相接，向北跨过河床、低漫滩及高漫滩，河谷呈U形，两岸不对称。工程河段河道弯曲，上游有一弯道，左岸有一天然节点，主流贴靠节点，至交叉工程处又摆至右岸，工程下游河道折转变窄，过南士旺村桥后复又放宽。该工程设计流量 $235m^3/s$，加大流量 $265m^3/s$，设计水头0.2m，设计水深7.0m。倒虹吸水平段165m，倒虹吸管身水平段投影长319.39m，两侧斜坡为1∶4的斜管。管身为箱形结构，总宽为24.9m。进口位于右岸一级阶地上，进口渠顶高程94.89m、渠底高程85.874m，出口布置在左岸河漫滩，出口渠顶高程94.69m、渠底高程85.674m。

【学习目标】

1. 了解倒虹吸的特点及适用条件，掌握倒虹吸管的布置形式，熟悉倒虹吸管的水力计算。
2. 能在渠系布置中合理布置倒虹吸管，进行简单的水力计算。
3. 培养学生积极探索新知识、新技术的主动学习能力。

【任务分组】

学生任务分配表

班级		姓名		学号	
组号		本人任务		指导老师	
其他小组成员					
姓名	学号	任务分工	姓名	学号	任务分工

【任务准备】

倒虹吸管是设置在渠道与河流、山沟、谷地、道路等相交处的压力输水建筑物。它与渡槽相比，具有造价低、施工方便的优点，但水头损失较大，运行管理不如渡槽方便。

相关知识点1：倒虹吸的特点及使用条件

倒虹吸管与渡槽相比，可省去支承部分，造价低廉，施工较方便；当埋于地下时，受外界温度变化影响小；属压力管流，水头损失较大；利于河道泄洪。其在小型工程中应用较多。

当渠道与障碍物间相对高差较小，不宜修建渡槽或涵洞时，或当渠道穿越的河谷宽而深，采用渡槽或填方渠道不经济时，可采用倒虹吸管。

相关知识点2：倒虹吸管的类型

倒虹吸管按管身断面形状分为圆形管、箱形管、拱形管。

圆形管具有水流条件好、受力条件好的优点，在工程实际中应用较广。

箱形管分矩形和正方形两种，可做成单孔或多孔。适用于低水头、大流量情况。

直墙正反拱形管的过流能力比箱形管大，主要用于平原河网地区的低水头、大流量和外水压力大、地基条件差的情况，其缺点是施工较麻烦。

相关知识点3：倒虹吸管的布置与构造

倒虹吸管一般由进口、管身和出口三部分组成。管路布置应根据地形、地质、施工、水力条件等分析确定。

总体布置的一般原则是：管身最短、岸坡稳定、管基密实，进出口连接平顺，结构合理。根据流量大小及运用要求，可采用单管、双管或多管。

1. 管路布置

根据管路埋设情况及高差大小，倒虹吸管的布置形式可分为以下几种。

(1) 竖井式。竖井式多用于压力水头较小（$H<3$m），穿越道路的倒虹吸。

进出口一般用砖石或混凝土砌筑成竖井。

竖井断面为矩形或圆形，其尺寸稍大于管身，底部设0.5m深的集沙坑，以沉积泥沙，并便于清淤及检修管路时排水。

管身断面一般为矩形、圆形或其他形式。

竖井式水力条件差，但施工比较容易，一般用于工程规模较小的倒虹吸管，如图8-5-1所示。

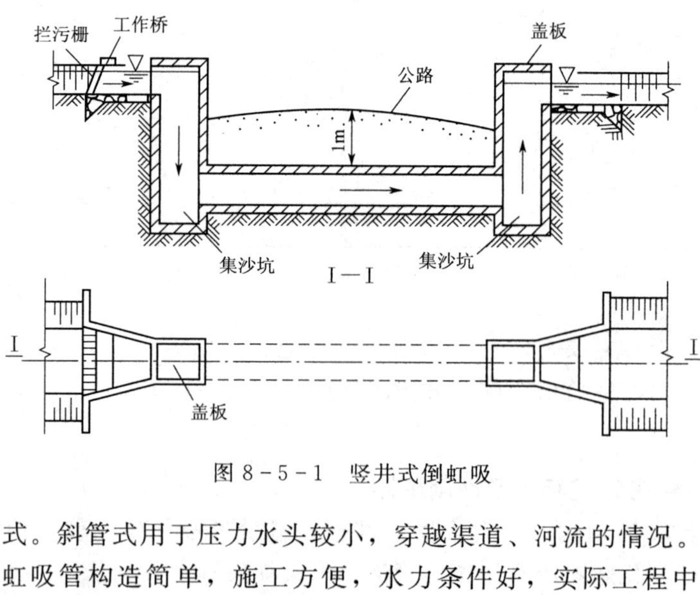

图8-5-1　竖井式倒虹吸

(2) 斜管式。斜管式用于压力水头较小，穿越渠道、河流的情况。

斜管式倒虹吸管构造简单，施工方便，水力条件好，实际工程中常采用，如图8-5-2所示。

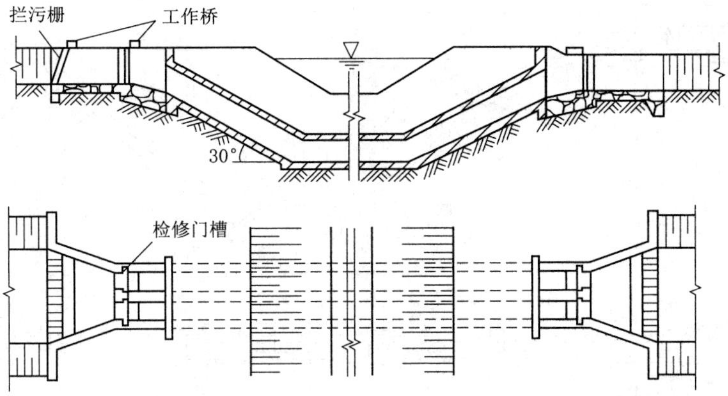

图 8-5-2 斜管式倒虹吸

(3) 曲线式。当岸坡较缓时，为减少施工开挖量，管道可随地面坡度铺设成曲线形。管身常为圆形的混凝土管或钢筋混凝土管，可现浇也可预制安装。管身一般设置管座。当管径较小且土基很坚实时，也可直接设在土基上。在管道转弯处应设置镇墩，并将圆管接头包在镇墩内。为了防止温度引起的不利影响，减小温度应力，管身常埋于地下，为减小工程量，埋置不宜过深。从已建倒虹吸管工程运行情况看，不少工程因温度影响或土基不均匀沉陷，管身裂缝，有的渗漏严重，危及工程安全，如图 8-5-3 所示。

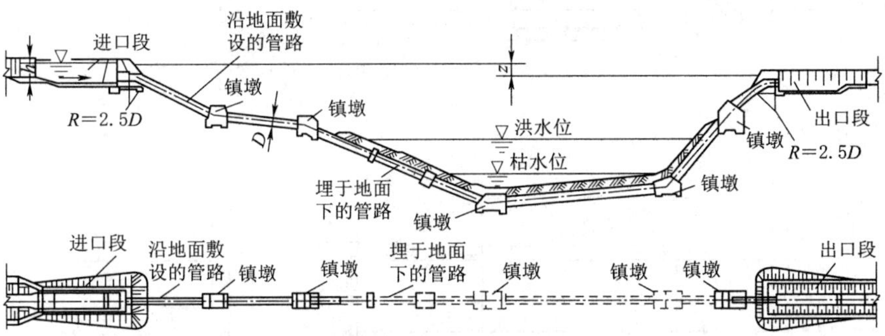

图 8-5-3 曲线式倒虹吸

(4) 桥式。当渠道通过较深的复式断面或窄深河谷时，为降低管道承受的压力水头，减少水头损失，缩短管身长度，便于施工，可在深槽部位建桥，管道铺设在桥面上或支撑在桥墩等支撑结构上。桥下应有足够的净空高度，以满足泄洪要求。在通航河道上应满足通航要求。管道在桥头山坡转弯处设置镇墩，并在镇墩上设置放水孔（也可兼作进入孔），以便于检查修理，如图 8-5-4 所示。

2. 进出口布置

(1) 进口段的布置。进口段包括进水口、拦污栅、闸门、启闭台、进口渐变段及沉沙池等。进口段的结构形式，应保证通过不同流量时管道进口处于淹没状态，以防止水流在进口段发生跌落、产生水跃而使管身振动。进口具有平顺的轮廓，以减少水

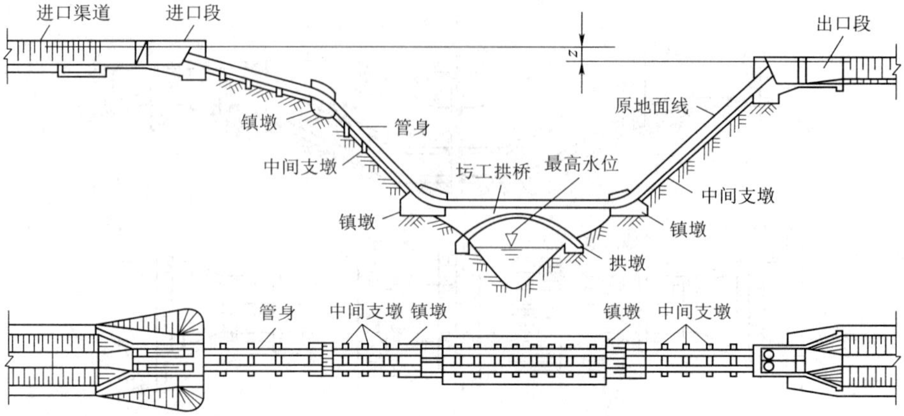

图 8-5-4　桥式倒虹吸

头损失，并应满足稳定、防冲和防渗等要求。

1）进口段应修建在较好、透水性小的地基上。当地基较差、透水性大时应做防渗处理。通常做 30～50cm 厚的浆砌石或做 15～20cm 的混凝土铺盖，其长度约为渠道设计水深的 3～5 倍。对于小型倒虹吸管，为了施工方便，一般将管身直接伸入挡水墙内，如图 8-5-5 所示。

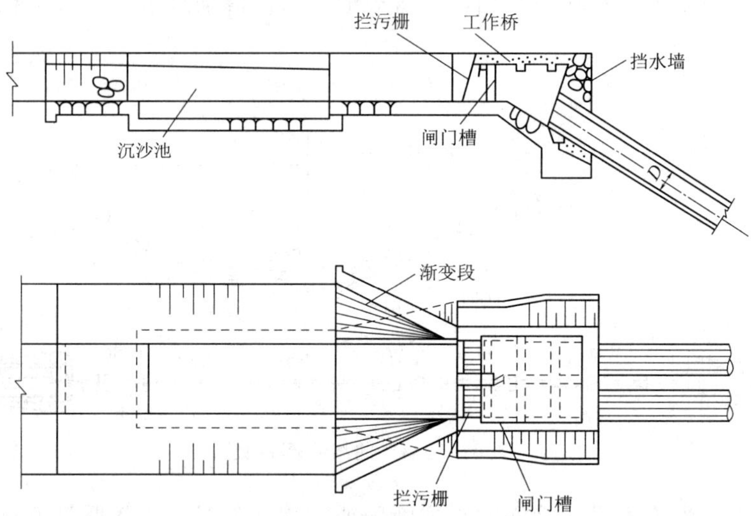

图 8-5-5　进口布置图

2）双管倒虹吸进口一般不设置闸门，通常在侧墙设闸门槽，以便在检修和清淤时使用，需要时临时安装插板挡水。当小流量时可减少输水管道的根数，以防止进口水位跌落，同时可增加管内流速，防止管道淤积，如图 8-5-6 所示。

闸门常用平板闸门或叠梁闸门。

3）为了防止漂浮物或人畜落入渠内被吸入倒虹吸管，需在闸门前设置拦污栅。拦污栅的布置应有一定的坡度，以增加过水面积和减少水头损失，常用坡度为 1/5～1/3。为了清污或启闭闸门可设工作桥或启闭台，如图 8-5-7 所示。

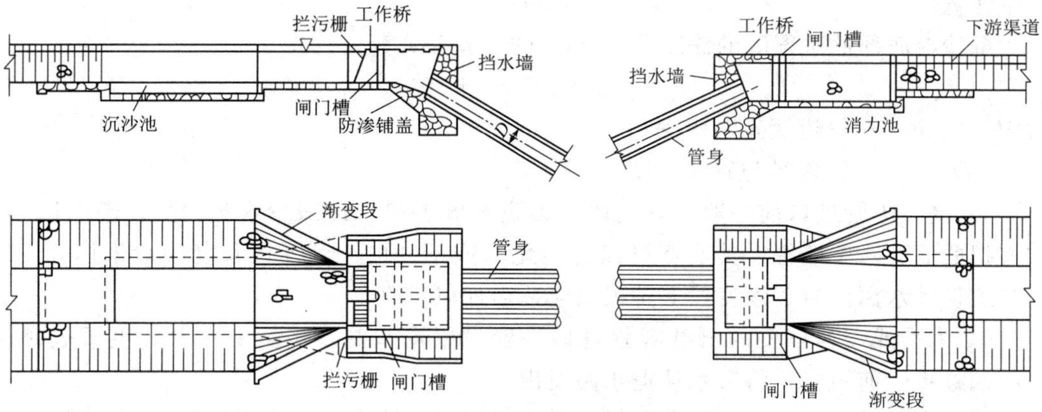

图 8-5-6 双管倒虹吸进出口布置图

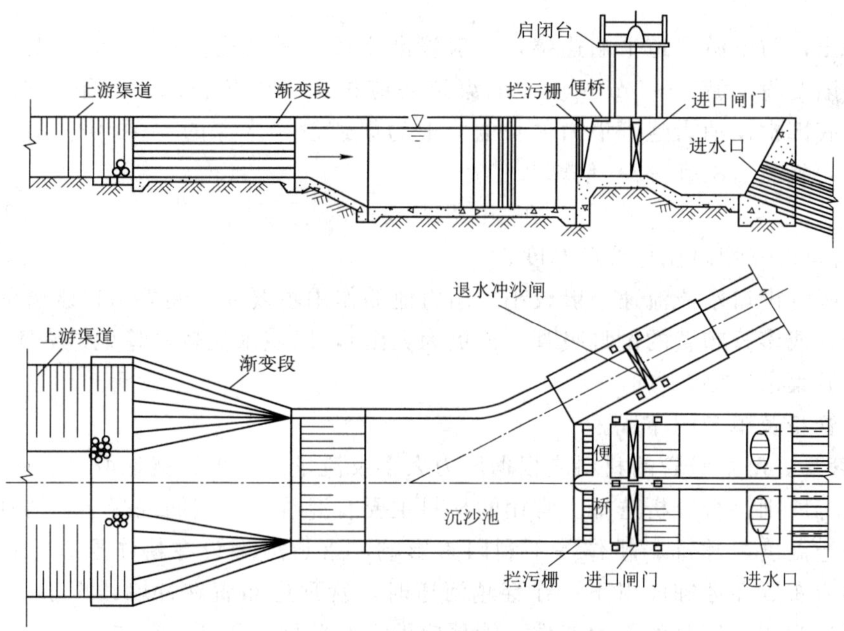

图 8-5-7 沉沙池及冲沙闸布置图

4）沉沙池的主要作用是拦截渠道水流携带的大粒径砂石和杂物，以防止进入倒虹吸管内引起管壁磨损和淤积堵塞。有的倒虹吸管由于管理不善，管内淤积的碎石和杂物高度达到管高的一半，严重影响了输水能力。

在悬移质为主的平原区渠道，也可不设沉沙池。有输沙要求的倒虹吸管，设计时应使管内流速不小于挟沙流速，同时为保证输沙和防止管道淤积，可考虑采用双管或多管布置。在山丘地区的绕山渠道，泥沙入渠将造成倒虹吸管的磨损，沉沙池应适当加深。

沉沙池尺寸可按下面的经验公式加以确定：

池长：

$$L \geqslant (4-5)h \tag{8-5-1}$$

池宽：

$$B \geqslant 1.5b$$

沉沙池底部低于渠底的深度 T（cm）的计算公式为

$$T \geqslant 0.5D + \delta + 20 \tag{8-5-2}$$

式中　b、h——渠道底宽与水深；

D、δ——管内径与管壁厚度。

5）倒虹吸管进口前一般设渐变段与渠道平顺连接，以减少水头损失。渐变段形式有扭曲面、八字墙等。其底宽可以是变化的或不变的。渐变段长度一般采用3～5倍渠道设计水深。对于渐变段上游渠道应适当加以护砌。

6）大型或较为重要的倒虹吸管进口一般设置退水闸。当倒虹吸管发生事故时，关闭倒虹吸管前闸门，将渠水从退水闸泄出。

（2）出口段的布置。出口段包括出水口、闸门、消力池、渐变段等。其布置形式与进口段相似。为运行管理方便，在双管或多管倒虹吸出口应设置闸门或预留检修门槽。

为使出口与下游渠道平顺连接，一般设渐变段，其长度为4～6倍的渠道设计水深。同时渐变段下游3～5m长度内的渠道还应护砌，以防止水流对下游渠道冲刷。渐变段的底部常设消力池。消力池长度一般为渠道设计水深的5～6倍。消力池深度 T（cm）可按式（8-5-3）估算：

$$T \geqslant 0.5D + \delta + 30 \tag{8-5-3}$$

式中　D、δ——管内径与管壁厚度。

倒虹吸管出口水流流速一般较小，消力池的作用主要在于调整出口水流的流速分布（对双管或多管布置的倒虹吸管出口更为突出），以使水流较平稳地进入下游渠道，防止对下游渠道冲刷。

（3）管身及镇墩的布置。

1）管身。倒虹吸管的材料应根据压力大小及流量的多少、就地取材、施工方便、经久耐用等原则综合分析选择。常用的材料主要有混凝土、钢筋混凝土、铸铁和钢材等。为防止温度、冰冻、耕作等不利因素影响，管道应埋设在耕作层以下；在冰冻区，管顶应布置在冰冻层以下；在穿越河道时，管顶应布置在冲刷线以下0.5m；穿越公路时，为改善管身的受力条件，管顶应埋设在路面以下1.0m左右。

2）镇墩。在倒虹吸管的变坡及转弯处都应设置镇墩，其主要作用是连接和固定管道。在斜坡段，若坡度陡、长度大，为防止管身下滑，保证管身稳定，也应设置镇墩，其设置个数视地形、地质条件而定。镇墩的材料主要为砌石、混凝土或钢筋混凝土。砌石镇墩多用于小型倒虹吸工程。在岩基上的镇墩，可加锚杆与岩基连接，以增加管身的稳定性。

镇墩承受管身传来的荷载及水流产生的荷载，以及填土压力、自身重力等，为了保持稳定，镇墩一般是重力式的。

镇墩与管端的连接形式有两种：刚性连接和柔性连接，如图8-5-8所示。

刚性连接是把管端与镇墩混凝土浇筑在一起，砌石镇墩是将管端砌筑在镇墩内。这种形式施工简单，但适应不均匀沉降的能力差。由于镇墩的重量远大于管身，当地

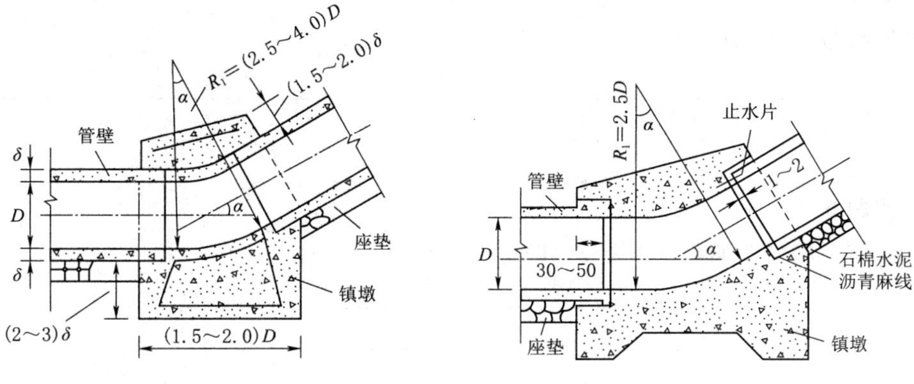

（a）刚性连接　　　　（b）柔性连接

图 8-5-8　镇墩与管端的连接（单位：cm）

基发生不均匀沉陷时可能使管身产生裂缝，所以一般多用于斜管坡度大、地基承载能力大的情况。

柔性连接是用伸缩缝将管身与镇墩分开，缝中设止水设施，以防漏水。柔性连接施工比较复杂，但适应不均匀沉陷能力好，常用于斜坡较缓的土基上。

斜坡段的中间镇墩，其上部与管道的连接多为刚性连接，下部多为柔性连接。

镇墩的形式和各部分尺寸，可参考下列经验数据：镇墩的长度约为管道内径的 1.5～2.0 倍；底部最小厚度为管壁厚度 δ 的 2～3 倍；镇墩顶部及侧墙最小厚度为 30～50cm。转弯时前后管在镇墩内用圆弧弯管段连接，圆弧外半径 R_1 一般为管内径的 2.5～4.0 倍，圆心角 α 与前后管段的中心线夹角相等。

砌石镇墩在砌筑时，可在管道周围包一层混凝土，其尺寸应考虑施工及构造要求。

【任务实施】

（1）倒虹吸管的类型。

引导问题 1：

倒虹吸管按管身断面形状分为__________、__________、__________三类。

（2）倒虹吸管的布置与构造。

引导问题 2：

倒虹吸管一般由__________、__________、__________组成。

引导问题 3：

倒虹吸管的布置形式可分为______________、______________、____________、__________。

引导问题 4：

进口段包括______________、______________、____________、____________、__________、__________。

出口段包括__________、__________、__________、__________。

引导问题5：

简述倒虹吸管的作用。

引导问题6：

比较渡槽与倒虹吸管的工作特点和适用条件。

引导问题7：

简述倒虹吸管的布置形式及其各自的特点。

【评价反馈】

综合评价表

项目（ ） 任务（ ）：					
班级		姓名		组号	
评价项目	分值	自我评价得分	小组互评得分	教师评价得分	综合得分
按时出勤	10				
学习准备	10				
学习态度	10				
任务是否按时完成	15				
任务完成准确率	15				
参与讨论主动性	10				
沟通协调能力	10				
语言表达能力	10				
安全、文明、规范施工意识	10				
合 计	100				

项目九　施 工 现 场 管 理

任务1　现场安全文明施工管理

【案例背景】

某调蓄水库引水渠系工程大坝临时通道拆除施工工地，1名作业人员进行高处作业，虽系了安全带，但却将安全带挂在爬梯栏杆上，爬梯栏杆正在被切割，属于不牢固的物件。爬梯栏杆被切断坠落时，带着作业人员一起坠落至最下方平台，作业人员当场死亡。

【学习目标】

1. 掌握现场安全文明施工管理的主要内容。
2. 能进行安全防护设施设置，能进行环境保护管理。
3. 具有施工现场管理安全意识、环保意识。

【任务分组】

学生任务分配表

班级		姓名		学号	
组号		本人任务		指导老师	
其他小组成员					
姓名	学号	任务分工	姓名	学号	任务分工

【任务准备】

相关知识点1：现场布置

现场施工总体规划布置应遵循合理使用场地、有利施工、便于管理等基本原则。分区布置，应满足防洪、防火等安全要求及环境保护要求。

施工区内起重设施、施工机械、移动式电焊机及工具房、水泵房、空压机房、电工值班房等布置应符合安全、卫生、环境保护要求。

生产、生活、办公区和危险化学品仓库的布置，混凝土、砂石料等辅助生产系统和制作加工维修厂、车间的布置，生产区仓库、堆料场布置，应符合要求。

生产区大型施工机械与车辆停放场的布置应与施工生产相适应，要求场地平整、排水畅通、基础稳固，并满足消防安全要求。

弃渣场布置应满足环境保护、水土保持和安全防护的要求。

相关知识点 2：施工道路及交通

永久性机动车辆道路、桥梁、隧道，应按照有关规定，并考虑施工运输的安全要求进行设计修建。交通繁忙的路口和危险地段应有专人指挥或监护。

施工现场的各种桥梁、便桥上不应堆放设备及材料等物品，应及时维护、保养，定期进行检查。

施工现场临时性桥梁，应根据用途、承重载荷和相应技术规范进行设计修建，并符合要求。

施工生产区内机动车辆临时道路、施工现场的轨道机车道路、施工交通隧道、施工现场工作面、施工现场架设临时性跨越沟槽的便桥和边坡栈桥、固定生产设备及设施处所等应设置人行通道并符合规定。

相关知识点 3：封闭管理

施工现场及各项目部的入口处设置明显的企业名称、工程概况、项目负责人、文明施工纪律等标示牌。施工现场进出口设置大门，并设置门卫值班室。建立门卫职守管理制度，并配备门卫职守人员。施工人员进入施工现场佩戴工作卡。

相关知识点 4：消防安全管理

水利水电工程建设现场存在大量的易燃易爆危险物品及场所，如可燃的建筑材料、油库、危化品仓库、宿舍、动火作业场所等。一旦发生火灾，会带来巨大的财产损失和人身伤亡事故，因此，在项目管理中必须做好消防安全管理。

项目法人、监理单位和施工企业应建立完善的消防安全管理制度，并严格实施。施工过程中，施工现场的消防安全负责人应定期组织消防安全管理人员对施工现场的消防安全进行检查。施工现场用火、防火重点部位管理，应符合要求。施工现场的重点防火部位或场所，应设置防火警示标识。防火重点部位或场所需动火作业时，严格执行动火审批制度。

相关知识点 5：环境保护管理

水利水电工程建设施工现场环境保护的主要目的在于保障从业人员的健康，保证不发生群体健康事故，同时，避免施工对周围环境造成污染，达到项目安全管理整体目标。

水利水电工程建设现场在施工过程中主要会产生噪声、废水、固体废弃物、粉尘等污染物。参加各方应严格落实环境因素识别及废水、废弃物、噪声等污染物的管理，项目法人应对各参建单位的环境保护管理情况进行统一管理和监督。

相关知识点 6：防汛管理

水利水电工程建设项目应成立防洪度汛指挥部，人员包括项目法人、各参建单位及公安武警等单位的负责人，成立由设计、施工、监理等单位参加的工程防汛机构，负责工程安全度汛工作。

防汛期间，在抢险时应安排专人进行安全监视，确保抢险人员的安全。当洪水达到警戒水位时，各级防汛机构和抢险队伍进入警戒状态，昼夜巡视检查并加强观测。当洪水超过警戒水位一定值时，要组织抢险队立即就位，同时启动防洪度汛应急预案。

灾情期间，对要害部位、关键设备、生命线工程、化学危险品库和储罐要加强检查、监护。由于自然灾害造成化学危险品溢出和泄漏，应立即上报有关部门并采取抢护措施。

相关知识点7：安全防护设施

道路、通道、洞、孔、井口、高出平台边缘等设置的安全防护栏杆应由上、中、下三道横杆和栏杆柱组成。悬崖陡坡处的机动车道路、平台作业面等临空边缘应设置安全墩（墙），宜采用混凝土或浆砌石修建。

高处临边、临空作业应设置安全网。安全网挂设牢固，随工作面升高而升高。高边坡、基坑边坡应根据具体情况设置高度不低于1.0m的安全防护栏或挡墙，防护栏和挡墙应牢固。高处作业、多层作业、隧道（隧洞）出口、运行设备等可能造成落物的部位，应设置防护棚，所用材料和厚度应符合安全要求。

弃渣场、出料口的临空边缘应设置防护墩，宜用土石堆体、砌石或混凝土浇筑。地下工程作业，不良地质部位应采取钢、木、混凝土预制件支撑，或喷锚支护等措施。

施工生产区域内使用的各种安全标志的图形、颜色应符合国家标准。危险作业场所、机动车道交叉路口、易燃易爆有毒危险物品存放场所、库房、变配电场所以及禁止烟火场所等应设置相应的禁止、指示、警示标志。

夜间和地下工程施工应配有灯光信号。禁止非作业人员进出的变电站、油库、炸药库等场所应设置高度不低于2.0m的围栏或围墙，并设安全保卫值班人员。

【任务实施】

(1) 现场布置。

引导问题1：

现场施工总体规划布置应遵循合理使用场地、有利施工、便于管理等基本原则。分区布置，应满足防洪、防火等__________要求及__________要求。

(2) 消防安全管理。

引导问题2：

施工现场的重点防火部位或场所，应设置__________。防火重点部位或场所需动火作业时，严格执行__________制度。

(3) 环境保护管理。

引导问题3：

水利水电工程建设现场在施工过程中主要会产生__________、__________、固体废弃物、粉尘等污染物。参加各方应严格落实环境因素识别及污染物的管理，项目法人应对各参建单位的环境保护管理情况进行统一管理和监督。

（4）防汛管理。

引导问题 4：

防汛期间，在抢险时应安排专人进行安全监视，确保抢险人员的安全。当洪水达到警戒水位时，各级防汛机构和抢险队伍进入警戒状态，__________巡视检查并加强观测。当洪水超过警戒水位一定值时，要组织抢险队立即就位，同时启动__________。

（5）安全防护设施。

引导问题 5：

高处临边、临空作业应设置__________。高处作业、多层作业、隧道（隧洞）出口、运行设备等可能造成落物的部位，应设置__________，所用材料和厚度应符合安全要求。

引导问题 6：

危险作业场所、机动车道交叉路口、易燃易爆有毒危险物品存放场所、库房、变配电场所以及禁止烟火场所等应设置相应的__________、指示、__________标志。

【评价反馈】

综合评价表

项目（　　）　　任务（　　）：________					
班级		姓名		组号	
评价项目	分值	自我评价得分	小组互评得分	教师评价得分	综合得分
按时出勤	10				
学习准备	10				
学习态度	10				
任务是否按时完成	15				
任务完成准确率	15				
参与讨论主动性	10				
沟通协调能力	10				
语言表达能力	10				
安全、文明、规范施工意识	10				
合　计	100				

任务2 现场质量管理

【案例背景】

某工程在施工前建立了完善的质量保证体系、质量管理体系，编制质量保证计划，制定现场的各项管理制度，完善计量检测技术和手段；根据工程实际情况编制各分部工程的施工方案，认真进行设计交底、图纸会审等工作。

施工过程中，注意完善工序质量控制，严格执行初检、复检、终检“三检”制度，认真审核设计变更和图纸修改，严格三级技术交底工作。对完成的分部工程，按相应的质量评定标准进行检查、验收。

最终，单位工程优良率达100%，分部工程优良率达95%以上，合格率达100%，单位工程质量观感得分率大于90%，符合国家水利工程施工质量验收优良标准。

【学习目标】

1. 了解质量管理主要内容、事故报告处理方法，熟知施工质量评定基本要求。
2. 能够根据工程实际编制施工项目质量计划。
3. 通过学习施工质量评定标准，具备追求卓越、精益求精的大国工匠精神。

【任务分组】

学生任务分配表

班级		姓名		学号	
组号		本人任务		指导老师	
其他小组成员					
姓名	学号	任务分工	姓名	学号	任务分工

【任务准备】

工程项目质量管理是指导、控制、组织、保证、提高项目质量而进行的相互协调的活动，且对工程质量进行评估和改进的一系列管理工作。其目的是在既定工期内以尽可能低的成本达到质量标准，任务在于建立健全质量管理体系，用工程质量保证和提高工程项目的实物质量。

相关知识点1：质量管理主要内容

根据《水利工程质量管理规定》，施工单位质量管理的主要内容包括：

（1）施工单位应当在其资质等级许可的范围内承揽水利工程施工业务，禁止超越资质等级许可的业务范围或者以其他施工单位的名义承揽水利工程施工业务，禁止允许其他单位或者个人以本单位的名义承揽水利工程施工业务，不得转包或者违法分包所承揽的水利工程施工业务。

(2) 施工单位必须按照批准的设计文件和有关技术标准施工，不得擅自修改设计文件，不得偷工减料。施工单位发现设计文件和图纸有差错的，应当及时向项目法人、设计单位、监理单位提出意见和建议。施工单位应当严格施工过程质量控制，保证施工质量。

(3) 施工单位应当建立健全施工质量管理体系，根据工程施工需要和合同约定，设置现场施工管理机构，配备满足施工需要的管理人员，落实质量责任制。施工单位一般不得更换派驻现场的项目经理和技术负责人；确需更换的，应当经项目法人书面同意，且更换后的人员资格不得低于合同约定的条件。

(4) 水利工程的勘察、设计、施工、设备采购的一项或者多项实行总承包的，总承包单位对其承包的工程或者采购的设备质量负责。

总承包单位依法将工程分包给其他单位的，分包单位按照分包合同的约定对其分包工程的质量向总承包单位负责，总承包单位与分包单位对分包工程的质量承担连带责任。分包单位应当接受总承包单位的质量管理。禁止分包单位将其承包的工程再分包。

(5) 施工单位必须按照经批准的设计文件、有关技术标准和合同约定，对原材料、中间产品、设备以及单元工程（工序）等进行质量检验，检验应当有检查记录或者检测报告，并有专人签字，确保数据真实可靠。对涉及结构安全的试块、试件以及有关材料，应当在项目法人或者监理单位监督下现场取样。未经检验或者检验不合格的，不得使用。

以上质量检测业务按照有关规定由具有相应资质等级的水利工程质量检测单位承担。

(6) 施工单位应当严格执行工程验收制度。单元工程（工序）未经验收或者验收不通过的，不得进行下一单元工程（工序）施工。

施工单位应当做好隐蔽工程的质量检查和记录，隐蔽工程在隐蔽前，施工单位应当通知项目法人和水利工程质量监督机构。隐蔽工程未经验收或者验收不通过的，不得隐蔽。

(7) 施工单位应当加强施工过程质量控制，形成完整、可追溯的施工质量管理文件资料，并按照档案管理的有关规定进行收集、整理和归档。主体工程的隐蔽部位施工、质量问题处理等，必须保留照片、音视频文件资料并归档。

(8) 对出现施工质量问题的工程或者验收不合格的工程，施工单位应当负责返修或者重建。

(9) 水利工程在保修范围和保修期限内发生质量问题的，施工单位应当履行保修义务，并对造成的损失承担赔偿责任。水利工程的保修范围、期限，应当在施工合同中约定。

(10) 发生质量事故时，施工单位应当采取措施防止事故扩大，保护事故现场，并及时通知项目法人、监理单位，接受质量事故调查。

相关知识点2：质量事故的报告与处理

1. 质量事故的分类

工程质量事故按直接经济损失的大小，检查、处理事故对工期的影响时间长短和对工程正常使用的影响，分为一般质量事故、较大质量事故、重大质量事故、特大质量事故。

（1）一般质量事故：对工程造成一定经济损失，经处理后不影响正常使用且不影响使用寿命的事故。

（2）较大质量事故：对工程造成较大经济损失或延误较短工期，经处理后不影响正常使用，但是对工程使用寿命有一定影响的事故。

（3）重大质量事故：对工程造成重大经济损失或较长时间延误工期，经处理后不影响正常使用，但是对工程使用寿命有较大影响的事故。

（4）特大质量事故：对工程造成特大经济损失或长时间延误工期，经处理后仍对正常使用和工程使用寿命有较大影响的事故。

（5）质量缺陷：小于一般质量事故的质量问题。

水利工程质量事故分类标准如表9-2-1所示。

表9-2-1　水利工程质量事故分类标准

损失情况		事故类别			
		特大质量事故	重大质量事故	较大质量事故	一般质量事故
事故处理所需的物质、器材和设备、人工等直接损失费用/人民币万元	大体积混凝土，金属结构制作和机电安装	>3000	>500，≤3000	>100，≤500	>20，≤100
	土石方工程，混凝土薄壁工程	>1000	>100，≤1000	>30，≤100	>10，≤30
事故处理所需合理工期/月		>6	>3，≤6	>1，≤3	≤1
事故处理后对工程功能和寿命影响	影响工程正常使用，需限制条件使用	不影响正常使用，但对工程寿命有较大影响	不影响正常使用，但对工程寿命有一定影响	不影响正常使用和工程寿命	

注　1. 直接经济损失费用为必要条件，其余两项主要适用于大中型工程。
2. 在《水利工程建设重大质量与安全事故应急预案》（水建管〔2006〕202号）中，关于水利工程质量与安全事故的分级是针对事故应急响应行动进行的分级。

2. 事故报告内容

（1）工程名称、建设地点、建设规模、工期、项目法人、主管部门及负责人电话。

（2）事故发生的时间、地点、工程部位以及相应的参建单位名称。

（3）事故发生的简要经过、伤亡人数和直接经济损失的初步估计。

（4）事故发生原因初步分析。

（5）事故发生后采取的措施及事故控制情况。

(6) 事故报告单位、负责人以及联络方式。

3. 质量事故处理要求

(1) 质量事故处理原则。发生质量事故，必须坚持“四不放过原则”(即事故原因未查清不放过、事故责任人未受到处理不放过、主要事故责任者和职工未受教育不放过、补救和防范措施未落实不放过)，认真调查事故原因，研究处理措施，查明事故责任，做好事故处理工作。

(2) 质量事故处理职责划分。发生质量事故后，必须针对事故原因提出工程处理方案，经有关单位审定后实施。其中：

1) 一般质量事故：由项目法人负责组织有关单位制定处理方案并实施，报上级主管部门备案。

2) 较大质量事故：由项目法人负责组织有关单位制定处理方案，经上级主管部门审定后实施，报省级水行政主管部门或流域备案。

3) 重大质量事故：由项目法人负责组织有关单位提出处理方案，征得事故调查组意见后，报省级水行政主管部门或流域机构审定后实施。

4) 特大质量事故：由项目法人负责组织有关单位提出处理方案，征得事故调查组意见后，报省级水行政主管部门或流域机构审定后实施，并报水利部备案。

(3) 事故处理中设计变更的管理。事故处理需要进行设计变更时，需原设计单位或具备资质的单位提出设计变更方案。若需要进行重大设计变更，必须经原设计审批部门审定后方可实施。

事故部位处理完毕后，须按照管理权限经过质量评定与验收后再投入使用或进入下一阶段施工。

(4) 事故处理后的质量评定。工程质量事故处理完毕后，由项目法人委托具有相应资质等级的工程质量检测单位检测。检测后，按照处理方案确定的质量标准，重新进行工程质量评定。

(5) 质量缺陷的处理。《水利工程质量事故处理暂行规定》规定，小于一般质量事故的质量问题称为质量缺陷。即由于特殊原因，工程个别部位或局部达不到规范和设计要求(不影响使用)，且未能及时进行处理的工程质量问题(质量评定仍为合格)。

水利工程施工质量缺陷备案及检查处理基本制度如下：

1) 对由于特殊原因，工程个别部位或局部达不到规范和设计要求(不影响使用)，且未能及时进行处理的工程质量缺陷问题(质量评定仍为合格)，必须以工程质量缺陷备案形式进行记录备案。

2) 质量缺陷备案的内容包括：质量缺陷产生的部位、原因，对质量缺陷是否处理和如何处理以及对建筑物使用的影响等。内容必须真实、全面、完整，参建单位(人员)必须在质量缺陷备案表上签字，有不同意见应明确记载。

3) 质量缺陷备案资料必须按竣工验收的标准制备，作为工程竣工验收备查资料存档。质量缺陷备案表由监理单位组织填写。

4) 工程项目竣工验收时，项目法人必须向验收委员会汇报并提交历次质量缺陷的备案资料。

相关知识点3：水利工程施工质量评定基本要求

水利工程施工质量等级评定的主要依据有：

（1）国家及相关行业技术标准。

（2）水利水电工程单元工程施工质量验收评定标准。

（3）经批准的设计文件、施工图纸、金属结构设计图样与技术条件、设计修改通知书、厂家提供的设备安装说明书及有关技术文件。

（4）工程承发包合同中约定的技术标准。

（5）工程施工期及试运行期的试验和观测分析成果。

1. 分部工程

（1）合格标准。

1）所含单元工程的质量全部合格，质量事故及质量缺陷已按要求处理，并经检验合格。

2）原材料、中间产品及混凝土（砂浆）试件质量全部合格，金属结构及启闭机制造质量合格，机电产品质量合格。

（2）优良标准。

1）所含单元工程质量全部合格，其中70%以上达到优良等级，重要隐蔽单元工程和关键部位单元工程质量优良率达90%以上，且未发生过质量事故。

2）中间产品质量全部合格，混凝土（砂浆）试件质量达到优良等级（当试件组数小于30时，试件质量合格），原材料质量、金属结构及启闭机制造质量合格，机电产品质量合格。

2. 单位工程

（1）合格标准。

1）所含分部工程质量全部合格。

2）质量事故已按要求进行处理。

3）工程外观质量得分率达到70%以上。

4）单位工程施工质量检验与评定资料基本齐全。

5）工程施工期及试运行期，单位工程观测资料分析结果符合国家和行业技术标准以及合同约定的标准要求。

（2）优良标准。

1）所含分部工程质量全部合格，其中70%以上达到优良等级，主要分部工程质量全部优良，且施工中未发生过较大质量事故。

2）质量事故已按要求进行处理。

3）外观质量得分率达到85%以上。

4）单位工程施工质量检验与评定资料齐全。

5）工程施工期及试运行期，单位工程观测资料分析结果符合国家和行业技术标准以及合同约定的标准要求。

3. 质量评定工作的组织与管理

（1）单元（工序）工程质量在施工单位自评合格后，报监理单位复核，由监理工程师核定质量等级并签证认可。

（2）重要隐蔽单元工程及关键部位单元工程质量经施工单位自评合格、监理单位抽检完成后，由项目法人（或委托监理）、监理、设计、施工、工程运行管理（施工阶段已经有时）等单位组成联合小组，共同检查核定其质量等级并填写签证表，报工程质量监督机构核备。

（3）分部工程质量，施工单位自评合格后，报监理单位复核，项目法人认定。分部工程验收的质量结论由项目法人报工程质量监督机构核备。大型枢纽工程主要建筑物的分部工程验收的质量结论由项目法人报工程质量监督机构核定。

（4）单位工程质量，在施工单位自评合格后，报监理单位复核，项目法人认定。单位工程验收的质量结论由项目法人报工程质量监督机构核定。

（5）工程项目质量，在单位工程质量评定合格后，由监理单位进行统计并评定工程项目质量等级，经项目法人认定后，报工程质量监督机构核定。

（6）阶段验收前，工程质量监督机构应提交工程质量评价意见。

（7）工程质量监督机构应按有关规定在工程竣工验收前提交工程质量监督报告，工程质量监督报告应有工程质量是否合格的明确结论。

【任务实施】

（1）质量管理主要内容。

引导问题 1：

施工单位在承揽水利工程施工业务时有哪些要求？

____

____

____

____

____

（2）质量事故的报告与处理。

引导问题 2：

工程质量事故按直接经济损失的大小，检查、处理事故对工期的影响时间长短和对工程正常使用的影响，分为____________、____________、____________、____________。

引导问题 3：

质量缺陷备案的内容包括：____________、____________、____________、____________。

（3）水利工程施工质量评定基本要求。

引导问题 4：

水利工程施工质量等级评定，对于分部工程优良标准为：所含单元工程质量全部合格，其中________以上达到优良等级，重要隐蔽单元工程和关键部位单元工程质量优良率达________以上，且未发生过质量事故；中间产品质量________，混凝土（砂浆）试件质量达到优良等级（当试件组数小于30时，试件质量合格），原材料质量、金属结构及启闭机制造质量合格，机电产品质量合格。

【评价反馈】

综合评价表

项目（　　）　　任务（　　）：________					
班级		姓名		组号	
评价项目	分值	自我评价得分	小组互评得分	教师评价得分	综合得分
按时出勤	10				
学习准备	10				
学习态度	10				
任务是否按时完成	15				
任务完成准确率	15				
参与讨论主动性	10				
沟通协调能力	10				
语言表达能力	10				
安全、文明、规范施工意识	10				
合　计	100				

任务3　现场绿色施工

【案例背景】

亦庄新城滨河森林公园工程位于北京经济技术开发区，本工程有电力、雨水、污水、热力管线等专业管线、道路工程。

本工程施工战线长，涉及面较广，管理较为困难；沿线均为开发区已征用农田，地面枯草、树叶堆积较厚，北京春季较为干燥、风大，注意防火是控制重点之一；施工中工地土方覆盖、材料覆盖、施工周边路段洒水、防止扬尘也是本工程的控制重点。

对减少施工过程中粉尘、噪声、污水等直接对环境或人员的污染，减少混凝土、砂浆、砖等固体建筑垃圾对环境的影响等方面进行设计，最终达到北京市安全文明和绿色施工双标化要求，实现“四节一环保”的目标。

【学习目标】

1. 了解各类水利工程的绿色施工要求。
2. 能根据具体情况在规范中查找相应内容。
3. 具有绿色施工意识。

【任务分组】

学生任务分配表

班级		姓名		学号	
组号		本人任务		指导老师	
其他小组成员					
姓名	学号	任务分工	姓名	学号	任务分工

【任务准备】

绿色施工指在保证质量、安全等基本要求的前提下，通过科学管理和技术进步最大限度地节约资源，减少对环境负面影响，实现节材、节水、节能、节地和保护环境的工程施工活动。现重点介绍教材中涉及的各工程绿色施工要求。

相关知识点1：土石方工程

土石方工程应遵循资源利用、挖填平衡的原则，优化施工方案，减少土石方转运、外弃或外购量。应根据土石方量、运输条件、施工周期，合理配置施工机械，宜选择能耗低、噪声小的机械设备。非施工作业面的地面或挖填面裸露超过一天时，应及时采取防尘网或无纺布苫盖。开挖或填筑的施工作业面可不苫盖。

1. 土方工程

河道治理、引调水管道等线性工程的土方工程应根据施工现场实际情况分段施工，逐段采取抑尘降尘措施。进行表层土清理、土方开挖等作业时，应将种植土集中堆放，进行保护和利用。

施工现场临时堆土应综合土体状况、天气条件，堆放时常采取洒水（抑尘剂）、苫盖、绿化等措施。堤防填筑备土期间应视堆土含水率采取相应的抑尘降尘措施。

表面干燥易起尘的土方开挖、运输、填筑作业应采取喷淋（雾）、洒水等降尘措施。风力四级及以上时，应停止作业并适当增加洒水次数。砂石或改性土筛分、拌和应采取防尘降尘措施。施工道路较长时应加密洒水抑尘频次。

2. 石方工程

石方开挖宜采用机械冲击破碎、静力破碎剂破裂或静力破碎剂固化膨胀破裂等技术。噪声大、冲击震动强烈的施工作业宜安排在白天进行，并采取隔声降噪措施。机械破碎或钻孔时应采取湿法凿岩或安装捕尘装置。

相关知识点 2：地基处理与基础工程

施工前应调查清楚地下设施，制定相应保护措施，保证施工场地周边的各类管线、建筑物、构筑物的安全运行。应合理安排施工顺序和作业面，科学组织工序衔接，充分发挥施工机械的最大效率。施工现场产生的泥浆应设置专门的泥浆池存储，泥浆池应进行防渗处理。泥浆污水未经处理不应直接排入水体或市政雨污水管道。

1. 地基处理

注浆浆液搅拌站应搭设封闭式搅拌车间，采取降尘、防尘、降噪等措施。拌制成的浆液应采用专用容器存放，宜在初凝前使用完。风、水、电、泥浆等应设置专用管路和线路，架设整齐有序，灌浆管路不应漏浆。现场应设置排水沟和沉淀池，并及时清理沉淀的废浆，同时钻渣、废水、废浆应及时回收，集中处理。

振冲碎石桩施工现场应事先设置泥水排放系统，或组织运浆车辆将泥浆运至预先安排的存放地点，应设置沉淀池，重复使用上部清水。水泥土搅拌桩、旋喷桩复合地基施工的浆液应采用专用容器存放，对注浆量、压力进行监测，置换出的废浆液应收集清理。灰土桩、夯实水泥土桩复合地基宜选用原位土做混合料，可选用粉煤灰、炉渣等以降低混合料中的水泥用量。褥垫层铺设宜采用静力压实法。挤密桩法施工应采取措施防止过筛、拌和过程中产生扬尘。

软基处理宜选用预压、压实、强夯等物理方法。在城市建成区和人口密集地区，不宜使用强夯法施工。

2. 基础桩

泥浆宜采用原土造浆，不适于原土造浆的地层宜采用以下方法制作泥浆：制作泥浆宜根据地质情况，选用与土壤酸碱度一致的材料，不污染土壤。现场应就近设置相应的泥浆池、泥浆沟、堆土晾晒区，保证泥浆不外溢。应及时清理泥浆池、泥浆沟中沉淀的废渣。废弃的泥浆、废渣应另行处理，不污染环境。

沉桩时应采取减少振动与挤土的措施，宜选择开挖防振沟、控制沉桩速率、预钻孔沉桩、设置砂井或塑料排水板、设置隔离桩、合理安排沉桩流程等措施。当特殊情况采用人工挖孔成桩时，应采取降水、护壁、通风、防坠落措施。开挖出的土方不应在桩边堆放，应及时运至现场集中堆土处并采取覆盖等抑尘措施。在城市建成区和人口密集地区进行钢筋混凝土预制桩和钢桩施工时，宜采用液压式或绳索式静压沉桩工艺。

3. 基坑支护

钢板桩施工宜采用振动打入，不宜直接锤击。钢板桩应匀速拔出，减少对土壤的扰动，拔出后的带土应及时处理。

当邻近的既有建筑物、地下管线、地下构筑物对地基变形敏感时，地下连续墙的施工应采取有效措施控制槽壁变形，避免对周边环境造成影响。泥浆制作应根据地质情况，选用与土壤酸碱度一致的材料，不污染土壤。地下连续墙槽段间的连接接头形式，应根据地下墙的使用要求选用，宜采用钢制接头管、接头箱。

喷射混凝土施工宜采用湿喷或水泥裹砂喷射工艺。干法喷射混凝土施工应采用综合防尘措施。输料管不应出现漏气、漏浆现象，最大限度地控制粉尘污染。空压机等强噪声设备应采取隔声罩或隔声板、封闭等降噪措施。

相关知识点 3：水工混凝土工程

施工现场应使用预拌混凝土，不应现场搅拌混凝土。用于水工混凝土结构伸缩缝的止水和填充材料应无毒、无污染、性能稳定。预制装配式结构构件应工厂化加工；构件的存放和运输应采取防止变形和损坏的措施。

1. 钢筋制安

钢筋宜优化配料，合理确定进场钢筋的定尺长度，并进行短钢筋接长合理利用。进场钢筋原材料应存放有序、标识清晰、储存环境适宜，采取防雨、防潮、防锈、防污染等措施。钢筋现场加工应采取集中加工方式，减少占地。钢筋除锈时应采取措施避免扬尘和土壤污染。钢筋下料短头、加工产生的粉末状废料应统一回收、处理。钢筋加工中使用的冷却液体，应过滤后循环使用，不应随意排放。

钢筋连接应在机械连接、焊接连接等方式中进行比选，优先选用机械连接。电焊作业应采取避免弧光外泄的遮挡措施，宜采用逆变式电焊机，节约用电。绑扎丝、焊接材料、螺纹套筒、螺纹保护帽等应妥善保管、节约使用。应合理选择电焊条规格及等级，选用环保焊条。集中焊接作业时应设置焊烟净化装置，减少电焊烟气的排放。焊渣应回收处理。

2. 模板施工

模板施工应选用损耗率低、周转率高的模板和支撑体系。大面积混凝土立面宜选用大模板、爬升模板和悬臂模板。一般模板支撑架宜选用承插式、碗扣式、盘扣式等定型产品。模板脱模剂应选用环保型。

模板设计应优化施工方案、合理安排施工进度，加快周转，减少模板、支撑体系的投入量。宜利用软件进行异型模板翻样，提高模板板材的利用率。水工混凝土无防渗要求时，对拉螺栓宜加设套管以重复利用。

木、竹制模板应在封闭场所集中加工，并采取有效的隔声、防尘措施。模板及脚手架施工应回收散落的铁钉、铁丝、扣件、螺栓等材料。清理模板内残留的灰尘和垃圾不应使用空压机等产生扬尘的设备。

模板拆除不应硬撬或重砸，拆下的模板及支架杆件不应抛掷，以减少拆除过程中产生的噪声。模板拆除后应将其表面清理干净，并加以重复利用。

3. 混凝土施工

混凝土宜采用泵送、布料机浇筑；不具备泵送条件时，可采用分级（节）溜槽或串筒浇筑。大体积混凝土浇筑应合理安排施工工序，优化现场布置和车辆运输方案，保证连续浇筑。混凝土振捣应采用低噪声振捣设备或采取隔声降噪措施；在噪声敏感区宜采用自密实混凝土。清洗泵送设备和管道的废水应沉淀回收利用，浆料分离后应再利用。混凝土余料应进行有效再利用，不应随意倾倒。

混凝土宜采用塑料薄膜或塑料薄膜加保温材料覆盖保湿、保温养护。当采用洒水或喷雾养护时，养护用水可使用回收的基坑降水、雨水等检验合格的非传统水源。混凝土冬期施工保温养护措施应符合节能、环保和消防等要求。混凝土养护产生的废塑料的回收、包装、运输应遵守《废塑料污染控制技术规范》（HJ 364—2022）的规定。

相关知识点4：砌体工程

水库、湖泊、河流的砌体护底护岸工程宜选用生态护底护岸，做到美化环境，体现生态保护要求。砌体工程应使用预拌砂浆，干混砂浆拌和作业应采取降尘措施。施工所使用的物料应分类统一堆放并采取严密覆盖措施，干混砂浆不应露天放置，物料运输时应采取降尘措施。砌体湿润、砌体养护、边坡养护宜使用检验合格的非传统水源，并应采取节水措施。石料、砌块、混凝土及砂浆余料应及时回收并合理使用。石料、砌块切割应在封闭的加工棚内进行，不具备条件的应做好降尘措施，并做好人员粉尘防护措施。

浆砌石、干砌石的石料应严格挑选，采用结构密实、质地均匀、不易风化且无裂缝的硬质石料，石料表面无污垢、水锈等杂质。在盛产石料（大砾石、卵石）或废石较多的地区进行河流、水库边坡和坡脚防护，宜采用抛石护底护岸。干砌石护坡的反滤体应按照设计规范要求正确分层铺设，防止水流冲刷和渗流带走细颗粒，造成水土流失和结构变形破坏。大体积的浆砌石、干砌石非外露面及堆石排水体可选用符合质量要求的拆除旧石料，减少新石料的采购。石笼宜就地取材，填放天然块石或砂砾。石笼笼体材料应具有耐腐蚀、抗老化、抗紫外线、抗冲刷等特性。

相关知识点5：疏浚工程

应根据底泥的性状、污染物浓度、水体功能、陆域环境等条件，统筹生态环保、文明施工、经济技术等要求，合理确定清淤工程设计方案和施工方案。城市建成区宜采用水下环保清淤方案，人员密集区宜使用电动挖泥船和集成式底泥脱水固化设备。应选择环保性能优良、挖泥精度高、施工效率高的船只、挖掘机等疏浚设备，并应防止漏油污染河道土壤和水体。清淤船只污水排放应遵守《船舶水污染物排放控制标准》（GB 3552—2018）的相关规定，不应向水体倾倒垃圾。

1. 清淤作业

具备干场清淤条件时，应根据底泥分布、成分、性状等因素有序导流、排水、疏干后，按照环保、节地、水保及防涝等要求留用或外运处置。

不具备干场作业、底泥堆场条件且水域面积较大时，应采用耙吸式挖泥船水下环保清淤方式，底泥应脱水干化后再转运处理，余水水质应不低于清淤水体水质。不具备干场作业但具备底泥堆场条件，且清淤量较大时，可采用绞吸式挖泥船、管道排泥（吹填）等水下环保清淤方式。采用压力管道密闭输送，底泥堆场余水应采取二次沉淀、生物、生态湿地等处理措施，水质应不低于清淤水体水质。

底泥堆场应设置在清淤范围或项目区域内，并采取围挡、防冲刷、排水、晾晒等措施。

2. 底泥处置

疏浚前应对底泥化学指标进行分析，根据底泥受污染程度进行资源化利用或无害化处置。底泥化学指标符合《土壤环境质量标准》（GB 15618—2018）、《土壤环境质量 建设用地土壤污染风险管控标准（试行）》（GB 36600—2018）、《绿化种植土壤》（CJ/T 340—2016）的规定时，可用于农田改造、园林绿化、地形改造以及道路建设等资源化途径。

重金属及有毒有害有机污染底泥应进行无害化处置，处置后底泥的浸出液浓度应符合《危险废物鉴别标准 浸出毒性鉴别》（GB 5085.3—2007）的规定。

底泥应采用封闭车辆运输，运输过程避免遗撒污染环境。

相关知识点 6：引调水管隧工程

施工前应对工程沿线的工程地质、水文地质和周围环境情况，以及沿线管线、周边建（构）筑物、障碍物及其他设施等进行详细调查，并制定相应的保护措施。

管道及配件、防腐材料、防水材料、内衬材料等应符合相关用水卫生标准。管道试压、冲洗用水应进行再利用。洞内出土运输应采用清洁能源车辆。

1. 明挖敷管

钢管现场局部涂装时应采用挥发性小、无污染、耐候性好的材料。采用柔性接口的管道时，橡胶圈表面和承插工作面应涂刷无腐蚀性、无毒的润滑剂。管道铺设完成后，应及时恢复临时占地原貌，不应留裸露地面。对暂不能封闭的各管道连接处应做好防人员坠落、防管道上浮等安全防护措施。

2. 顶管

机械顶管施工宜选用土压平衡顶管机。宜选用长距离顶进设备，减少工作井的设置。应采用环保型顶管管材。小型顶管的顶进工作井可采用方木、型钢或钢板等组装的装配式后背墙。

3. 盾构隧洞

应将施工占地大小、水土污染程度作为盾构机型比选因素。应制定盾构机组装、运行、检修、分解过程中防止油污渗漏污染水土的措施。产生大量泥浆的施工作业，应设置专用的泥浆池、泥浆沟，确保泥浆不外溢。泥浆应循环利用，剩余泥浆应采取无害化处理。

4. 浅埋暗挖隧洞

浅埋暗挖竖井应采用全封闭施工。浅埋暗挖隧道施工时应采取有效的抑尘降尘措施。喷射混凝土作业应采取措施减少喷射混凝土回弹损失，应采取湿喷、潮喷作业法或其他有效降尘措施。

相关知识点7：职业健康

应定期对从事接触职业病危害作业的劳动者进行职业健康培训和体检，配备有效的防护用品，指导作业人员正确使用职业病防护设备和个人劳动防护用品。

高温作业应采取有效措施，配备和发放防暑降温用品，合理安排作息时间。冬季作业应采取防火、防滑、防冻、防风、防中毒等安全措施，配备和发放取暖过冬用品。

施工区应合理设置厕所，由专人负责清扫并定期消毒。生活办公区应配置卫生监督员，对卫生情况进行监督检查并做好记录。

应在施工现场易产生职业病危害的作业岗位和设备、场所设置警示标识或警示说明。深井、管道施工等不能保证良好自然通风的作业区，应配备强制通风设施，并按深基坑和有限空间作业的相关要求施工。

【任务实施】

（1）土石方工程。

引导问题1：

简述土石方工程绿色施工要求。

____

____

____

____

____

（2）地基处理与基础工程。

引导问题2：

简述地基工程绿色施工要求。

____

____

____

____

(3) 水工混凝土工程。

引导问题 3：

混凝土工程有哪些注意事项？

(4) 砌体工程。

引导问题 4：

简述砌体工程绿色施工要求。

(5) 疏浚工程。

引导问题 5：

简述疏浚工程绿色施工要求。

(6) 引调水管隧工程。

引导问题 6：

简述顶管和浅埋暗挖隧洞的使用情况。

(7) 职业健康。

引导问题 7：

高温作业应该注意什么？

引导问题 8：

简述绿色施工的必要性。

【评价反馈】

综合评价表

项目（ ） 任务（ ）：

班级		姓名		组号	
评价项目	分值	自我评价得分	小组互评得分	教师评价得分	综合得分
按时出勤	10				
学习准备	10				
学习态度	10				
任务是否按时完成	15				
任务完成准确率	15				
参与讨论主动性	10				
沟通协调能力	10				
语言表达能力	10				
安全、文明、规范施工意识	10				
合 计	100				

任务4 智慧工地创建

【案例背景】

某运河水闸工程现场，创建智慧工地，开展施工现场实景体验式安全培训，建立BIM（建筑信息模型）安全管理平台系统，建立安全隐患排查管理系统。

【学习目标】

1. 理解智慧工地建设方式。
2. 能进行体验式安全教育，会应用智能设备、物联网技术。
3. 具有科技创新意识，研发智慧工地建设新方式、新技术。

【任务分组】

学生任务分配表

班级		姓名		学号	
组号		本人任务		指导老师	
其他小组成员					
姓名	学号	任务分工	姓名	学号	任务分工

【任务准备】

为了推动水利工程建设领域科技创新，提升工程建设数字化水平，提高工程项目管理效率，鼓励智慧工地建设。

智慧工地建设可通过体验式安全教育、智能设备、物联网技术应用等方式，充分利用移动互联网、云计算、大数据、人工智能等现代信息技术，全面感知、收集、处理、分析水利工程建设过程中的相关信息和数据，通过信息共享和协同运作，实现工地现场生产作业协调、智能处理和科学管理等功能。

相关知识点1：体验式安全教育

1. 实景体验式安全培训

水利工程建设项目可采用施工现场体验式安全教育。教育内容可根据现场作业风险布置，包括安全帽撞击体验、灭火器演示体验、钢丝绳演示体验、综合用电体验、安全带使用体验、移动平台体验等项目。

通过各项目的体验结合现场实际情况的讲解，让接受教育的现场施工人员了解施工现场安全生产和自身防护的重点，从而达到安全教育的目的。

2. VR式安全教育

水利工程建设项目可采用VR（虚拟现实）技术，为体验者模拟施工现场常见（包括高处坠落、坍塌、物体打击、机械伤害、起重事故、触电伤害等）事故场景，从而让体验者切身感受施工现场的危险，提高自我安全保护意识。

相关知识点2：智能设备

1. 出入口人脸识别

水利工程施工现场可建立人脸识别系统，实施人脸识别进出场管理。人脸识别系统可与门禁联动，出入口LED（发光二极管）屏实时显示场内施工人员和管理人员入场情况。

2. 红外安全语音提示

水利工程建设项目可在施工现场主要通道口、出入口、配电箱、易燃易爆物资库房以及存在危险源的区域临近部位安装人体感应语音提示器，设置语音提示设备。语音提示设备对经过人员起到提示、教育的作用，尤其对安全行为的纠正方面具有良好的辅助管理作用。

3. 智能安全帽

水利工程建设项目可针对超过一定规模的危险性工程，在施工现场使用智能安全帽。智能安全帽可以以佩戴人视角实时展现现场情况，同时可在系统中显示佩戴人位置信息，便于远程实时视频监控、调度指挥。

相关知识点3：物联网技术应用

1. BIM安全管理平台系统

水利工程建设项目可建立BIM安全管理平台系统。通过BIM安全管理平台系统，项目管理人员可查看工地中各项目的实时进度和详细信息，并进行高效的交互，了解各项目施工班组实时的作业情况及信息数据，辅助管理人员对项目进行精确掌控与决策。

2. 安全隐患排查管理系统

水利工程可建立施工现场安全隐患排查管理系统。将施工现场巡视排查的隐患上传系统，利用文字及图片加以说明。相关负责人整改后将信息上传回复。待管理人员审核通过，对上传系统的隐患进行统计分析，通过显示屏进行隐患公示，对作业人员起到警示作用；同时对上传系统的隐患进行统计分析，建立隐患台账，利于管理人员掌握防控重点。

3. 信息集成平台

水利工程可建立信息集成平台，将工程管理中采集的数据形象化、直观化、具体化，为工程参建各方管理层及政府监管方提供“一站式”的决策支持，集成展示工程施工管理中的重难点。

【任务实施】

（1）体验式安全教育。

引导问题1：

体验式安全教育包括____________安全培训、VR式安全教育等方式，通过各项目的体验、模拟，让受教育者了解施工现场安全生产和自身防护的重点，达到安全教育的目的。

（2）智能设备。

引导问题2：

智能设备包括________________、________________、智能安全帽等，对安全管理、安全行为纠正等方面起到良好的辅助作用。

（3）物联网技术应用。

引导问题3：

水利工程建设项目可建立____________安全管理平台系统。通过系统，项目管理人员可查看工地中各项目的实时进度和详细信息，并进行高效的交互，了解各项目施工班组实时的作业情况及信息数据，辅助管理人员对项目进行精确掌控与决策。

引导问题4：

水利工程可建立____________，将工程管理中采集的数据形象化、直观化、具体化，为工程参建各方管理层及政府监管方提供“一站式”的决策支持，集成展示工程施工管理中的重难点。

【评价反馈】

综合评价表

项目（　）　任务（　）：________					
班级		姓名		组号	
评价项目	分值	自我评价得分	小组互评得分	教师评价得分	综合得分
按时出勤	10				
学习准备	10				
学习态度	10				
任务是否按时完成	15				
任务完成准确率	15				
参与讨论主动性	10				
沟通协调能力	10				
语言表达能力	10				
安全、文明、规范施工意识	10				
合　计	100				

参 考 文 献

[1] 黄亚梅，张军．水利工程施工技术［M］．北京：中国水利水电出版社，2014.

[2] 司效英．水利工程施工［M］．郑州：黄河水利出版社，2019.

[3] 李长永．浅析水利工程中岩石基础灌浆技术［J］．中国新技术新产品，2011（24）：47. DOI：10.13612/j.cnki.cntp.2011.24.147.

[4] 满宇辉，张连强．浅谈岩基灌浆施工工序［J］．城市建设理论研究：电子版，2012，000（007）：1-4.

[5] 孟颢．水泥土搅拌桩施工质量控制措施［J］．河南科技，2019（13）：109-110.

[6] 王海伟．水泥土搅拌桩施工应用技术研究［J］．四川水泥，2020（5）：21-22.

[7] 郭红霞．水泥土搅拌桩的基本原理及施工工艺［J］．山西建筑，2006（10）：89-90.

[8] 谢家高．振冲挤密法处理砂土地基施工方案及地基承载力检验方案［J］．安徽建筑，2007（3）：169-170. DOI：10.16330/j.cnki.1007-7359.2007.03.083.

[9] DL/T 5214—2016 水电水利工程振冲法地基处理技术规范［S］.

[10] DL/T 5112—2021 水工碾压混凝土施工规范［S］.

[11] DL/T 5720—2015 水工自密实混凝土技术规程［S］.

[12] DL/T 5309—2013 水电水利工程水下混凝土施工规范［S］.

[13] CECS 207：2006 高性能混凝土应用技术规程［S］.

[14] 杨涛，周志辉，等．疏浚与吹填工程施工技术［M］．北京：中国水利水电出版社，2019.

[15] 金相灿，李进军，张晴波．湖泊河流环保疏浚工程技术指南［M］．北京：科学出版社，2013.

[16] 水利水电工程施工实用手册编委会．堤防工程施工［M］．北京：中国环境出版社，2017.

[17] 王笑峰，姜宁．河道生态护坡理论与技术［M］．北京：中国水利水电出版社，2018.

[18] SL 17—2014 疏浚与吹填工程技术规范［S］.

[19] SL 260—2014 堤防工程施工规范［S］.

[20] SL 634—2012 水利水电工程单元工程施工质量验收评定标准——堤防工程［S］.

[21] GB 50286—2013 堤防工程设计规范［S］.

[22] SL 677—2014 水工混凝土施工规范［S］.

[23] T/CCIAT 0030—2020 水工隧洞 TBM 施工技术规程［S］.

[24] GB 50268—2008 给水排水管道工程施工及验收规范［S］.

[25] DL/T 5169—2013 水工混凝土钢筋施工规范［S］.

[26] GB 50446—2017 盾构法隧道施工及验收规范［S］.

[27] T/CWEA 6—2019 水利水电工程施工期度汛方案编制导则［S］.

[28] DB11/T 1776—2020 水利工程绿色施工规范［S］.

[29] DL/T 5741—2016 水电水利工程截流施工技术规范［S］.

[30] DL/T 5719—2015 水电水利工程施工基坑排水技术规范［S］.

[31] GB/T 50600—2020 渠道防渗衬砌工程技术标准［S］.

[32] SL 234—1999 泵站施工规范［S］.

[33] SL 303—2017 水利水电工程施工组织设计规范［S］.

[34] SL 623—2013 水利水电工程施工导流设计规范［S］.

[35] SL 265—2016 水闸设计规范［S］.

[36] 水利水电工程施工技术课程建设团队．水利水电工程技术［M］．北京：中国水利水电出版社，2011.
[37] 韦庆辉．水利水电工程施工技术［M］．北京：中国水利水电出版社，2014.
[38] 闫国新．水利水电工程施工技术［M］．郑州：黄河水利出版社，2020.